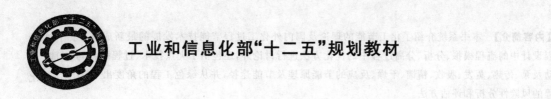

工业和信息化部"十二五"规划教材

HUAGONG GUOCHENG JIENENG YU YOUHUA SHEJI

化工过程节能与优化设计

黄 英 编著

西北工业大学出版社

西 安

【内容简介】 本书系统介绍了化工节能的理论及国内外化工过程节能技术发展的最新成果,除了对化工过程设计中的流程模拟、分析、分离过程中的优化方法进行讨论外,还包括了夹点技术、过程综合与集成、流体流动及泵、传热、蒸发、吸收、精馏、干燥、反应的节能原理及节能途径,并从绿色工程的角度出发,介绍了化工过程的风险性分析和评估方法。

　　本书可作为高等学校化工、环保以及能源等有关专业的硕士研究生和高年级本科生的教材和参考用书,也可供从事相关领域生产和管理工作的工程技术人员参考。

图书在版编目(CIP)数据

　　化工过程节能与优化设计/黄英编著. —西安:
西北工业大学出版社,2018.2
　　工业和信息化部"十二五"规划教材
　　ISBN 978 - 7 - 5612 - 5751 - 7

　　Ⅰ.①化… Ⅱ.①黄… Ⅲ.①化工过程—节能—
高等学校—教材 ②化工过程—最优设计—高等学校—
教材 Ⅳ.①TQ02

　　中国版本图书馆 CIP 数据核字(2017)第 310144 号

策划编辑:杨　军
责任编辑:张珊珊

出版发行:西北工业大学出版社
通信地址:西安市友谊西路 127 号　邮编:710072
电　　话:(029)88493844　88491757
网　　址:www.nwpup.com
印 刷 者:陕西金德佳印务有限公司
开　　本:787 mm×1 092 mm　1/16
印　　张:12.875
字　　数:311 千字
版　　次:2018 年 2 月第 1 版　2018 年 2 月第 1 次印刷
定　　价:38.00 元

前　言

　　能源是社会经济发展的原动力,是现代文明的物质基础,安全可靠的能源供应和高效清洁的能源利用是实现社会经济发展的根本保证。经济增长对能源的巨大需求与能源短缺的矛盾和能源消费引起的污染与生态环境容量有限的矛盾已成为我国社会经济发展中迫切需要解决的重大战略问题。

　　从总体上看,我国主要耗能工业的能耗与国际先进水平相比仍然较高,成为工业企业成本高、经济效益差的一个重要原因。工业节能是保护环境的重要手段。我国工业能源利用效率若能达到世界先进水平,可减少能源消耗约1/4,使环境质量得到极大改善。化学工业是我国重要的原材料工业和支柱产业,也是高能耗行业。其"三废"的排放在整个工业体系中占较大份额。因此,构建节能型化学工业对建立资源节约型生态环境和友好型和谐社会具有重要意义。

　　本书的内容主要包括过程节能的基本理论、化工过程设计中的流程模拟与分析方法、绿色过程系统工程、典型化工单元过程与设备的节能等,并对分离设备及分离过程的优化、换热器及换热网络进行较详细的讨论。本书在内容上有以下特点。

　　(1)在编写中侧重反映建立节能－高效－洁净－经济合理的化工设计过程,从研究物质转化中的反应－分离规律、数据信息与工程学基础,到先进工艺过程与设备,为读者解决过程工业中的实际问题提供依据。

　　(2)在选材上以基本概念和主要方法为主,力求反映当前应用较为成熟的成果以及在过程设计、生产操作、技术改造中经常碰到的问题的解决方法,将应用数学的方法融入化工过程的系统分解、模拟、优化等问题的介绍中,强调运用过程系统工程思想和方法解决实际工程问题,突出应用性和实践性。

　　(3)资源与环境问题是可持续发展战略中两个密切相关的问题。绿色过程工程正是研究与自然环境相容的资源高效－洁净－合理利用的物质转化过程。因此,笔者根据国内外化学工程发展的最新成果,从绿色工程的角度出发,介绍绿色过程的分析与模拟、绿色过程的分析方法与指标体系。

　　本书可作为高等学校化工、环保、能源等有关专业的硕士研究生、高年级本科生的教材和参考书,也可作为相关领域从事生产、管理的工程技术人员参考。

　　本书的编写得到了工业和信息化部"十二五"规划教材的立项资助,并得到西北工业大学出版社的大力支持。同时,编写本书参阅了相关专著、教材及其他文献资料,在此,一并表示衷心的感谢。

　　由于水平有限,书中错误不妥之处,敬请读者批评指正。

编　著　者
2017 年 6 月

目　录

第1章 总 论

1.1 能源与能源的分类

能源是自然界中能够直接或通过转换提供某种形式能量的物质资源,它包含在一定的条件下能够通过某种形式能的物质或物质的运动中,也指可以从其获得热、光或动力等形式能的资源,如燃料、流水、阳光和风等。《中华人民共和国节约能源法》中定义的能源是指煤炭、原油、天然气、电力、焦炭、煤气、热力、成品油、液化石油气、生物质能和其他直接或者通过加工、转换而取得有用能的各种资源。

根据不同的基准,能源有不同的分类方法。世界能源委员会推荐将能源类型分为固体燃料、液体燃料、气体燃料、水能、电能、太阳能、生物质能、风能、核能、海洋能和地热能,其中前三个类型称为化石燃料或化石能源。

1.1.1 按能量来源分类

1. 地球本身蕴藏的能量

地球蕴藏的能量主要有地热能、核能。地球是一个大热库,蕴藏着巨大的热能,这种热能通过火山爆发、温泉、间歇喷泉、岩石的热传导等形式源源不断地带出地表。据专家推算,每年从地球内部传到地球表面的热量,相当于 3.7×10^{11} t标准煤燃烧时发出的热量。然而,地热资源的开发利用受地热热储的埋深、资源的类型、开采技术手段等多种因素的制约,巨大的地热能在现阶段是不可能都取出来利用的。地热能的开发利用包括发电和非发电利用两个方面。高温地热资源(150℃以上)主要用于发电,发电后排出的热水可进行逐级多用途利用;中温(90~150℃)和低温(90℃以下)的地热资源则以直接利用为主,多用于采暖、干燥、工业、农林牧副渔业、医疗、旅游及人民的日常生活等方面。

核能是原子核结构发生变化时放出的能量。核能释放通常有两种方法:一种是重原子(如铀、钍)分裂成两个或多个较轻原子核,产生链式反应,释放巨大能量,称为核裂变能。另一种方式是两个较轻原子核(如氢的同位素氘、氚)聚合成一个较重的原子核,并释放出巨大的能量,称为核聚变能。核裂变能的主要原料是铀,它在地壳中的储量总计达几十亿吨,而在海洋中每升海水大约含有 3.3 μg 的铀,总储量约有 4.5×10^{10} t。铀的储量虽然很大,但分布分散,要找到比较集中的矿点很困难。

2. 来自地球外物体的能量

如宇宙射线及太阳能,以及由太阳能引起的水能、风能、波浪能、海洋温差能、生物质能等均为来自地球外物理的能量。太阳能是太阳以电磁能的形式发射、传播的辐射能,是一种清洁安全、可再生的绿色能源,取之不尽、用之不竭。太阳每秒钟到达地面的能量高达 8×10^5 kW,假如把地球表面0.1% 的太阳能转换为电能,转变率5% ,每年发电量可达 5.6×10^{12} kW·h,相当于世界上能耗的 40 倍。太阳能利用技术主要分光热应用和光伏应用。光热应用技术包括太阳能热水系统、太阳能采暖(制冷)系统、太阳能热发电技术等;光伏应用技术包括太阳能离网发电系统和并网发电系统等。

3.地球和其他天体相互作用而产生的能量

地球和月亮、太阳之间的引力和相对位置的变化,使海水涨落形成了潮汐能。潮汐能是一种清洁的可再生能源,与风能和太阳能相比,潮汐能的能量密度大且易预测,因此更便于利用。全球潮汐能发电的资源量在 10^{10} kW 以上,潮汐能的开发利用早就受到关注,在各类当代的可再生能源开发中,潮汐能发电也是最早应用的技术之一。

1.1.2 按能源的转换和利用的层次分类

(1)一次能源,即天然能源,指在自然界存在、可以从自然界开采并直接被使用的能源,如煤炭、石油、天然气、油页岩、核燃料、植物秸秆、水能、风能、太阳能、地热能、海洋能以及潮汐能等。

根据能否再生,一次能源可再分为可再生能源与不可再生能源。

1)可再生能源是指从自然界直接获取的、可更新的、非化石能源。包括风能、太阳能、水能、生物质能以及海洋能等。

2)不可再生能源泛指人类开发利用后,在现阶段不可能再生的能源资源,也称作"非可再生能源",如煤炭、石油、天然气以及核能等。

(2)二次能源,即人工能源,是指由一次能源经过直接或间接地转换以后得到的能源,如煤气、电力、蒸汽以及各种石油制品等。

(3)终端能源,通过用能设备供消费者使用的能源。二次能源或一次能源一般经过输送、储存和分配成为终端使用的能源。

1.1.3 按能源使用状况分类

(1)常规能源,指那些开发比较成熟、生产成本较低,已被人类大规模生产和广泛利用的能源,如煤炭、石油、天然气、水力以及电力等。常规能源有时也称为传统能源。

(2)新能源和可再生能源。1981 年 8 月 10 日至 21 日,联合国于肯尼亚首都内罗毕召开的新能源和可再生能源会议上正式界定了新能源和可再生能源的基本含义,即以新技术和新材料为基础,使传统的可再生能源得到现代化的开发利用,并用取之不尽,用之不竭的可再生能源来替代资源有限而又对环境有污染的化石能源。如太阳能、风能、现代生物质能、地热能和海洋能等一次能源以及氢能、燃料电池等二次能源。

1.1.4 按对环境的污染程度分类

(1)清洁能源:无污染或污染小的能源,如太阳能、风能、水力、海洋能、氢能和气体燃料等。
(2)非清洁能源:污染大的能源,如煤炭和石油等。

除了上述 4 种常见的分类方法外,按照世界能源会议推荐的能源分类方法,能源分为 12 类,即固体燃料(solid fuels)、液体燃料(liquid fuels)、气体燃料(gaseous fuels)、水力(hydropower)、核能(nuclear energy)、电能(electrical energy)、太阳能(solar energy)、生物质能(bio-mass energy)、风能(wind energy)、海洋能(ocean energy)、地热能(geothermal energy)以及核聚变(nuclear fusion)。

1.2　我国化工过程工业的能源消耗特点与节能潜力

我国化学工业的一个重要特点就是煤、石油、天然气既是化学工业的能源,又是化学工业的原料,这两项加起来占产品成本的 25%~40%,在氮肥工业达 70%~80%。化学工业主要耗能产品包括合成氨、甲醇、磷酸二铵、硫酸、电石、烧碱、聚氯乙烯、纯碱、黄磷、轮胎、原油加工和乙烯等 12 个重点耗能产品(行业)。其能耗消费总量占全行业能源消费总量的 45% 左右。我国能源消耗的主要特点如下。

1.总能源利用效率相对较低

我国能源的产量仅次于美国、俄罗斯和沙特阿拉伯,但单位能源产值却比许多国家低很多。我国国民生产总值中每万美元产值的能耗大约为德国的 3 倍,法国的 2.5 倍,可见我国节约能源的潜力很大。在能源消耗中,工业消耗的能源占第一位,而在这方面能源的利用率却是相当低。

2.节能管理基础较薄弱

我国化学工业中节能工艺的研究处于发展阶段,某些先进的节能工艺仅适用于大规模的石油化工企业,对于中小型企业节能管理体系建设与研究不够完善,存在节能监管不到位、力量薄弱等问题,不能满足现代化工企业的发展要求。同时,在化学工业企业节能工作的基础管理方面,定额、计量、监测与统计等相对薄弱,造成节能工作不能从生产源头进行控制。

3.化工生产工艺的管理不够先进

由于化工生产对于节能管理不够重视,对生产工艺节能管理的研究不够深入,导致化工生产中存在着资源浪费的现象。如不对化工生产中所产生的余热进行有效回收,未对化工生产废水中的化学品进行综合沉淀并利用、对于催化剂的过度应用,等等,均会造成一定的资源浪费。

节能就是应用技术上可行、经济上合理、环境和社会可以接受的方法来有效地利用能源。节能有两种含义,即节能总潜力与可实现的节能潜力。节能潜力为一技术极限值,取决于现有的技术以及根据热力学计算的理论极限值。可实现的节能潜力是指技术成熟,经济合理,预计在一定时期内可实现的节能量。其取决于技术、投资、社会、环境和其他政策等因素。本书所讨论的是第二种含义的节能潜力,即可实现的节能潜力。

要准确计算节能潜力是困难的,这是因为影响实现节能潜力的技术、经济、社会等因素太多,有些是难以预料的不确定因素。但通过调查研究,对节能潜力进行分析估算是可能的。从不同角度,采用不同指标(如单位产品能耗下降率、单位产值能耗下降率等)计算出的节能潜力是不同的。下面从不同的角度粗略地分析我国化学工业的节能潜力。

1.从单位产值能耗估计节能潜力

从单位产值能耗估计节能潜力,我国化工行业生产能耗仍然很高,除个别行业外(如炼油行业较先进),一般只相当于工业发达国家 20 世纪 70 年代末的耗能水平,以致我国的化工万元产值能耗为工业发达国家的 2.5～6.0 倍,因此,节能的潜力仍很大。

2.从提高能源利用率看节能潜力

目前中国正处于快速工业化进程中,从中长期看我国经济仍将保持快速增长。工业化特征体现为高能耗产业迅速发展,也意味着能源消费增长较快,中国能源需求与各种社会与经济因素存在着稳定的长期关系。根据美国能源署的研究结果,我国 2006 年能源利用效率处于世界 224 个国家和地区中的第 162 位。工业能源利用率仅为美国和日本的一半左右,可见节能潜力很大。我国化学工业的能源利用率若提高 1%,就能节省 1.5×10^{10} t 标准煤。

3.从主要产品单位能耗的差距分析节能潜力

我国大多数化工产品单位能耗都比国外同类产品高出许多。例如,我国合成氨平均单耗比国际先进水平高了近一倍,乙烯平均单耗比国外大约高出一倍多,烧碱的吨产品能耗比国际先进水平高 40% 以上,每吨电石的耗电量比国外高 20%,每吨黄磷的耗电量比国外高 30%。因此,可挖掘的潜力很可观。政府要求“十一五”期间(2005—2010 年)单位国内生产总值 GDP 能源消耗要下降 20%,实际降低 19.1%。在此基础上,政府要求“十二五”期间再下降 16%,二氧化碳排放降低 17%。石油和化工行业 2010 年万元增加值能耗仅比 2005 年下降 13.5%,也就是说并未完成节能任务。

4.从主要耗能设备技术水平分析节能潜力

我国工业锅炉的平均热效率为 55%～60%,而工业发达国家多在 80% 以上。氯碱生产中的蒸发工序,国内的蒸发效数低于国外,因而能耗相差比较大。在烧碱的电解工艺上,国外工业发达国家采用先进的离子交换膜法的比例占 18% 以上,日本甚至达 75% 以上,而我国只有 4% 左右。其他如风机、水泵、电动机等通用设备的效率也比工业发达国家的水平低。

综合以上诸方面,我国化学工业存在较大的节能潜力。

1.3 我国化学工业的发展现状与节能的意义

我国国民经济的快速发展带动了化学工业的快速增长,进入 21 世纪以后,我国化学工业保持了良好的增长态势(增长率比 GDP 增长率高出一倍左右),占工业总产值的比例一直维持在 10% 左右。近年来,我国化学工业产品结构调整稳步进行,产业结构渐趋合理,高品质、高附加产品产值和所占比例迅速提升。但仍然存在产业集中度较高,基础性化学品、非精细化学品比例偏高,非基础化学品、精细化学品、新领域高附加值产品份额偏低的局面。2008 年我国化学工业排放工业废水 3.613 11×10^9 t,占全国工业废水排放总量的 16.62%,呈现出小幅下降趋势,在化学工业总产值逐年大幅增加的情况下,单位 GDP 的废水排放下降明显。

为推动石化和化学工业提高能源、资源利用效率、降低污染物产生和排放强度,促进绿色循环低碳发展,2013 年 12 月,工信部发布了《关于石化和化学工业节能减排的指导意见》,指出到 2017 年底,石化和化学工业万元工业增加值能源消耗比 2012 年下降 18%,新增石化和化工固体废物综合利用率达到 75%,危险废物无害化处置率达到 100%。

为实现这一目标,在该指导意见中提出了六项措施:一是强化监督管理。二是完善节能减排机制和优惠政策;三是建设节能减排标准体系,完善重点产品能耗限额标准体系、统计标准体系、审核和认证标准体系;四是积极鼓励技术创新和技术改造,推动国家级石化和化学工业节能减排工程技术研究中心建设,建立跨部门、跨行业、产学研紧密结合的科技创新体系;五是加强企业节能减排制度和能力建设,通过有针对性的引导政策和奖惩措施,引导企业完善节能减排管理制度;六是充分发挥行业协会等社会力量,鼓励行业协会和社会中介组织搭建节能减排技术和产品交流平台,提高行业节能减排意识。

根据我国化学工业的发展现状与我国能源利用率低、人均资源贫乏的现实,节能的意义在于以下几点。

(1)节能减排已成为各国政府在经济发展与环境保护中重点关注的问题。中国是世界最大的发展中国家,世界第二大经济体,也是第二大能源的生产及消费国家,每年的碳排放量仅次于美国。随着我国经济发展方式以及经济体制结构的改革,节能减排工作已经成为直接影响国家经济社会整体发展的战略性因素。节能的过程,就是一个生产现代化的过程,对管理和技术工艺,都提出了更高的要求,有利于改变企业的落后面貌。

(2)化工企业可持续发展的需要。随着国民经济和人民生产水平的不断提高,对能源的需求越来越大。到 2020 年,我国经济要实现翻两番的目标,必须提供充足的能源作为保证。化学工业要实现可持续稳定的发展,同样需要稳定的能源供应。我国的能源有限,国内能源的供应将面临潜在的总量短缺,尤其是石油、天然气供应将面临结构性短缺,我国长期能源供应面临严峻的挑战。石油供应的紧张,对化工工业的危害程度远远高出其他工业部门。因此,节约能源,减少能耗,对化学工业来说具有特别重要的意义,是化学工业可持续发展的必要前提。

(3)节能是化工企业提供经济效益的需要。化工产品,尤其是高耗能产品的能源消耗占据产品成本的很大比例,最高可达 80% 左右。节约能源,降低能源费用,就是降低产品成本,从而可以增加产品的市场竞争力,为企业创造更多经济效益。

(4)加强节能有利于保护环境。节能就意味着减少了能源的开采与消耗,从而减少了烟、尘、二氧化硫污染物的排放。据报道,直接燃烧 1 t 煤炭,可向大气排放的污染物:粉尘 9~11 kg,硫氧化物约 16 kg,氮氧化物约 3~9 kg,还有大量碳氧化物。这些污染物是酸雨、温室效应、光化学烟雾和大气粉尘增加的主要原因。故节能降耗有利于环境保护。

1.4　化学工业节能的途径

化学工业是国民经济发展中的重要工业,化工生产过程的节能是一项经济效益和社会效益巨大的系统工程,化学工业的能耗水平受诸多因素的影响,但从节能途径来分析主要包括三方面,即结构节能、管理节能和技术节能。

1.4.1　结构节能

所谓结构节能,是指产业、行业、产品结构、企业结构、地区结构、贸易结构和能源结构等变化引起的能耗的变化。

1. 产业结构

不同行业、不同产品单位产值的能耗是不同的,从行业来说,仪表、电子行业要比化学工业、冶金工业单位产值的能耗低;从产品来分析,化学工业中一般精细化工产品单位产值能耗要比黄磷、氯碱、煤化工低。石油和煤炭同属能源,石油是优质能源,发展石油化工与发展煤化工同属以能源深加工获取产品的工业。目前世界石油价格居高不下,以煤化工来替代部分石油化工,应该说不会产生结构性能耗问题,但煤化工在替代石油化工中对能的转化率和能的利用率必须引起重视,如以煤为原料转换为合成天然气、合成甲醇、合成二甲醚及合成油等新的洁净方便的能源时,就必须考虑到能的转化率,每吨标煤能转换多少可用能。

2. 产品结构

随着产业结构向省能型方向发展,产品结构也应努力向高附加值、低能耗方向发展。在化工行业中,低能耗、高附加值的石油化工、生物化工、精细化工、医药化工及化工新型材料等行业应大力发展。

3. 企业结构

调整生产规模结构也是节能降耗的重要途径。化学工业中生产同类产品,与具有大型装备的大型企业相比,中、小型企业能耗要大,所以应适当调整企业经济规模,关停竞争力差、污染大的小企业。

4. 地区结构

地区结构的调整主要是指资源的优化配置。对于高能耗的产品,应该逐步转移到能源相对丰富的地区。如乙烯生产基地应靠近油田或大型炼油厂,东部地区集中了我国主要油田,又有地处沿海便于进口石油的条件,适宜发展石油化工;西部地区煤炭资源丰富,适宜大力发展煤化工。

1.4.2 管理节能

管理节能主要有两个层次的管理:宏观调控层次和企业经营管理层次。宏观调控层次管理主要指国家通过法律、法规对产业发展进行规范,通过价格、税收等政策手段对产业发展进行调控,以达到降低能源消耗的目的。应制定环保标准,完善监管制度,各地区根据具体实际,在国家统计的环境标准和环保产品标准指导下,制定符合区域经济发展要求的环境标准。通过制定财税政策,发挥市场机制。根据欧美及日本等发达国家的经验,可以采取减免税、低息贷款、折旧优惠以及奖励制度等鼓励及优惠政策,优惠政策的资金来源主要是国家投资和从排污收费中开支。企业经营管理层次的节能管理主要包括以下几方面。

(1)建立健全能源管理机构。为了落实节能工作,必须有相对稳定的节能管理队伍去管理和监督能源的合理使用,制定节能计划,实施节能措施,并进行节能技术培训。

(2)建立企业的能源管理制度。对各种设备及工艺流程,要制定操作规程;对各类产品制定能耗定额;对节约能源和浪费能源有相应的奖惩制度等。

(3)提高企业产品的产量和质量,降低产品用能单耗,合理利用各种不同品位、质量的能源,协调各工序之间的生产能力及供能和用能环节等。

(4)加强计量管理。积极推动能量平衡、能源审计、能源定额管理、能量经济核算和计划预测等一系列科学管理工作,企业必须完善计量手段,建立健全仪表维护检修制度,强化节能监督。

1.4.3 技术节能

通过改进能源利用率低的工艺、设备、操作等方面的技术措施来达到节能的效果称为技术节能。石油和化学工业的节能技术主要包括以下几方面。

1. 工艺节能

首先根据具体情况,选择先进的工艺流程,选择合适的催化剂。可以从以下几方面考虑。①降低反应压力,从而可以降低输送反应物的机泵能耗,尤其是明显降低气态反应物的压缩功耗。②降低吸热反应温度,从而降低供热温度。③提高反应转化率,抑制副反应,从而减少反应能耗和产品分离能耗。一种新的催化剂可以形成一种新的更有效的工艺过程,使反应转化率大幅提高,温度和压力条件下降。好的催化剂将减少副产物产生,减少物耗,又降低了分离过程的能耗。煤化工中的甲醇合成,过去用的是锌-铬催化剂,需要在高温、高压下操作,而现在用铜基催化剂只需在 5 MPa 压力,270℃温度下操作,显然能耗大幅度降低。

2. 化工单元操作设备节能

化工单元操作设备包括流体输送机械(泵、压缩机等)、换热设备(锅炉、加热炉、换热器、冷却器等)、蒸发设备、塔设备(合成、精馏、吸收、萃取、结晶)、干燥设备等,每一类设备都有其特有的节能方式,应根据单元操作的特点进行具体分析,以实现节能。推广高效用能设备,除直接降低生产耗能外,还间接地使整个化工生产建立新的生产方式。

3. 化工过程系统节能

化工过程系统节能是指从系统合理用能的角度,结合生产过程中参与能量的转换、回收、利用等有关的整个系统的节能工作。化工过程系统节能重点分为三个方面。首先,整个工艺过程都有能的供应、能的转换、能的利用、能的回收及能的损失等环节,如何合理匹配整个过程是一个系统工程,需要节能工作者研究与平衡;其次,系统工程中能的分级利用、综合利用是关键;最后是搞好低位能回收,这也是节能工作重点。

4. 控制节能

控制节能包括两个方面的内容:一方面节能需要操作控制;另一方面是通过操作控制节能。通过仪表加强计量工作,做好生产现场的能量衡算和用能分析,为节能提供基本条件。节能改造之后,回收利用了各种余热,物流与物流、设备与设备之间的相互联系和相互影响增大了,使得操作弹性缩小了,更要求采用控制系统进行操作,避免事故的发生。为了搞好生产中的节能,必须使整个工艺过程在最佳反应条件与最佳参数下运行,才能保证工序间的协调,保证产品质量既不会过剩,也不会生产不合格的产品。

思考题与习题

1. 什么是能源?能源如何进行分类?
2. 简述我国化学工业的特点与节能途径。
3. 如何衡量化学工业的节能潜力?

第2章 节能的热力学原理

节能的目的是提高能量的利用效率,热能是能量的一种主要形式,也就成为节能的主要对象。用热力学的方法对过程中的能量转换和传递、使用和损失、回收和排弃的情况进行计算和分析,揭示能量消耗的大小、原因和部位,为改进过程、提高能量利用率指出方向,并运用技术经济的优化方法进行筛选,从而提出改进措施,即化工热力学的分析方法。热力学第一定律阐明了能量"量"的属性,即在转换过程中能量在数量上是守恒的,它既不会无故产生,也不会无缘消失。但该定律不能反映能量的下降程度,无法反映能源消耗的根本原因。热力学第二定律告诉人们,能量在"质量"上是有差异的,不同形式能量间的转换存在"不等价"现象。建立在热力学第一定律上的能量守恒分析法和建立在热力学第二定律上的熵分析法及㶲分析法,指出了能量消耗的关键因素,可判断过程中各个单元设备与整套装置的热力学完善程度和节能潜力,为节约能源指明了方向和途径。

2.1 基 本 概 念

2.1.1 系统(热力系统)

热力学把相互联系的物质区分为系统与环境两部分。所要研究的对象(物质或空间)称为系统(热力系统),其余部分称为环境。在多数情况下,系统与"物系""体系"等具有相同的意义,系统与环境之间由边界分开。系统的边界可以是固定的,也可以是移动的;可以是真实的,也可以是假想的。根据系统与外界相互作用的情况,可把系统分为以下4种。

1.孤立系统

系统与环境之间既无物质交换也无能量交换,系统不受环境改变的影响。

2.封闭系统

系统与环境之间只有能量交换而无物质交换,但系统本身可以因为发生化学反应而使其组成发生变化。

3.敞开系统

系统与环境之间既有物质交换又有能量交换。

4.绝热系统

系统与环境之间无热量交换。

2.1.2　基准状态

1. 基准状态的确定

物流的能量和有效能都是相对于体系的基准状态而言的。根据不同体系的基准状态,可以确定一个用于计算能量和有效能的基准状态。只有确定了基准状态,才有确定的能量和有效能的数值。基准状态是体系性质与周围环境中的热力学性质呈平衡的状态,因而其㶲值为零,是体系变化的终点和极限。

真实的环境是复杂的,其温度、压力因时因地而变,由相同元素组成的物质也不同。在目前的研究中,通常认为自然环境具有以下特点:它是一个范围很大的静止物系,其各部分温度、压力相等,组成均匀,且不随时间而变;它是一个庞大而稳定的热源和物质源,不会因为得到或给出热量、物质而使其温度、压力、组成发生变化,因此,任何过程都不会对环境的热力学性质产生影响。

2. 物理基准态

基准温度 T_0 的确定以尽可能接近体系所处的环境温度为原则。在工程上为便于相互比较,结合我国不同地区、季节的年平均气温,炼油行业一般取 15℃(288 K),而在热工、化工领域多取 25℃(298 K)。基准压力 p_0 一般取 101.3 kPa。我国不同地区大气压虽有差异,但通常可以忽略。基准相态也是物理基准态的一个重要内容,基准相态的确定是指体系物流在基准温度和基准压力下所呈现的相态。例如,水的基准相态为液态(沸点 100℃),CH_4 的基准相态为气态(常压沸点 -161.5℃)。其确定原则是,物流的常压沸点高于基准温度的为液相,常压沸点低于基准温度的则为气相。

3. 化学基准态

确定化学基准态就是确定化学反应的基准物(指在环境状态下处于平衡的、最稳定的物质),包括基准化合物组成及相态,环境区域(大气、海水、地壳表层)及浓度。环境基准物具有如下特点。

(1)每种元素都有其相应的基准物。基准物体系应包括研究体系中所有元素的基准物。

(2)各种基准物都应该是环境(大气、海洋、地表)中存在的物质,而且可以在不消耗有用功的条件下,由环境不断供应。

(3)基准物之间不可能发生任何自发的化学变化。

(4)各种基准物都应该是相应元素的最稳定物质,其能量(有效能)值为零。

不同学者提出的基准物体系不同,表 2-1 列出了主要元素的化学有效能基准态。

表 2-1　主要元素的化学有效能基准态

元素	基准物相态	基准物	环境领域	基准浓度	元素有效能/(kJ·kmol^{-1})
Al	固	Al_2O_3	地壳	2×10^{-3}	887.890
C	气	CO_2	大气	3×10^{-5}	410.530
Ca	离子	Ca^{2+}	海水	4×10^{-4}	717.400
Cl	离子	Cl^{-}	海水	19×10^{-3}	117.520

续 表

元素	基准物相态	基准物	环境领域	基准浓度	元素有效能/(kJ·kmol^{-1})
Fe	固	Fe_2O_3	地壳	2.7×10^{-4}	377.740
H	液	H_2O	海水	约 1	235.049
N	气	N_2	大气	0.075 83	720
Na	离子	Na^+	海水	10.56×10^{-3}	343.830
O	气	O_2	大气	2.04×10^{-2}	3.970
P	离子	HPO_4^{2-}	海水	5×10^{-3}	859.600
S	离子	SO_4^{2-}	海水	8.84×10^{-4}	598.850
Si	固	SiO_2	地壳	4.72×10^{-1}	803.510

2.1.3 平衡状态

热力系统在某一瞬间的宏观物理状况称为系统的热力状态,简称状态。在不受外界影响的前提下,宏观物理性质不随时间改变的状态称为平衡状态。平衡状态具有如下特征:

以孤立系统为例,当其达到平衡态,系统的宏观性质就不再随时间变化,因而表征系统宏观性质的物理量也就不会随时间发生变化,系统内部也不再有宏观物理过程发生。然而应当指出,处在平衡状态下的系统,宏观性质必定不随时间变化,但宏观性质不随时间变化的状态却不一定都是平衡态。例如,一根金属杆,两端分别与恒温热源 T_1 与 T_2 接触,$T_1 > T_2$,金属杆中就有热传导发生,热量由高温部分传向低温部分,经过一段时间后,杆上各处的温度尽管高低不同,但不再随时间发生变化,宏观性质不会改变,但这种状态并不是平衡态,而是一种稳定态,其原因是系统受到了外界的影响,如果将系统所受的外界影响排除掉,此时系统的宏观性质必将发生变化。所以,对于封闭系统或敞开系统,其宏观性质不随时间变化的状态还不一定是平衡态,只有系统的状态不随时间变化,而且与外界也相互平衡时,它们才可处在热力学平衡态。

对于状态可以自由变化的系统,若系统内部或者系统与外界之间存在不平衡力,系统将在该不平衡力的作用下发生状态变化。因此,系统内部或者系统与外界之间的力平衡是实现平衡的必要条件。同样,系统内部及系统与外界之间没有温差,即系统处于热平衡是实现平衡的又一必要条件。

处于力平衡、热平衡的系统仍然有发生状态变化的可能。化学反应、相变、扩散、溶解等都可使系统发生宏观性质的变化。这些化学和物理现象是在不平衡化学势的推动下发生的,但化学势差为零时,系统达到化学平衡。因此,化学平衡是实现平衡的另一必要条件。

满足力平衡、热平衡和化学平衡的系统即处于热力学平衡态。将驱使系统发生状态变化的驱动力,如力、温度和化学势等统称为"势"。系统处于热力学平衡的充分必要条件即系统内部以及系统与外界之间不存在任何"势"差。

2.1.4　状态参数

状态指的是静止的系统内部的状态,即其热力学状态。描述系统宏观状态的物理量称为状态参数。系统的状态一定,其状态参数也一定;状态变了,状态参数也将全部或部分地变化。系统的状态参数是系统的单值函数,具有点函数的性质,即其变化只取决于初态、终态,而与其间的路径无关。系统的基本状态参数为温度、压力和比体积,其他状态参数还有内能、焓、熵等。

1. 温度

温度是表示物体冷热程度的物理量。热力学定义:系统的温度是用以判别它与其他系统是否处于热平衡状态的参数。衡量温度的标尺称为温标。常用的温标有热力学温度 T(单位为 K)、摄氏温度 t(单位为 ℃)和华氏温度 T_F(单位为 ℉),其换算关系为

$$t = T - 273.15 \qquad (2-1)$$
$$T_F = 1.8t + 32 \qquad (2-2)$$

热力学温度和摄氏温度两者每度间隔相同。

2. 比体积和密度

比体积是单位质量物质所占有的容积。若以 m 表示质量,V 表示所占容积,则比体积为

$$v = \frac{V}{m} \qquad (2-3)$$

比体积的倒数称为密度,即单位容积所含物质的质量,定义为

$$\rho = \frac{m}{V} \qquad (2-4)$$

比体积的单位是 $m^3 \cdot kg^{-1}$,密度的单位是 $kg \cdot m^{-3}$。

3. 压力

单位面积上所受的垂直力称为压力(在化学工程中通常将压强称为压力)。在国际单位制(SI)中,压力的单位名称是帕斯卡(简称帕,Pa)。$1\ Pa = 1\ N \cdot m^{-2}$。

压力常见的非法定计量单位有标准大气压(atm)、工程大气压(at)、毫米汞柱(mmHg)、米水柱(mH_2O)、巴(bar)表示。它们之间的换算关系为

$1\ atm = 1.033\ kgf \cdot cm^{-2} = 760\ mmHg = 10.33\ mH_2O = 1.013\ 3\ bar = 1.013\ 3 \times 10^5\ Pa$

$1\ at = 1\ kgf \cdot cm^{-2} = 735.6\ mmHg = 10\ mH_2O = 0.980\ 7\ bar = 9.807 \times 10^4\ Pa$

压力可以有不同的计量基准。如以绝对真空为基准测得的压力称为绝对压力,是流体体系的真实压力。以外界大气压为基准测得的压力则称为表压。工程中用压力表测得的流体的压力,即为表压:

$$表压 = 绝对压力 - 大气压力$$

负的表压称为真空度。真空度与绝对压力的关系为

$$真空度 = 大气压力 - 绝对压力$$

2.1.5　功和热

系统与环境之间交换的能量有两种形式,即功和热。

1. 功

功的热力学定义:如果系统对外界的单一效果可以归结为提升一个重物,则说系统做了功。功是通过系统边界在传递过程中的一种能量形式,不是状态参数,而是过程量。对于系统同一始末态,若途径不同,则过程的功值不同。按照符号规定,系统对外界做功为正,得到功为负。

2. 热(或热量)

由于系统与环境之间温度的不同,导致两者之间交换的能量称为热。热量是过程量,不是系统所含有的能量。热量一旦从热源传给了系统就转变为系统内部的能量。热量不是状态参数。按照符号规则,系统吸热为正,放热为负。

2.1.6 强度量和广延量

描写系统状态的物理量可以分为强度量和广延量两类,凡与物质质量无关的物理量称为强度量,如压力 p、温度 T、密度 ρ 等;凡与物质质量成比例的物理量称为广延量,如容积 V、内能 U、焓 H、熵 S 等。但是,广延量除以质量(或摩尔数)就可转变为强度量,如摩尔体积 V_m、比体积 v、比内能 u、比焓 h、比熵 s 等。故广延量是可加量,系统的总广延量是系统各部分广延量之和;强度量不可加。

2.1.7 可逆过程

一个系统从某一状态出发,经过过程 A 到达另一状态,如果有可能使过程逆向进行,并使系统和外界都恢复到原来的状态而不留下任何变化,则过程 A 称为可逆过程;反之,如果 B 进行后,用任何方法都不能使系统和外界同时复原,过程 B 就称为不可逆过程。

可逆过程应具备以下两个特点:①系统经历一个可逆过程后,可以严格地按照原来的途径返回到最初的状态,因此可逆过程必然是准静态过程;②可逆过程中不存在任何的耗散损失,因此,在按其反过程返回初态后,没有给外界留下任何的痕迹。

2.2 热力学第一定律

热力学第一定律是能量守恒和转换定律在具有热现象的能量转换中的应用,由德国物理学家迈耶(J. R. Mayer)、亥姆霍兹(H. L. Helmholtz)和英国物理学家焦耳(J. P. Joule)奠定了其基础,它的本质是能量转换和守恒定律。

能量守恒和转换定律指出:自然界的一切物质都有能量,能量有各种不同的形式,它能够从一种形式转换为另一种形式,从一个物体传递给另一个物体,从物体的一部分传递到另一部分,在转换和传递中能量的数量不变。

对于任何能量转换系统,可建立的能量衡算式为

$$输入系统的能量 - 输出系统的能量 = 系统能量的变化 \tag{2-5}$$

式中,系统的能量包括内能 mU、动能 $mu^2/2$ 及位能 mgZ,U 表示单位质量的物流所具有的内能,即比内能;u 表示物流的平均速度;Z 表示距离参考平面的高度;g 表示重力加速度。系统的内能是热力状态参数,而动能和位能则取决于系统的状态。

1. 封闭系统的能量平衡方程

一个与外界没有物质交换的封闭体系,可以与外界有热和功的交换,其能量平衡关系为

$$\Delta U + \frac{1}{2} m \Delta u^2 + mg \Delta Z = Q - W \qquad (2-6a)$$

对于静止的物系,式(2-6a)中的动能项为零,若忽略势能的变化,式(2-6a)可简化为

$$\Delta U = Q - W \qquad (2-6b)$$

对单位质量为

$$\Delta U = q - w \qquad (2-7)$$

对微元过程为

$$\delta U = \delta q - \delta w \qquad (2-8)$$

2. 稳定流动敞开系统的能量平衡方程

在化工生产中,大多数工艺流程都涉及流体通过各种设备和管线的流动,故为敞开系统。图 2-1 所示为稳定流动过程,在其流入的 1-1 截面,流体的压力为 p_1、温度为 T_1、流体的体积为 V_1、比体积为 v_1,平均流速为 u_1,内能为 U_1,位高为 Z_1,截面面积为 A_1。在流出的 2-2 截面,相应的参数为 p_2,T_2,V_2,v_2,u_2,U_2,Z_2,A_2。

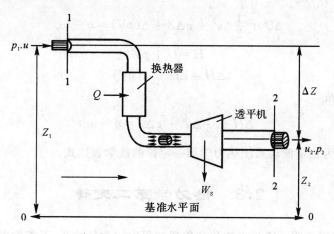

图 2-1 稳定流动过程

根据热力学第一定律的数学表达式为

$$\Delta \left(mU + \frac{1}{2} mu^2 + mgZ \right) = Q - W \qquad (2-9)$$

流体与外界所交换的功 W 应包括轴功 W_s 与流动功 W_f 两项。即

$$W = W_s + W_f \qquad (2-10)$$

轴功是流体流经某设备时,通过机械设备的旋转轴在系统和外界之间交换的功。流动功是流体在流动过程中与前后两端的流体所交换的功。

在截面 1-1 输入的流动功为

$$W_{f1} = (p_1 A_1)\left(\frac{V_1}{A_1} \right) = p_1 V_1 \qquad (2-11)$$

在截面 2-2 输出的流动功为

$$W_{f2} = (p_2 A_2)\left(\frac{V_2}{A_2}\right) = p_2 V_2 \qquad (2-12)$$

这样,流体与外界所交换的功 W 可表示为

$$W = W_s + m p_2 V_2 - m p_1 V_1$$

故式(2-9)可以写为

$$\Delta\left(mU + \frac{1}{2}mu^2 + mgZ\right) = Q - W_s - m p_2 V_2 + m p_1 V_1 \qquad (2-13)$$

或表示为

$$mU_1 + \frac{1}{2}mu_1^2 + mgZ_1 + m p_1 V_1 + Q = mU_2 + \frac{1}{2}mu_2^2 + mgZ_2 + W_s + m p_2 V_2 \quad (2-14)$$

式(2-13)和式(2-14)即是稳定流动系统的总能量平衡方程。

对单位质量的流体,总能量平衡方程变为

$$U_1 + \frac{1}{2}u_1^2 + gZ_1 + p_1 V_1 + q = U_2 + \frac{1}{2}u_2^2 + gZ_2 + w_s + p_2 V_2 \qquad (2-15)$$

式中,$q = \dfrac{Q}{m}$;$w_s = \dfrac{W_s}{m}$。

式(2-15)也可写成

$$\Delta U + \frac{1}{2}\Delta u^2 + g\Delta Z + \Delta(pV) = q - w_s \qquad (2-16)$$

根据焓的定义: $$H = U + pV$$

得 $$\Delta H = \Delta U + \Delta(pV)$$

则式(2-16)可写成

$$\Delta H + \frac{1}{2}\Delta u^2 + g\Delta Z = q - w_s \qquad (2-17)$$

式(2-17)即为稳定流动系统热力学第一定律的数学表达式。

2.3　热力学第二定律

热力学第一定律说明了能量在转化和传递过程中的数量关系,不能指出能量传递的方向、条件和限度。但并不是符合热力学第一定律的某种过程就一定能实现,它还必须同时满足热力学第二定律的要求。热力学第二定律是从过程的方向性上限制并规定着过程的进行。热力学第一定律和热力学第二定律分别从能量转化的数量和转化的方向两个角度反映了能量转换过程的基本规律。德国物理学家克劳修斯(R. J. E. Clausius)、英国科学家开尔文(L. Kelvin)和法国物理学家卡诺(N. L. S. Carnon)对热力学第二定律做出了巨大贡献。

针对不同自发过程的物理现象,热力学的第二定律有不同的表述。

克劳修斯说法:不可能把热量从低温物体传到高温物体而不引起其他变化。

开尔文说法:不可能从单一热源取热使之完全变为功而不引起其他变化。

人们把能够从单一热源取热使之完全变为功而不引起其他变化的机器叫作第二类永动机。显然,第二类永动机是不可能实现的。

上述表达的实质为"自发过程都是不可逆的",克劳修斯的说法说明了热传导过程的不可逆性,而开尔文说法则描述了功转化为热的过程的不可逆性。

2.3.1　卡诺循环

卡诺首先假设了一个工作在两个恒温热源之间按照卡诺循环的理想热机。如图 2-2 所示,卡诺循环是由两个可逆定温过程和两个可逆绝热过程组成的可逆循环,工质从温度为 T_1 的高温热源吸热 Q_1,做出循环静功 W,向温度为 T_2 的低温热源放热 Q_2。卡诺循环的热机效率为

$$\eta = \frac{W}{Q_1} = 1 - \frac{T_2}{T_1} \qquad (2-18)$$

遵守卡诺循环的热机把从高温热源吸收的热转换为机械能的数量为

$$W = \eta Q_1 = \frac{W}{Q_1} Q_1 = \left(1 - \frac{T_2}{T_1}\right) Q_1 \qquad (2-19)$$

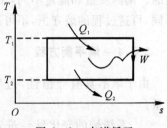

图 2-2　卡诺循环

卡诺通过卡诺定理一和定理二进一步阐述热力学第二定律。

卡诺定理一:在相同的高温热源和相同的低温热源之间工作的可逆热机的热效率恒高于不可逆热机的热效率。

卡诺定理二:在相同的高温热源和相同的低温热源之间工作的可逆热机有相同的热效率,而与工质无关。

可见,卡诺循环的热机效率只取决于高温和低温热源的温度。高温和低温热源的温度之比越大,热机效率越高。若低温热源相同,高温热源的温度越高,从高温热源传出同样热量对环境所做的功越多,这说明温度越高,热的品质越高。

2.3.2　熵和熵增原理

熵的定义为可逆热温熵,即

$$dS = \frac{\delta Q_r}{T} \qquad (2-20)$$

式中,δQ_r 为系统微元与环境交换的可逆热;T 为系统的温度。

熵是状态参数,只取决于初、末态,与过程无关。从状态 1 到状态 2 之间的熵变为

$$\Delta S = S_2 - S_1 = \int_1^2 \frac{\delta Q_r}{T} \qquad (2-21)$$

对于孤立系统,根据克劳修斯不等式 $dS \geqslant \dfrac{\delta Q_r}{T}$(只有可逆过程等号成立)可知:在绝热情况下,系统发生不可逆过程时,其熵值增大;系统发生可逆过程时,其熵值不变;不可能发生熵值减小的过程,此即熵增原理。

2.3.3　熵产生和熵平衡

系统内部和系统外部的不可逆性所引起系统熵的变化称为熵产,记为 ΔS_g,它不是系统的性质,而是与系统的不可逆过程有关,过程的不可逆程度越大,熵产 ΔS_g 越大,但可逆过程则无熵产生。将式(2-20)改写为以下的等式,引入熵产变量 dS_g,即

$$dS = \frac{\delta Q_r}{T} + dS_g \qquad (2-22)$$

其积分形式为

$$\Delta S = \int \frac{\delta Q_r}{T} + \Delta S_g \qquad (2-23)$$

由式(2-23)可以看出,系统的总熵变由两部分构成。一部分是由于与外界存在热交换 Q_r(可逆与不可逆)而引起的,被称为热熵流$\left(\int \frac{\delta Q_r}{T}\right)$,另一部分是由于经历过程的不可逆而引起的。熵的质量和能量不同,无论是可逆或是不可逆,孤立系统质量和能量是守恒的,而熵却不同,可逆过程的熵守恒,不可逆过程熵不守恒。

2.3.4 熵平衡方程

由于熵不具有守恒性,过程的不可逆性会引起熵产,因此我们在熵平衡方程中引入熵产量:

系统熵的变化量＝进入系统的熵＋不可逆性引起的熵产量－离开系统的熵

对于图2-3的敞开系统,有

$$\Delta S_A = \sum_{in} m_i s_i + \int \frac{\delta Q_r}{T} + \Delta S_g - \sum_{out} m_i s_i \qquad (2-24)$$

式中,ΔS_A 为系统累积的熵变,流入熵为 $\sum\limits_{in} m_i s_i$,流出熵为 $\sum\limits_{out} m_i s_i$,与能量交换有联系的熵为 $\int \frac{\delta Q_r}{T}$,系统吸热时,$Q_r > 0$,系统放热时 $Q_r < 0$,ΔS_g 恒为正。式(2-24)可以根据系统的特点,进行简化。

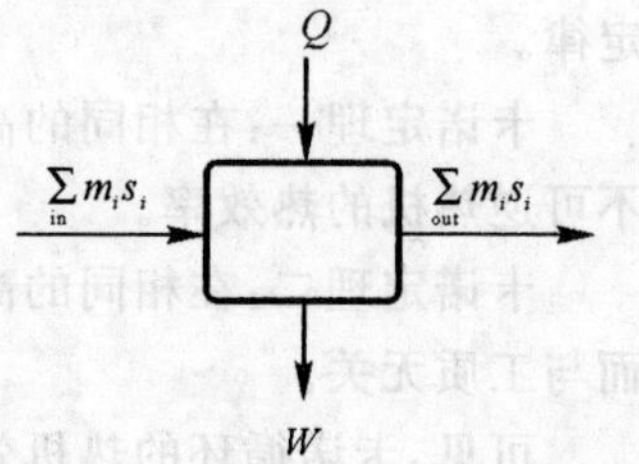

图2-3 敞开系统熵平衡图

1.稳定流动系统的熵平衡

由于系统无积累,$\Delta S_A = 0$,则(2-24)简化为

$$\sum_{in} m_i s_i + \int \frac{\delta Q_r}{T} + \Delta S_g - \sum_{out} m_i s_i = 0 \qquad (2-25)$$

如果上述稳定流动系统经历的是可逆过程,则 $\Delta S_g = 0$,可得

$$\sum_{in} m_i s_i + \int \frac{\delta Q_r}{T} - \sum_{out} m_i s_i = 0 \qquad (2-26)$$

2.封闭系统的熵平衡

由于系统没有物质进出,故 $\sum\limits_{in} m_i s_i = \sum\limits_{out} m_i s_i = 0$,该系统累积的熵变 ΔS_A 就是系统的熵变 ΔS,故

$$\int \frac{\delta Q_r}{T} + \Delta S_g = \Delta S \qquad (2-27)$$

如果上述封闭系统经历的是可逆过程,则 $\Delta S_g = 0$,故

$$\int \frac{\delta Q_r}{T} = \Delta S \qquad (2-28)$$

熵平衡与能量守恒和质量守恒一样,是任何一个过程必须满足的条件式,它可用来检验过程中熵的变化,可以明确并且定量地表明过程不可逆性的影响。通过计算熵产生 ΔS_g 的大小,找出不同化工过程的能量消耗部位。目前文献中有关不同工质的熵值不易得到,一旦系统工

质的熵值确定了,用熵平衡法可以有效地对这一系统进行分析,根据这一研究结果,可以改善热力系统的运行性能,最后获得最优化组合的热力系统。

2.4　㶲及其计算

2.4.1　㶲的概念

能量不仅有数量之分,还有品质之别,能量品质的高低是与其使用的环境紧密相关的。揭示能量的品质及其与环境的关系,是㶲概念建立的基础。当系统由任一状态可逆变化到与给定环境相平衡状态时,理论上可以无限转换为其他能量形式的那部分能量,称为㶲或有效能,用 E 表示,单位为 J。㶲定义为热力学系统中工质的可用性,主要用来确定某指定状态下所给定的能量中有可能做出的有用功部分。能量中不能转换为有用功的那部分称为该能量的㶲或无效能,用 A 表示,单位为 J。任何一种形式的能量都可以看成是由㶲和㶲组成,并可用方程式表示为

$$能量 = 㶲 + 㶲 \qquad\qquad (2-29)$$

这样,通过对㶲的比较,即按能量转化为有用功的多少,可以把能量分为三类。

第一类,理论上能完全转化为有用功的能量,如电能、机械能(包括水能和风能等);

第二类,能部分转化为有用功的能量,即能量的㶲和㶲都不为零,如热和以热形式传递的能量、化学能等。其中在计算化学㶲时,要求对每一元素均确定其环境状态,包括温度、压力、物态和组成。

第三类,理论上完全不能转化为有用功的能量,即能量全部为㶲,其㶲为零,如海水、地壳等环境状态中的热能。

根据上述定义,故可以用㶲来表征能量转换为功的能力和技术上的有用程度,即能量的质量或品位。数量相同而形式不同的能量,㶲大的能量称其能质高或品位高,㶲少的能量称其能质低或品位低。根据热力学第二定律,高品位能总是能自发地转变为低品位能,而低品位能不能自发地转变为高品位能,能质的降低意味着㶲的减小,而节能的实质是防止和尽量减小㶲的损失。

2.4.2　基准环境

根据㶲的定义,系统的㶲值不仅与本身的状态有关,也与环境状态有关,是以环境状态为基准的相对量。系统与环境的状态差异越大,系统具有的㶲值也就越大;当系统与环境达到平衡时,㶲值为 0,意味着没有做有用功的能力。而对于同一系统,如果规定的环境状态不同,㶲值也不相同。因此,㶲实际上表示的是系统或物流偏离环境状态的程度。

为了计算㶲值,首先要对环境加以定量的描述。在计算物理㶲时,对于环境需要知道其温度和压力;而在计算化学㶲时,不仅要知道环境的温度与压力,还需要确定“基准环境”,即环境是由哪些物质,以怎样的状态和怎样的浓度构成的。

用来计算化学㶲的基准物的集合为环境的化学基准模型,包括基准物的组成及其在环境中的浓度;用来计算物理㶲的环境基准态为环境的物理基准模型,包括环境的压力和温度,二者构成了所谓的环境模型。尽管环境物理模型已趋于统一,但环境化学模型却不一致。这是

由于基准物的选择有某种主观的随意性。这就形成了不同的环境模型。

环境模型中包括温度、压力和组成物质以及各自的基准浓度三个方面。采用定环境模型规定环境,主要是规定基准物系。目前,具有一定理论基础、比较完备且得到国际公认的环境模型,主要是波兰学者斯蔡古特(J. Szargut)提出的环境模型和日本学者龟山-吉田模型。

龟山-吉田模型由龟山秀雄和吉田邦夫在 1979 年提出,其中给出了 73 种元素的基准物质,现在已经作为日本计算物质化学㶲的国家标准。该模型的环境温度和压力分别为 $T_0 = 298.15$ K 和 $p_0 = 1$ atm。龟山-吉田模型提出大气物质所含元素的基准物取此温度和压力下的饱和湿空气(相对湿度等于 100%)的对应成分,基准物的组成见表 2-2,此外的其他元素均以 T_0,p_0 下纯态最稳定的物质作为基准物。

表 2-2 龟山-吉田模型有关参数(298.15 K,1atm)

元素	N	O	H	C	Ar	Ne	He
组分	N_2	O_2	H_2O	CO_2	Ar	Ne	He
摩尔分数	0.755 7	0.203 4	0.031 6	0.000 3	0.009 1	1.8×10^{-5}	5.24×10^{-6}

2.4.3 功的㶲

电功、机械能包括系统所具有的宏观动能和位能,理论上能够全部转换为有用功,即全部为㶲。

当系统在环境中做功的同时发生容积变化时,系统与环境必然有功量的交换,系统要反馈环境压力做环境功,此即容积功㶲的部分。如封闭系统从状态 1 变化到状态 2 的过程中所做功为 W_{12},则其中的㶲为

$$E_W = W_{12} - p_0(V_2 - V_1) \tag{2-30}$$

㶲为

$$A_W = p_0(V_2 - V_1) \tag{2-31}$$

如果一个系统在热力过程中没有容积变化,或与环境交换的净功量为零,则通过系统边界所做的功全部是㶲,㶲为零。

2.4.4 热量㶲

热量由㶲和㶲组成。热力系统从某一状态可逆的变化到与环境相平衡的状态时,对外界做的最大有用功,称为该系统的㶲或热量㶲。在上述状态下,从热源吸收的热量可能做的最大有用功即为卡诺循环所做的功,对微元过程,有

$$\delta E = \delta W = \left(1 - \frac{T_0}{T}\right)\delta Q \tag{2-32}$$

式中,环境温度为 T_0,T 为系统温度,$(1 - T_0/T)$ 为卡诺循环效率。

对一般的热力过程,热量㶲 E_Q 和㶲分别为

$$E_Q = \int_1^2 \left(1 - \frac{T_0}{T}\right)\delta Q = Q - T_0(S_2 - S_1) = Q - T_0\Delta S \tag{2-33}$$

$$A_Q = Q - E_Q = T_0\Delta S \tag{2-34}$$

式中，ΔS 为温度从 T_0 到 T 的过程熵变。

当传热过程中热源温度（T）恒定时，热量 Q 的㶲 E_Q 和㶲 A_Q 分别为

$$E_Q = \left(1 - \frac{T_0}{T}\right)Q \qquad (2-35)$$

$$A_Q = \frac{T_0}{T}Q \qquad (2-36)$$

热量的㶲 E_Q 和㶲在 T-S 图上的表示如图 2-4 所示。

变温热源的热量：

$$\delta Q = mc_p \delta T \qquad (2-37)$$

$$E_Q = \int_1^2 mc_p \left(1 - \frac{T_0}{T}\right)\delta T \qquad (2-38)$$

如果在 T_0 到 T 的范围内，高温热源的比定压热容 c_p 为常数，或可取平均值，则

$$E_Q = mc_p \int_1^2 \left(1 - \frac{T_0}{T}\right)\delta T =$$

$$mc_p \left[(T_2 - T_1) - T_0 \ln (T_2/T_1)\right] =$$

$$mc_p (T_2 - T_1)\left[1 - T_0 \ln (T_2/T_1)/(T_2 - T_1)\right] = Q(1 - T_0/T_m) \qquad (2-39)$$

$$T_m = (T_2 - T_1)/\ln (T_2/T_1) \qquad (2-40)$$

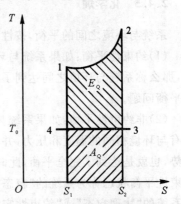

图 2-4 热量㶲 E_Q 和㶲
在 T-S 图上的表示

【例 2-1】 将 125℃，100 kPa 的 1 kg 空气可逆定压加热到 225℃，试求加热过程中的熵变，以及所加热量中的㶲和㶲。空气的定压比热容 $c_p = 1.0$ kJ/(kg·K)。设环境大气温度为 25℃。

解 空气吸收的热量为

$$Q = mc_p(T_2 - T_1) = 1 \times 1.0 \times (225 - 125) = 100 \text{ kJ}$$

空气在吸热过程中的熵变为

$$\Delta S = mc_p \ln (T_2/T_1) = 1 \times 1.0 \times \ln [(273 + 225)/(273 + 125)] = 0.224 \text{ kJ} \cdot \text{K}^{-1}$$

所加热量中的㶲为

$$A_Q = T_0 \Delta S = (273 + 25) \times 0.224 = 66.752 \text{ kJ}$$

所加热量中的㶲为

$$E_Q = Q - T_0 \Delta S = 100 - 66.752 = 33.248 \text{ kJ}$$

【例 2-2】 将 50℃，100 kPa 的 1 kg 空气可逆定压冷却到 -50℃，试求冷却过程中的熵变，以及所获冷量中的㶲和㶲。空气的定压比热容 $c_p = 1.0$ kJ/(kg·K)。设环境大气温度为 25℃。

解 空气获得的冷量为

$$Q = mc_p(T_2 - T_1) = 1 \times 1.0 \times (-50 - 50) = -100 \text{ kJ}$$

空气在冷却过程中的熵变为

$$\Delta S = mc_p \ln (T_2/T_1) = 1 \times 1.0 \times \ln [(273 - 50)/(273 + 50)] = -0.371 \text{ kJ} \cdot \text{K}^{-1}$$

所获冷量中的㶲为

$$A_Q = T_0 \Delta S = (273 + 25) \times (-0.371) = -110.56 \text{ kJ}$$

所获冷量中的㶲为

$$E_Q = Q - T_0 \Delta S = -100 - (-110.56) = 10.56 \text{ kJ}$$

2.4.5 化学㶲

系统与环境之间的平衡,按性质可分为约束性平衡与非约束性平衡。

(1)约束性平衡:如果系统与环境之间达到了热与力的平衡,具有与环境相同的温度和压力,那么称系统与环境之间达到了"约束性平衡"。这类平衡不涉及浓度与组成变化引起的化学平衡问题。

(2)非约束性平衡:如果系统与环境之间既达到了热与力的平衡,还达到了化学平衡,系统具有与环境相同的温度和压力,并且体系中每一种组分都与环境中的相应组分具有相同的化学势,也就是达到了完全平衡,此时的平衡称为"非约束性平衡"。通常把系统与环境间达到非约束性平衡状态称为系统的"寂态(dead state)",而把系统与环境间达到约束性平衡的状态称为系统的"物理寂态"或"约束性寂态"。

对应于这两类平衡,可以把㶲分为"物理㶲"与"化学㶲"。物系从所处的状态到与环境达成约束性平衡的状态的可逆过程中对外界做出的最大有用功,称为该体系具有的物理㶲。物系与环境从约束性平衡状态达到非约束性平衡的状态的可逆过程(扩散、化学反应)中对外界做出的最大有用功,称为该系统具有的化学㶲。

化学㶲的热力学意义:在环境状态下,从环境物质中得到1mol纯物质所耗费的最大有用功;或者是在环境状态下,1 mol 纯物质与其他基准物质反应生成对应的基准物质所能提供的最大有用功。

基准环境条件下基准物的化学㶲规定为零,因此元素与环境物质进行化学反应变成基准物所提供的理想功(最大化学反应有用功)即为元素的化学㶲。若化学反应在规定的环境模型中进行,则通过的最大化学有用功即为元素的标准化学㶲 $e^0(X)$,该值取摩尔量。

现在以龟山-吉田模型为例,了解基准物质的选取方法以及计算相应元素标准㶲和物质标准㶲的方法。

(1)龟山-吉田模型规定 $T_0 = 298.1$ K 和 $p_0 = 1$ atm 下的饱和湿空气作为空气中所包含气体的基准物,由此出发,可首先确定 O,N,C,H 元素的标准㶲。对于 O_2,N_2,CO_2,H_2O 纯气体来说,它们本身就是基准物质,只是与环境状态下的基准物质浓度不同,它们的化学㶲也就是扩散㶲,有

$$e^0(O) = \frac{1}{2}e^0(O_2) = -\frac{1}{2}RT_0 \ln (X_{0,O_2}) \qquad (2-41)$$

$$e^0(N) = \frac{1}{2}e^0(N_2) = -\frac{1}{2}RT_0 \ln (X_{0,N_2}) \qquad (2-42)$$

对于碳元素,先计算纯 CO_2 的标准㶲,有

$$e^0(CO) = -RT_0 \ln (X_{0,CO_2}) \qquad (2-43)$$

式(2-41)~式(2-43)中 X_{0,O_2},X_{0,N_2},X_{0,CO_2} 分别表示 O_2,N_2,CO_2 气体在环境状态下的摩尔分数。然后根据生成反应 $C + O_2 \longrightarrow CO_2$,计算碳元素的标准㶲为

$$e^0(C) = -\Delta_f G_m^0(CO_2) - 2e^0(O) + e^0(CO_2) \qquad (2-44)$$

同理,可以计算氢元素的标准㶲。

(2)计算其他元素的标准㶲。 为了计算元素 X 的标准㶲,从环境模型中找到元素 X 的基

准物质 X 的基准物质 $X_x A_a B_b C_c$,则该物质的标准㶲 $e^0(X_x A_a B_b C_c)$ 等于 0,根据生成反应

$$xX + aA + bB + cC \longrightarrow X_x A_a B_b C_c$$

由此得到元素 X 的标准㶲为

$$e^0(X) = \frac{1}{x}[-\Delta_f G_m^0(X_x A_a B_b C_c) - ae^0(A) - be^0(B) - ce^0(C)] \tag{2-45}$$

为了选择基准物质,必须把一切已有标准摩尔生成自由焓($\Delta_f G_m^0$)数据的物质都代入到此式中计算,选取求得 $e^0(X)$ 值最大的物质作为该元素的基准物质。

(3)确定化合物的化学㶲。确定了各元素的标准㶲后,只要能查到某化合物的标准摩尔生成自由焓($\Delta_f G_m^0$)数据,就可以确定该化合物的标准㶲。

设纯物质 $A_a B_b C_c$ 由单质或元素 A,B,C 经过一般生成反应可得

$$aA + bB + cC + \cdots \longrightarrow A_a B_b C_c \cdots$$

如果已知元素 A,B,C 的标准㶲,则此物质的标准㶲为

$$e^0(A_a B_b C_c \cdots) = \Delta_f G_m^0(A_a B_b C_c \cdots) + ae^0(A) + be^0(B) + ce^0(C) + \cdots \tag{2-46}$$

式(2-46)中,$\Delta_f G_m^0(A_a B_b C_c \cdots)$ 是该化合物的标准摩尔生成自由焓。

2.4.6 燃料的标准化学㶲

设温度 T_0,压力 p_0 的燃料在环境参考态下可逆燃烧生成物,且产物为环境状态(T_0,p_0)时所能做出的最大有用功称为燃料的化学㶲,简称燃料㶲。

当燃料(T_0,p_0)与氧气等温可逆燃烧生成 P 时,可得

$$n_{O_2} E_{O_2} + E_F = W_{max} + \sum n_j E_j \tag{2-47}$$

故

$$E_F = W_{max} + \sum n_j E_j - E_{O_2} = \Delta_r G^0 + \sum n_j E_j - n_{O_2} E_{O_2} \tag{2-48}$$

式中,E_F 为燃料的摩尔化学㶲;n_{O_2} 和 E_{O_2} 分别为 1 mol 燃料完全燃烧时所需氧气的物质的量和氧气的摩尔化学㶲;n_j 和 E_j 分别为 1 mol 燃料完全燃烧时所生成物 j 的物质的量和氧气的摩尔化学㶲;W_{max} 为可逆燃烧过程中放出的最大有用功;$\Delta_r G^0$ 是燃料氧化标准氧化反应的 Gibbs 自由能。

2.5 㶲损失和㶲衡算方程

能量守恒是指在一切过程中能量的两个部分 —— 㶲和炗的总量保持恒定。任何不可逆过程必然引起㶲损失,只有在理想的可逆过程才不引起㶲的损失。因此,在实际的过程中,不存在㶲的守恒定律,㶲总是不断减小的。系统在一个不可逆过程中各项㶲的变化是不满足平衡关系式的,只有附加一项㶲损失才能给一个系统或过程建立㶲平衡关系式。所以一个系统的㶲衡算关系式为

$$\text{输入系统的㶲} = \text{输出系统的㶲} + \text{㶲损失} + \text{系统㶲的变化} \tag{2-49}$$

2.5.1 封闭系统的㶲衡算方程式

研究静止的封闭系统,系统从外部吸收热量为 Q,对外做功为 W,可得封闭系统的㶲衡算

方程式为

$$E_Q = E_W + \Delta E_U + E_L \qquad (2-50)$$

上式表明,热源加给封闭系统的热量㶲 E_Q 等于对外做出的有用功 E_W,系统内能㶲的变化 ΔE_U 和㶲损失 E_L 之和。系统从热源所吸收的热量㶲为

$$E_Q = \int (1 - T_0/T_H)\delta Q \qquad (2-51)$$

式中,T_H 为热源温度。

如果系统在变化过程中与多个热源进行热交换,则分别计算㶲,然后求代数和。封闭系统的内能㶲变化为

$$\Delta E_U = E_{U_2} - E_{U_1} = U_2 - U_1 + p_0(V_2 - V_1) - T_0(S_2 - S_1) \qquad (2-52)$$

因此,封闭系统从1到2的过程对外所做的有用功为

$$W = \int (1 - T_0/T_H)\delta Q - [U_2 - U_1 + p_0(V_2 - V) - T_0(S_2 - S_1)] - E_L \qquad (2-53)$$

当封闭系统进行可逆过程时,㶲损失为零,此时系统的最大有用功为

$$W_{max} = \int (1 - T_0/T_H)\delta Q - [U_2 - U_1 + p_0(V_2 - V) - T_0(S_2 - S_1)] \qquad (2-54)$$

因此有

$$W = W_{max} - E_L \qquad (2-55)$$

2.5.2 稳定流动系统的㶲衡算方程式

对于稳定流动的开口系统,随各能流输入和输出系统的㶲流如图 2-5 所示,忽略位能,可得

$$\sum_{in} E_i + E_Q - E_W - E_L - \sum_{out} E_j = 0 \qquad (2-56)$$

$$\int (1 - T/T_0)\delta Q = \sum_{out} E_j - \sum_{in} E_i + W + E_L \qquad (2-57)$$

式中,E_i 和 E_j 分别为流入和流出系统物流的㶲值。

$$\int (1 - T/T_0)\delta Q = H_2 - H_1 - T_0(S_2 - S_1) + m(C_2^2 - C_1^2)/2 + W + E_L \qquad (2-58)$$

式中,$H_2 - H_1 - T_0(S_2 - S_1)$ 为稳流系统出口与进口物流焓㶲之差。

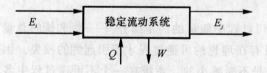

图 2-5 稳定流动系统的㶲衡算

2.5.3 㶲分析的评价指标

1. 㶲效率

为了衡量热力循环的热力学完善程度,需要了解在循环中㶲损失及分布情况,这是㶲分析

方法的基本出发点。能量在运动过程中，㶲逐渐减少，炕不断增多，能量㶲效率的一般定义为

$$\eta_{\mathrm{e}} = E_{\text{有效}} / E_{\text{耗费}} \tag{2-59}$$

系统或设备进行的过程必须遵守㶲平衡的原则，所以耗费㶲与有效利用㶲之差即为不可逆过程所引起的㶲损失，即

$$E_{\mathrm{L}} = E_{\text{耗费}} - E_{\text{有效}} \tag{2-60}$$

因此，㶲效率可以写为

$$\eta_{\mathrm{e}} = E_{\text{有效}} / E_{\text{耗费}} = (E_{\text{耗费}} - E_{\mathrm{L}}) / E_{\text{耗费}} = 1 - E_{\mathrm{L}} / E_{\text{耗费}} = 1 - \zeta \tag{2-61}$$

式中，$\zeta = E_{\mathrm{L}} / E_{\text{耗费}}$，称为㶲损系数。㶲效率是耗费㶲的利用份额，而㶲损系数是耗费㶲的损失份额。

2. 局部㶲损失率

子体系的㶲损失 $E_{\text{x耗费}}$ 与总体系的耗费㶲 $E_{\text{耗费}}$ 之比一般称为局部㶲损失率 η_{xe}，为

$$\eta_{\mathrm{xe}} = \frac{E_{\text{x耗费}}}{E_{\text{耗费}}} \tag{2-62}$$

3. 单位产品（或单位原料）的支付㶲

$$w = \frac{E_{\text{耗费}}}{M} \tag{2-63}$$

式中，M 为总产量或总原料量。

4. 㶲分析的方法

㶲分析法方法的基本出发点是求出系统变化中㶲损失及其分布情况，通过对各个环节上㶲效率的分析，对全局进行分析。㶲分析法方法的基本步骤如下。

（1）确定体系：明确体系的边界，子体系的分割方式，以及穿过边界的所有物质和能量，必要时辅以示意图。

（2）明确环境基准：说明采用的环境基准，使用的热力学基础数据的来源。

（3）㶲平衡的计算：建立体系的㶲平衡关系，用表和图辅助表示计算结果，基于㶲平衡关系，做输入㶲与输出㶲、损失㶲平衡表，计算出㶲效率、局部㶲损失率和单位产品的支付㶲等评价指标。

（4）评价与分析：针对计算结果，分析能量损失和㶲损失的原因，探讨体系进一步有效利用能量的措施及可能性。

㶲分析法依据热力学第一定律与第二定律，从㶲值不守恒的规律考察能量利用程度，列出㶲平衡式和损耗功基本方程式为依据，从能量的品位和㶲的利用程度来评价过程和装置在能量利用上的完善性，主要指标是㶲效率和㶲损失。㶲分析法不仅可以揭示由于"三废"、散热等引起的㶲损失以及工艺物流、能流所带走的㶲，而且能准确查明由于过程内部的不可逆性引起的㶲损失，指出能量利用的热力学薄弱环节与正确的节能方向，这是对节能本质认识的重大突破。因此，㶲分析法的引入真正满足了节能的需要。

2.5.4　热泵干燥系统的㶲分析实例

热泵干燥系统由热泵系统与干燥系统两大部分组成。其中，热泵系统应用最广泛的形式是压缩式热泵，其系统原理如图 2-6 所示。

热泵干燥装置首先通过蒸发器使干燥室中排放的废气与热泵工质进行热交换,热泵工质吸收热量发生相变转换为蒸气;同时废气温度被降低,达到饱和温度,其中部分水蒸气冷凝,湿度降低。而后热泵工质通过压缩机,经过高压变为液体,流入冷凝器。热泵工质在冷凝器中液化,释放热量加热由蒸发器除湿后的空气,将提升温度后的空气送入干燥室对物料进行干燥;同时热泵工质通过冷凝器液化后经膨胀阀流回蒸发器,如此往复循环。

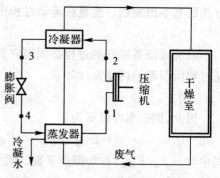

图 2-6 热泵干燥系统原理图

由此可见,热泵系统可以回收废气中的显热和潜热,同时可以对干燥工质(如空气)进行温度与湿度的调节,输入能量为压缩机所需的电能。系统包括制冷循环与空气循环两部分,其中制冷循环为逆循环。

一、热泵系统的㶲分析

热泵干燥系统由两部分组成,以压缩式制冷循环为例,进行热泵系统的㶲分析。热泵系统为逆循环,主要由蒸发器、冷凝器、压缩机、膨胀阀组成,进入系统的㶲应等于离开系统的㶲与系统内部㶲损失之和,即

$$W + E_{i,\text{in}} = E_{j,\text{out}} + L_1 + L_2 + L_3 + L_4 \tag{2-64}$$

式中　　$E_{i,\text{in}}$——热泵从低温热源吸收的热量 Q_L 中含有的㶲;

　　　　$E_{j,\text{out}}$——热泵从高温热源吸收的热量 Q_H 中含有的㶲;

　　　　L_1, L_2, L_3, L_4——分别表示压缩机、冷凝器、膨胀阀和蒸发器的㶲损失。

其中,$E_{i,\text{in}}$,$E_{j,\text{out}}$ 为

$$E_{i,\text{in}} = \frac{T_L - T_0}{T_L} Q_L = \frac{T_L - T_0}{T_L}(Q_H - W) \tag{2-65}$$

$$E_{j,\text{out}} = \frac{T_H - T_0}{T_H} Q_H \tag{2-66}$$

式中,T_L,T_0,T_H 分别表示低温热源、环境温度与高温热源温度。

热泵系统各部分㶲损失系数可表示为

$$\xi = \frac{\sum_{i=1}^{4} L_i}{W} = \sum_{i=1}^{4} \zeta_i \tag{2-67}$$

将式(2-65)～式(2-67)代入式(2-64),可得

$$W = \frac{1 - (T_L/T_H)}{1 - \zeta(T_L/T_0)} \cdot Q_H \tag{2-68}$$

由此,可知热泵的制热系数为

$$\varepsilon_2 = \frac{Q_H}{W} = \left(1 - \zeta \frac{T_L}{T_0}\right) \varepsilon_{\max} \tag{2-69}$$

式中,$\varepsilon_{\max}$ 表示循环为可逆的卡诺循环时所能获得的最大制热系数。

由㶲效率的定义,通过计算可得热泵系统的㶲效率为

$$\eta_e = \frac{\varepsilon_2}{\varepsilon_{\max}} = 1 - \zeta \frac{T_L}{T_0} \tag{2-70}$$

由此可以看出,热泵系统的㶲效率与压缩机、冷凝器、膨胀阀和蒸发器的㶲损失系数密切相关。减少热泵系统中各装置的㶲损失将带来干燥系统效率的提升。

二、热泵系统各装置的㶲损失分析

分析热泵系统各装置的能源利用状况,即可知热泵系统的能源利用状况,同时针对各装置的利用状况,制定相应的改进措施。

1. 压缩机的㶲损失

压缩机的㶲平衡关系式为

工质进入压缩机的㶲值 + 消耗的功 = 工质离开压缩机的㶲值 + 压缩机的㶲损失 L_1

设系统工质为稳定流动,则可得㶲损失为

$$L_1 = T_0(S_2 - S_1) \tag{2-71}$$

即㶲损失是熵增引起的。由热力学的基本原理可知,压缩机的熵增与制冷循环过程和压缩机本身的压缩比、压缩机的制造工艺水平有关。压缩机的制造工艺水平越高(内部不可逆损失越小,认为制造工艺水平越高),压缩机的㶲损失也越小。

综上可知,合理地设计制冷循环,同时选用高品质压缩机可提高整个系统的能源利用效率。

2. 冷凝器与蒸发器的㶲损失

冷凝器的㶲损失采用如上所述的计算方法,利用热力学第一定律与㶲平衡方程可得

$$L_2 = [Q - T_0(S_3 - S_2)] - E_Q \tag{2-72}$$

式中　Q—— 冷凝器传递给外部工质的热量;

　　　E_Q—— 冷凝器传给外部工质的㶲,在空气为工质的对流干燥中为冷凝器传递给空气的㶲。

同理,蒸发器的㶲损失为

$$L_4 = [Q_0 - T_0(S_1 - S_4)] - E_{QL} \tag{2-73}$$

式中　Q_0—— 蒸发器传递外部工质的冷量;

　　　E_{QL}—— 蒸发器传给外部工质的冷量㶲。

由理论公式可分析降低冷凝器㶲损失的方法。为了降低冷凝器与蒸发器的熵增,需要合理地减少传热温差。在环境温度或低温热源温度不变的情况下,降低冷凝器工质的冷凝温度,提高蒸发器的蒸发温度可以减少冷凝器与蒸发器的㶲损失;其次,在冷凝器与蒸发器中,内部工质发生相变,为恒温介质,但外部被加热(或冷却)的介质是变温的,他们之间的传热温差也存在变化,可以采用非共沸工质,这样在传热过程中,既减少了传热温差,又降低了熵产,同时也减少了蒸发器和冷凝器的㶲损失。

三、膨胀阀的㶲损失

膨胀阀是典型的绝热节流过程,㶲损失为

$$L_2 = T_0(S_4 - S_3) \tag{2-74}$$

由绝热节流过程分析,熵增为

$$\Delta S = S_4 - S_3 = -\int \frac{v}{T} \mathrm{d}p \tag{2-75}$$

因此,降低膨胀阀两端的压力差可以减少熵产,同时也降低了膨胀阀的㶲损失。

在干燥系统中,应用的主要能量为热能,热能在不同的利用条件下,品质存在着巨大差距。利用㶲分析法对干燥系统进行分析可以更准确地了解能源利用情况;利用㶲分析结果可以对热泵系统各环节的能源利用情况有所了解,正确地指明节能设计的指导方向;减少压缩式热泵系统各装置(压缩机、冷凝器、膨胀阀、蒸发器)的㶲损失,也减少了热泵干燥系统的㶲损失,对节能效果有显著影响。

思考题与习题

1. 什么是体系? 什么是环境?

2. 简述如何确定各基准状态。

3. 什么是熵增原理? 该原理的实际意义是什么?

4. 试用龟山-吉田模型求甲烷 CH_4 气体的标准摩尔化学㶲。

5. 试求下述条件下,0.607 8 MPa,1 kmol 的空气在:(1)等压下由 303 K 冷却至 101 K 时所需移走的热量;(2)等压下由 233 K 加热至 303 K 时所需的热量;(3)冷却和加热时空气有效能变化如何($T_0=298$ K)。

6. 如图 2-7 所示,某氨厂用废热锅炉回收二段炉转化气的热量,转化气进、出废热锅炉的温度分别为 1 000℃及 380℃,废锅进水温度 54℃,产生 3.727 MPa、430℃的过热蒸汽。现用蒸汽通过透平机输出轴功,乏汽为 0.104 9 MPa 的饱和蒸汽,锅炉的热损失忽略不计,转化气的流量(标准状态)5 160m³/h,在 380～1 000℃之间的等压平均热容为 36 kJ/(kmol·K),环境温度为 25℃。试分别采用能量衡算法、熵分析法与㶲分析法评价该过程的能量利用情况。

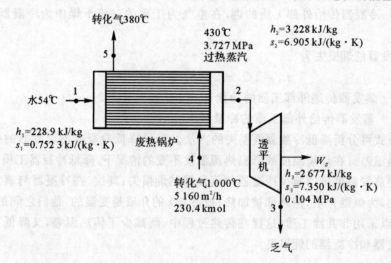

图 2-7　习题 6 附图

第3章 化工过程系统工程的应用进展

过程工程是通过化学或物理加工进行物质转化的所有过程的总称,如能源、资源、环境、材料、医药、建材、冶金、化肥、食品等都与过程工程密切相关,因此它在国民经济中起着举足轻重的作用。然而,目前我国过程工程存在以下几方面问题:①已有设备和过程能耗高、污染重、浪费资源;②新设备和新过程的设计和放大能力差;③开发高新技术产品特别困难。这些问题已成为国民经济发展的"瓶颈"问题。随着对能源、环境和资源需求的不断增长和高技术的进一步发展,这些问题必将更加突出。因此,寻求新的途径、提高过程工业量化水平是国民经济面临的重要课题。

3.1 过程工程量化的多尺度法

1.过程工业发展中的共性关键科学问题

过程工业的学科基础是过程工程,它是研究物质在化学物理和生物转化过程中的运动传递和反应及其相互关系的学科,正在进一步向生物、信息环境、材料、纳米等领域扩展。目前的发展趋势体现在两个方面。一是研究尺度范围不断拓宽,向下到微纳尺度、向上到生态等系统尺度。在化学和化工前沿领域中,多尺度研究是一个重要方面。涉及气固液多相反应的过程系统工程,是流动、传递、分相和反应相互耦合的典型多尺度问题;高分子聚合物的结构和性能的连贯研究涉及极广的时间和空间尺度;化学基础理论方面则涉及从电子排列的微观结构到宏观化学性质的探求,是最基础的多尺度问题。二是研究方法由以实验为主,通过归纳、总结、经计算获得理论的方法,发展到以计算为主,从理论直接到实验预测的方法。相应地,过程工程涵盖了从分子、微纳颗粒、聚团、单元、工厂直至生态园区等的不同层次上的研究对象,呈现着多尺度特性。这些变化对过程工程提出了新的挑战,研究的焦点逐步转向物质转化过程中的时空多尺度结构。

物质转化过程中的时空多尺度结构在过程工业上表现为,物质转化过程在不同的尺度上的问题不同。在微纳米和分子聚集体以及更小的尺度上,涉及的是以工艺开发为目标的化学物理和产品工程的问题,在毫米到米的尺度量级上,主要涉及设备及放大等过程工程问题,在此尺度以上则主要与过程系统工程和生态系统相关的绿色集成问题。

物质转化过程中的时空多尺度结构还具有前沿问题共同具有的特征:①由多元素和子系统构成,其本身又可以是更大系统的子系统;②是开放系统,具有自适应特征,与外界有着显著的能量、物质和信息的交换耗散结构;③其形成和演化受多因素控制,由非线性和非平衡过程决定。物质转化过程中所涌现的现象可以分为平衡和非平衡现象,而非平衡现象中又分为线性非平衡和非线性非平衡现象。其中,平衡和线性非平衡分别满足熵最大和熵产率最小,有现成的理论可以解释;而非线性非平衡系统则无统一的理论可以解释和描述,是当前最为活跃的研究领域和科学前沿——复杂性科学的研究内容和研究焦点。

物质转化过程中的时空多尺度结构体现了科学的发展前沿,隐藏在构成过程工业的三个环节"工艺、过程设备和放大以及系统集成"中,制约现有技术、新工艺难以产业化的科学难题。是推动和实现过程工业绿色化与信息化的基础和具有共性、带动性和全局性的重大关键科技问题。认识并掌握物质转化过程中的时空多尺度结构和它对运动、传递和反应及其相互关系的影响规律,将生态系统与化学物理过程进行跨尺度关联,对物质转化,就可以设计并开发清洁的转化工艺、实现从微观到宏观的量化放大和从宏观到微观的定向调控,在各个尺度上保证物质转化过程所需的最佳工业条件,这将是推动和建立过程工业的绿色化与信息化的关键和不可或缺的基础。

2. 多尺度法的基本思路

过程工程中的所有现象可以归纳为 4 种过程:流动、传递、分相和反应;6 种尺度:分子、纳微米、单元(颗粒、液滴、气泡)、聚团、设备、工厂;2 种变化:规则、非规则。表 3-1 为不同尺度下各种过程的举例说明。只有充分考虑和了解不同尺度的过程,才能在设备规模下实现所要求的物理或化学变化。多尺度法可归纳为:①将总过程分解为若干不同尺度的子过程;②在不同尺度下对各子过程进行研究;③进一步研究不同子过程之间的相互联系;④通过物理化学过程分析归纳出系统产生多尺度结构的控制机理;⑤综合这些不同子过程的研究,来解决总过程的问题。

实施这些步骤的关键难点为:①进行尺度分解的原则,选择尺度必须具有代表性,可以表达过程的结构特征;②不同尺度间的相互联系;③进行多过程和多尺度综合的方法和规则。

表 3-1 多尺度法的尺度/过程两维结构表

过程 \ 尺度	分 子	微纳米	单元(颗粒、液滴、气泡)	聚 团	设 备	工 厂
反应	微观反应	微孔微隙中的反应	单颗粒反应动力学	非均匀结构中的反应	提高转化率和选择性	
分相	分子碰撞、涨落、成核	团、簇	气泡、液滴、颗粒的形成	团聚和合并过程	多态行为和突变	产品分离
传递	分子碰撞	微孔微隙中的物质交换	单元与周围物质的交换	非均匀结构中的传递	返混、扩散、分级	热、质转移
流动		小尺度流动	绕流	局部非均匀结构	径向和轴向非均匀分布	物料传递

对于不同的对象和过程,具体处理方法有别,但其共性的基本思路如图 3-1 所示。

(1)分尺度简化。多尺度结构中涉及各种各样的复杂过程,同一尺度下会有多种过程的耦合,不同尺度下也往往会有不同过程发生。然而,每一分尺度的结构及其内部发生的过程都要比原始结构和总过程简单,复杂系统可以看作由不同尺度的相对简单的结构复合而成。因此,首先对总系统进行分尺度研究,可使认识过程简化,并部分实现不同过程的解耦。比如,聚式流态化中的稀、密两相结构是一种典型的多尺度有序结构,在稀相和密相中分别存在单颗粒尺度(微尺度)的颗粒流体相互作用,并且两相中这种作用截然不同——稀相中的微尺度作用由流体控制,而密相中的微尺度作用由颗粒控制。两相之间存在颗粒聚团尺度(介尺度)的相互作用,即稀相与聚团的作用,这种作用受两相之间的相互协调所控制,设备尺度(宏尺度)作用则发生在两相结构与边界之间。进行三尺度分解后,原来高度非均匀的结构被分解为可认为均匀的稀相密相和相互作用相,分别描述十分简单。

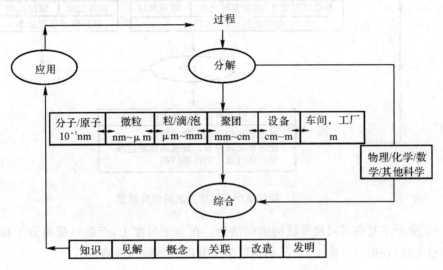

图 3-1　多尺度法基本思路

(2)子过程分析。复杂系统的另一特征是多种过程耦合,直接对总过程进行分析,无法认识其内在机理。只有先认识各子过程,才能归纳出总过程的规律。分尺度分析为认识子过程提供了方便,往往在每一尺度上和不同尺度的耦联中都伴随一特征子过程。因此,分尺度简化是子过程分析的基础。比如:流态化中的颗粒尺度作用主要以悬浮和输送过程为主,聚团尺度的作用则导致大量的能量耗散和无规则的运动。

(3)多尺度综合。在上述两个步骤的基础上,进一步分析不同尺度下的各种子过程的相互量化关系,并与已知条件关联,构成描述复杂系统的综合模型。多尺度综合是最困难和关键的一步,必须澄清不同尺度相互作用和耦合的原则和条件。比如,气固流态化中多尺度作用的耦合原则是单位质量颗粒耗散能量最大或悬浮输送能耗最小。一方面微尺度作用中的悬浮和输送过程要求悬浮输送能耗最小,另一方面为维持这一多尺度结构,必然伴有耗散能量最大。一般而言,多尺度系统都有多值性问题,因此综合的关键是要找到控制系统的稳定性条件。

3.多尺度法举例

(1)能量最小多尺度方法(见图 3-2)。通过对颗粒尺度、聚团尺寸的结构尺度和设备尺度下颗粒流体相互作用的分析,可以建立 6 个质量和动量守恒方程,实现了能耗和非均匀结构定量表达,并通过对物理过程分析找到了稳定性条件为悬浮输送能耗最小。此方法已形成量化设计软件用于工业设备的计算,其特点是无需可调参数,可完全理论预测,结果与工业数据吻合。

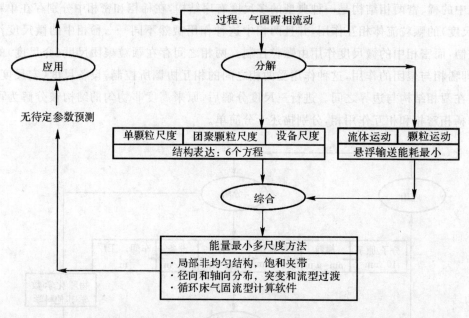

图 3-2　能量最小多尺度方法的研究思想

图 3-3 显示了复杂多尺度系统的组织结构。在分子尺度上,产品性质由分子和胶体/界面相互作用决定;在微观尺度上,产品结构取决于分散的颗粒和液滴。

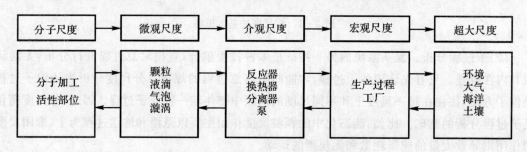

图 3-3　复杂多尺度系统的组织结构

　　(2)解耦循环床燃烧。通过三尺度调控使 NO_x 排放最低,即:设备尺度下通过解耦燃烧(即干馏和半焦燃烧分解),创造氧化脱硫和还原脱硝的最佳分区条件;结构尺度下利用流态化稀密两相交替出现的属性,使聚团内部为还原气氛,外部为氧化气氛,进一步促进脱硫脱硝过程,从而使分子尺度下由干馏产生的还原性气体还原 NO_x 的反应在有限空间内最大限度地进行。

　　(3)超微颗粒流态化。纳米尺度的单颗粒聚集成小聚团,小聚团在气流作用下又形成大聚团,大小聚团同时流态化。

　　(4)湍流流动的大涡模拟。将湍流运动分解成大尺度运动和小尺度运动两部分,大尺度量可通过数值求解微分方程直接计算,小尺度运动则在运动方程中表现为类似于 Reynold 应力的应力项。在这一有序结构中,大尺度涡表现出有序运动,而小尺度涡的运动则具有随机性,很显然,不考虑这种多尺度行为,无法揭示其内在机理。

3.2　化学产品工程

化学工业为国民经济和社会发展提供了大量、品种繁多的燃料、原材料、基础化学品和各种专用化学品,极大地推动了工农业生产和国防建设的发展,提升了人们的生活质量。在工业化初期,化学工业的主要产品是燃料和大宗化学品。因此,化学工程学科自诞生之日起,其主要任务就是满足国民经济和社会发展对化工产品大规模生产的需求,即以化工过程的物能利用最大化(即物耗、能耗最低,产能最大)为目标,进行化工传递过程的强化,反应、分离等单元操作过程与装备的优化设计与放大,化工系统的集成与优化等。在资源匮乏、环境污染问题日趋严重的今天,这些以过程工程为特质的化学工程理论与方法仍具有不可或缺的应用价值和学术意义。

然而应当看到,当工业化发展到一定阶段时,大宗化学品的市场渐趋饱和,而各种专用化学品、化工新材料的需求量则不断增加,化工生产逐渐由资源的初级加工向深度加工的方向发展。近 20 年来,为适应市场需要和追求高额利润,国外许多著名的化工企业纷纷进行了核心产业的转移,将专用化学品和新材料作为发展重点,不断加大投入,以产品技术的创新和领先作为保持企业竞争力和抢占未来制高点的首要手段。正是基于这一背景,一批西方化工界的著名学者于 2000 年前后,提出了化学产品工程的概念,并将其作为化学工程学科的一个重要前沿领域。

但化学产品工程作为化学工程学科的一个新兴分支,其内涵与研究方法还远未到成熟的程度。化学产品的结构决定了它们的性能或功能;以产品性能最优化为目标的化学产品结构的精确定制应当成为化学产品工程研究的核心内容。

化学家对化学品的合成原理与合成路线做出了巨大的贡献。化学工程工作者则更擅长模型化与系统集成,之前多以物能利用最大化为目标,进行了化学品制造过程及其装备的设计与优化,形成了过程工程所特有的以物料衡算、能量衡算和无因次准数等为代表的系统化思维、集成化关联的半经验设计、放大原理与方法,以及以传递过程原理、反应工程理论等为基础的基于物料流场、浓度场和温度场定量描述的数模放大原理及方法。因此,未来化学产品工程学科分支应依托化学工程工作者之所长,像化工过程工程那样,科学地"归纳"出一套较完整的理论体系与方法,进而在这一理论与方法的指导下快速地"演绎",指导开发出大量、丰富多彩的专用化学品。

要设计和控制产品质量,实现从分子尺度到过程尺度的跨越,化学工程师面临远远超出当今化学工程领域的知识挑战。德国 BASF 公司的 Wintermantel 提出了一个产品工程所需知识和技能列表,见表 3-2。

表 3-2　产品工程所必需的知识和技能

项目	知识技能
基础知识	结构性质关系,表面现象,分子模拟,产品描述方法,流体力学,传递现象
产品设计	平衡,晶核形成,稳定性,添加剂,内部结构
过程集成	模拟和设计工具
过程控制	动力学模型,传感器

3.2.1 化学产品工程的研究方法

化学品大体上可分为分子产品、配方产品和结构化产品。其中,分子产品是指具有复杂分子结构或特定功能的分子,如添加剂、医药、高分子等,产品性能由分子机构确定;配方产品是指多组分产品,如洗涤剂、香水、农药等,其性能取决于组成与比例;结构化产品是最复杂的一类,产品性能不仅取决于组成与比例,而且微观结构、介观结构也起至关重要的作用,如功能材料、催化剂、载药体系等。至今,研究者们就如何采用产品工程的思路进行化学产品的开发方面做了一些探索。其中,Clussler 等提出了化学产品设计与开发的策略,总结了产品设计就应遵循的基本步骤。如图 3-4 所示,化学产品设计始于对消费者需求的确定,因此,产品工程首先要明确用户的需求,进而明确设计的目标,通常,满足用户的需求是以定性的形式来描述的,必须将这些需求转化为定量的科学参数。例如,如果我们想开发口服胰岛素产品,就必须解决胰岛素在胃酸环境下易被降解、肠道系统中吸收率低、胰岛素半衰期短等问题。然后,根据产品性能的要求分别进行分子设计、介观结构的设计以及配方的设计,最后是过程设计和产品的加工和制备。对于产品设计的整个过程,核心部分是根据产品性能进行分子、结构以及配方的设计,即化学产品的结构–性能关系。

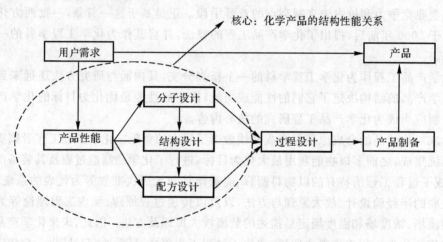

图 3-4 化学产品设计与开发的不同阶段

3.2.2 化学产品的结构-性能关系

无论是分子产品、配方产品还是结构化产品,结构与性能的关系都是产品设计与开发的核心部分。目前,对结构-性能关系的研究方法通常是在一些基本原则的指导下,合成一批结构类似的分子,然后进行性能评价,如此反复,最终得到合乎性能要求的产品。这种传统的研究方法仅是经验性的,不能用数学模型加以描述。建立分子结构与性能的理论联系是产品开发的关键问题,有了结构与性能的理论联系,不仅可以通过分子结构直接预测其最终性能,也可以通过优化结构得到性能最优的产品所对应的结构,同时,也可以大大缩减开发周期和资源消耗。

对于分子产品,建立结构-性能关系有多种,基本可分为统计法和分子模拟的方法。统计方法也叫经验方法,如基团贡献法、关联法、模式识别法、定量结构性质关系(Quantitative

Structure-Property Relationship,QSPR)以及定量结构活性关系(Quantitative Structure-Activity Relationship,QSAR)等。对于配方产品,其组成与配比都很重要。因此,在配方产品开发过程中,除了需要确定各组分分子结构-性能关系外,还需要了解各组分之间的相互作用对最终产品性能的影响,通常采用分子模拟和介观尺度模拟结合的方法来建立分子结构-介观结构-产品性能的关系。对于复杂的结构化产品,其性能的影响因素更加复杂,不仅组分分子结构和配方影响其最终性能,更重要的是产品微观结构也是影响产品最终性能的一个重要参数,如聚合物或胶体的化学形态、微观形貌、相分离等。此时,除了明确分子结构-介观结构-产品性能的关系外,还需要了解微/介观结构的形成机制。可以借助介观模拟方法,如密度泛函理论、介观动力学模拟、耗散颗粒动力学方法等。如图 3-5 所示,通过基团贡献、分子模拟等方法来确定组分分子结构与性质的关系,进而用介观模拟、数学模型等方法来确定微观结构形成的机理、性质和动力学演变过程等,指导复杂结构化产品的设计与开发。

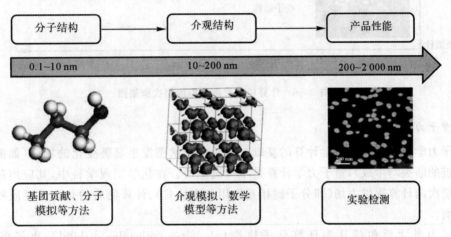

图 3-5 化学产品结构-性能关系的研究方法

3.2.3 计算机模拟在化学产品设计中的应用

计算机模拟手段的飞速发展起来,在化学工程学科也不例外,无论是过程开发和设计,还是化工产品的开发和设计,分子水平的研究将起着愈来愈重要的作用。宏观物质由分子构成,而分子由原子构成,原子是一个相对稳定的分割单位,它又由原子核和电子组成。一般来说,物质的物理性质不涉及原子内部的变化,而化学性质则伴随着原子间电子的相互转移,分子计算科学的最底层的层次就是量子力学层次,它也是其他更高层次计算的基础。图 3-6 为计算机多尺度模拟的框架图,它包括各个尺度模拟所涵盖的时间和空间范围。不同层次的结构与宏观性能关系的研究现状,相对来说比不同尺度结构之间关系的研究还要落后,从分子水平直接预测材料的宏观性能目前还很难达到,比较现实的做法是先研究相邻尺度的联系,以及预测方法。目前,对各个层次规律的研究已经取得了长足的进步,但不同尺度之间关系的研究还不够,特别是不同尺度的相互推算还是一个较难解决的问题。不同领域的研究者普遍认为这是一种多尺度的研究,必须采用多尺度的研究方法。除了实验研究外,计算机分子模拟、统计力学理论、密度泛函理论和粗粒化方法等的相互结合是取得成功的关键。

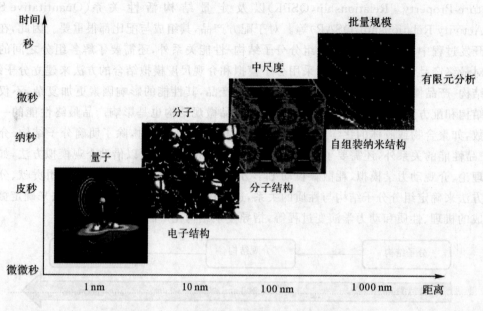

图 3-6　计算机多尺度模拟的层次框架图

1.量子力学

量子力学是许多统计力学计算的基础。涉及电子状态发生显著变化的场合(如催化过程中化学键的断裂与生成),量子力学计算是不可避免的。在化学工程学科中,其应用包括为统计力学层次的计算提供力场(即分子键相互作用的表达式)、计算物质的热化学性质和光谱性质等方面。

量子力学主要包括从头计算分子轨道(ab initio molecular oribital)、电子密度泛函(electronic density functional theory,DFT)以及半经验分子轨道三种方法。从头计算分子轨道理论已能对分子性质提供精确预测。高质量的基本级已应用于元素周期表中第一、二行元素和第三行的主族元素。一些结合基本级和共轭群集论的校正方法对许多小分子的计算精度已能达到与最好的实验方法一致的程度。利用密度泛函理论和其他校正处理,对大系统已可获得精度相对较低但很实用的计算结果。小分子系统的电子和光学性质(包括非线性光学性质)可以通过半定量方法进行计算。对大系统的光学和电磁学性质可以进行定量或半定量预测。由于量子力学的计算强度太大,目前,研究人员在试图改进现有方法的同时,也在开发新的技术,一些量子化学软件包(如 GAMESS,GAUSSIAN,MOPAC,UNICHEM,TURBO-MOLE,NWChem,等)通过软件公司的推广,得到学术界和工业界的广泛应用。

2.蒙特卡洛(MC)模拟和分子动力学(MD)模拟

这两种方法的共同之处在于两种方法都需要描述体系中分子之间相互作用的位能函数。在 MC 方法中,体系的微观构型通过从一定的概率分布取样得到,所需宏观性质通过系综平均获得。在 MD 方法中,所有的粒子先被赋予起始位置和动量,然后通过求解一组所有粒子的运动方程组,得到各粒子的运动轨迹,宏观性质通过时间平均获得。准爱高狄假设(Quasi-ergodichypothesis)假定两种方法是等价的,即沿着相轨道(沿时间)的积分均值等价于系综的均值。MC 和 MD 方法可以进行上千甚至上百万的原子计算,时间为 10 ns 或者 100 ns,这些都可以根据体系大小和复杂度建立。在利用这些方法时,会丢失电子方面的细节,但是对于大多数物理过程而言,电子的扰动非常小,这些就变得不重要了,大多数相转变和传递过程可以作为示例。

分子动力学模拟作为一种理想的计算机实验方法,能从微观的角度模拟两相间的相互作用行为,这是外在实验手段无法做到的。借助计算机的图形界面,可以从微观的角度出发分析系统的性质,特别是对于常规实验较难实现的问题,如超临界、深过冷、纳米技术等,其优越性更加突出。目前,分子动力学模拟已广泛应用于化学化工、生命科学、医学、力学及材料科学等各个领域。

3. 介观尺度模拟

分子动力学模拟的局限性在于初始态的过分简单化,限制了真实构型和形态的搜索。它主要针对较小范围的模拟体系(约 20 个聚合物和 1 000 个溶剂分子)。介观层次的现象广泛存在于化学工程问题中,如晶体生长、长链烃在沸石中的扩散、材料的形态学、高分子的相转变、两亲分子的自组装和蛋白质折叠等。这些复杂性导致了介观层次处理问题的困难。目前,一种处理介观层次的方法是粗粒化技术(coarse grained)。简单而言,粗粒化就是将某个微区视为一个整体,而忽略其内部细节。实际上,将分子的性质看成为其所含基团性质的加和,就是一种粗粒化处理。介观尺度的模拟方法正在得到日益广泛的关注,大量应用到各种与化学工程、材料工程等相关的领域。

常用的粗粒化模拟方法有耗散粒子动力学模拟方法(dissipative particle dynamics, DPD)、格子玻耳兹曼方法(lattice Boltzmann,LB)、场论聚合物模拟方法(field - theoretic polymer simulation,FTPS)以及运用 Martini 力场的介观动力学等方法。此外,布朗分子动力学(Brownian dynamics),格子链蒙特卡罗(lattice Monte Carlo)和密度泛函(density functional theory)研究方法等,都属于介观尺度模拟的范畴。

4. 反应力场方法

反应力场分子动力学(ReaxFF - MD)模拟方法是近年来兴起的一种新的模拟方法,与量子化学方法相比,它既可以模拟化学反应过程,也可以模拟结构和传递等物理性质。反应力场是基于计算化学发展起来的,它能够填补量子化学(quantum chemical)和经典力场(empirical force field)之间的空缺。ReaxFF 反应力场是以键级和键能的概念来处理化学反应过程中键的连接关系的变化,以这个键的变化作为化学反应的中心,同时伴随传统动力学过程中粒子的运动。由于在化学反应过程中,没有采用量子化学的计算方法,可以模拟较大体系,因此,其在空间和时间尺度上要比 Car - Parrinello 分子动力学的方法更具优势。与传统 MD 模拟相比,ReaxFF - MD 不仅能够得到流体的物理性质,而且能模拟体相流体与表面物质的化学反应,其模拟过程更接近于真实情况。

3.3　介观尺度上的计算机模拟与应用

随着计算机技术的飞速发展以及多学科的交叉融合,计算机模拟逐渐应用于材料科学、生命科学、天体学、工程学等领域。计算机模拟方法涉及微观、介观、宏观等多个尺度。介观体系是介于微观和宏观之间的概念,其尺度为 $10 \sim 1\ 000$ nm。介观模拟是将微观的化学结构、配比与宏观的结构特征联系起来的模拟方法,在快速分子尺度动力学和慢速宏观尺度热力学之间架起了桥梁。介观模拟所允许的时间尺度跨越毫秒到秒的级别,模拟体系空间范围可达 900 Å。

目前,在不同尺度下,人们已经建立了一系列可以用于模拟研究嵌段共聚物相行为的比较成熟的模拟方法,例如,微观尺度下的分子动力学(MD)、蒙特卡罗方法(MC),介观尺度下的耗散粒子动力学(DPD)、自洽场理论(SCFT)、动态密度泛函理论(DDFT),以及基于格子模型的蒙特卡罗方法等。原子级别分子动力学模拟方法是一种较为普适的模拟方法,已被用于研究许多聚合物聚集结构的形成机理及特性,如胶束、反胶束、层状相等。但是,由于原子级别的分子动力学模拟难以跨越很大的空间尺度和时间尺度,实现高分子体系纳米尺度聚集结构的模拟研究仍然是一项非常艰巨的任务。

为了解决这一问题,人们已经发展了许多介观模拟方法。与原子级别的模拟方法相比,介观模拟方法可以在更大的空间尺度和时间尺度上模拟研究嵌段共聚物体系。格子模型(lattice model)和非格子模型(off-lattice model)是介观模拟方法中两类主要的模拟模型。格子模型通常具有很高的计算效率,可以有效地预测不同类型嵌段共聚物的介观相行为,而非格子模型能够全面、真实地展现嵌段共聚物自组装结构的形成过程及机理。在各种非格子模型中,耗散粒子动力学是一种令人期待的、适于研究嵌段共聚物流体行为及自组装结构的介观模拟方法。

一、耗散粒子动力学方法简介

耗散粒子动力学方法可以对复杂流体的动态和静态行为进行模拟。在耗散粒子动力学中,基本单元是对原子组或分子片段"粗粒化"(coarse-graining)得来的珠子,每个珠子和周围一定范围内的珠子发生相互作用,珠子是由它们的质量 M、位置 r_i 和动量 p_i 定义的。每个珠子随时间的运动轨迹由牛顿方程决定:

$$\frac{\delta_i}{\delta_t} = v_i, \frac{\delta v_i}{\delta_t} = \frac{f_i}{m} \tag{3-1}$$

式中,f_i,r_i 和 v_i 分别为第 i 个珠子所受的作用力、位置矢量和速度。

在耗散粒子动力学模拟方法中第 i 个珠子的受力方程为

$$f_i = \sum_{j \neq i} (F_{ij}^C + F_{ij}^D + F_{ij}^R) + f_i^S + F_i^R \tag{3-2}$$

括号中的内容表示珠子 i 和相邻珠子 j 间的相互作用力,这 3 项分别为保守力(C)、耗散力(D)和随机力(R),后 2 项分别表示键接产生的力:弹性力(S)和角势(A)。

保守力是沿粒子中心连线的一种软斥力:

$$F_{ij}^C = \begin{cases} 0, & r_{ij} \leqslant 1 \\ \alpha_{ij}(1 - r_{ij})\hat{r}_{ij}, & r_{ij} > 1 \end{cases} \tag{3-3}$$

式中,α_{ij} 是粒子 i 与 j 之间的最大排斥力;$r_{ij} = |r_i - r_j|$ 为粒子 i 与 j 之间的距离矢量的大小,$\hat{r} = r_{ij}/|r_{ij}|$。

耗散力的大小正比于粒子之间的相对速度,其作用是降低了粒子的相对动量,有

$$F_{ij}^D = \begin{cases} 0 & r_{ij} \leqslant 1 \\ -\gamma \omega^D(r_{ij})(\hat{r} \cdot v_{ij})\hat{r}_{ij} & r_{ij} > 1 \end{cases} \tag{3-4}$$

式中,v_{ij} 是粒子 i 与 j 之间的相对速度矢量,即 $v_{ij} = v_i - v_j$;$\omega^D(r_{ij})$ 是短程权重函数。耗散力

用以保持每对粒子的动量守恒,从而保证整个体系的总动量守恒。

随机力作用于粒子对之间,向体系提供能量,有

$$F_{ij}^R = \begin{cases} 0, & r_{ij} \leqslant 1 \\ \sigma \omega^R(r_{ij}) \xi_{ij} \hat{r}_{ij}, & r_{ij} > 1 \end{cases} \tag{3-5}$$

式中,$\omega^R(r_{ij})$ 是类似于 $\omega^D(r_{ij})$ 的短程权重函数;$\xi(t)$ 是一个满足高斯分布且与 δ 相关的随机变量,则

$$\begin{cases} \langle \zeta_{ij}(t) \rangle = 0 \\ \langle \zeta_{ij}(t) \xi_{kl}(t') \rangle = (\delta_{ik}\delta_{jl} + \delta_{il}\delta_{jk})\delta(t - t') \end{cases} \tag{3-6}$$

随机力在模拟中是成对出现的,这样就能保证总的线性动量守恒。

式(3-4)和式(3-5)中 $\omega^D(r_{ij})$ 和 $\omega^R(r_{ij})$ 为未知函数,它们都是与粒子间距离有关的权重函数,γ 和 δ 为未知变量。为保证体系运动方程的稳态解符合 Gibbs 系综以及涨落耗散定理,$\omega^D(r_{ij})$ 和 $\omega^R(r_{ij})$ 中仅有一个可任意选取,γ 和 δ 则与温度有关。为此,在耗散粒子动力学中令下述关系成立,即

$$\begin{cases} \omega^D(r) = [\omega^R(r)]^2 \\ \sigma^2 = 2\gamma k_B T \end{cases} \tag{3-7}$$

式中,T 为绝对温度,k_B 为 Blotzman 常数。为简化计算,$\omega^D(r_{ij})$ 和 $\omega^R(r_{ij})$ 可表达为

$$\omega^D(r_{ij}) = [\omega^R(r_{ij})^2] = \begin{cases} (1-r)^2 & r \leqslant 1 \\ 0 & r > 1 \end{cases} \tag{3-8}$$

由于耗散力和随机力的大小是由涨落定律关联起来的。这就使其中一个参数不确定,先把这个不确定参数定为耗散力。Groot 等发现,使用高斯噪声与均匀噪声对体系的模拟几乎没有影响,因此采用简单的均匀噪声即可。当噪声的幅度大于 $\delta = 8$ 时,积分运行的结果已变得很不稳定。当 $\delta = 3k_B T$ 时,弛豫过程快且合理。

另外,在耗散粒子动力学方法中引入珠子-弹簧模型以适用于聚合物等复杂体系,分子中相连的粒子之间还受到一个符合简谐力定律的弹性力为

$$f_{ij}^S = \sum C r_{ij} \tag{3-9}$$

式中,C 为弹簧参数,求和发生在所有相连的珠子上时,C 为弹性系数。

在动力学方法中,积分求解运动方程是其中的关键。为了得到不同粒子在不同时间的位置,必须用数值积分求解运动方程。但由于耗散力中含有速度项,使得积分变得较困难,而在耗散粒子动力学中采用了比较简单的修正 Velocity-Verlet 算法。用粒子当前的位置、速度和力来计算下一时刻的位置和速度,然后再用新的位置和速度计算新的力,之后再回来修正速度,这样完成一个循环。采用公式为

$$\begin{cases} r_i(t + \Delta t) = r_i(t) + \Delta t v_i(t) + 0.5(\Delta t)^2 f_i(t) \\ \tilde{v}_i(t + \Delta t) = v_i(t) + \lambda \Delta t f_i(t) \\ f_i(t + \Delta t) = f_i[r_i(t + \Delta t), \tilde{v}_i(t + \Delta t)] \\ v_i(t + \Delta t) = v_i(t) + 0.5\Delta t[f_i(t) + f_i(t + \Delta t)] \end{cases} \tag{3-10}$$

λ 可以有不同的取值,但为 1/2 时,上面的积分形式变为原始的 Velocity-Verlet 积分格式。根据 Groot 等的讨论结果,模拟体系的数密度 $\rho = 3$,$\delta = 3$ 时,λ 取到最优值 0.65。正是由于耗散粒子动力学采用粗粒化的方法,忽略了分子水平的某些细节,使得模拟的时间尺度和空

间尺度大大增加,同时粒子运动方程中耗散项(F_{ij}^D,即流体作用项)的引入使得其在研究复杂流体方面具有明显的优势,因而耗散粒子动力学模拟方法已经在模拟复杂液体体系、复杂聚合物体系、生物膜等方面取得巨大的成功。

二、耗散粒子动力学应用的新进展

近年来,耗散粒子动力学在聚合物体系方面的应用发展较快,同时在纳米尺度的流体运动方面也显示出一定的应用潜力。

1. 聚合物体系

聚合物体系的形貌和动力学行为都处于介观尺度,采用简单的珠-簧模型,聚合物链段能用耗散粒子动力学粒子来代表,除了对实际聚合物的流变学等性质进行研究,嵌段共聚物及其介观相分离、生物膜形貌和转化及聚合物刷等是目前相关研究的前沿。

(1)嵌段共聚物。嵌段共聚物是一种由不同单体按照一定的规律聚合而成的聚合物,其熔体经过降温能够发生微相分离,自发形成有序结构。耗散粒子动力学模拟能够预测嵌段共聚物微相分离形成的各种有序结构和达到平衡结构的动力学。相对于 2001 年 Groot 和 Madden 对线性二嵌段共聚物微相分离进行的研究,目前的工作更深入,全面地考察各种条件对嵌段共聚物的影响。首先,嵌段共聚物的形状由原来的线形向支化发展:比如复杂边界条件下的星形共聚物的微相分离研究能够为设计相关结构材料提供参考;Y 形、H 形和 π 形嵌段共聚物有序结构的稳定性逐渐增加,同时达到形成稳定结构的难度也逐渐增大,因为它们分子结构复杂度的逐渐增加;不同于之前的假想聚合物,研究者对实际的嵌段共聚物采用适当的粗粒化方式诸如聚苯乙烯/聚异戊二烯、聚乙烯/聚乳酸等体系也进行了详细的研究;纳米孔道和外加流场对嵌段共聚物的微相分离都有显著的影响,在纳米球内的嵌段共聚物在某些情况下表现出可以模拟聚合物表面活性剂的性质;除此之外,金纳米粒子-嵌段共聚物-水体系的微相分离研究指出,金纳米粒子的形成是由金粒子簇聚集和嵌段共聚物的稳定化相互作用来控制的。

(2)生物膜和囊泡。药物输运是目前材料设计和医药研究的热点,耗散粒子动力学在研究脂质双分子膜对药物载体的响应和运输机理方面表现出很大的应用潜力。两亲性树枝状大分子可以形成有特殊性质的双层膜和囊泡,双层膜可以模拟生物的脂质双分子膜,囊泡可用于模拟药物输运的载体。用一种新的设定耗散粒子动力学参数的方法可以产生一个结构有序不可伸展的脂质双分子膜,这种方法也可以被用于研究张力诱导下膜的破裂情况;同时,通过模拟接枝聚合物量和尾端脂质分子的长度对接枝聚合物双分子膜的熔化和弯曲模数的影响,可以得到与自洽平均场预测相一致的结果;用模拟研究不同枝状或者星形嵌段共聚物形成的可以作为药物输运过程载体的囊泡和胶团也是相关研究的热点,其中,嵌段共聚物的分子结构和组成对于胶团的形貌和形成过程,以及与溶液性质的响应都有一定的影响;疏水基团形成的核可以提高疏水药物分子在水溶液环境中的溶解度,通过模拟可以确定不同条件下药物分子在疏水相和亲水相的分配系数;耗散粒子动力学还可以模拟 HR20 - Chol 分子制备的对 pH 有响应的胶囊微结构:发现当 pH >6 的时候,药物分子会被压缩进胶囊,而当 pH <6 的时候,药物分子会被释放出来,pH >6 向 pH <6 转化的时候,胶团结构会由压缩状态向膨胀转变,这些模拟结果与实验在定性上取得了较高的一致性;有学者将双分子膜与带电的聚合物载体统一考虑,对聚合物载体在膜上的跨膜运输过程的机理进行了探讨,发现增加外层聚合物与脂质双分子的相互作用可以有助于载体在膜表面铺展,小的载体是逐渐渗透入膜内,而大的载体则

可能导致膜形成穿孔。

（3）聚电解质和聚合物刷。由于结构单元上含有能电离的基团,聚电解质溶解在水或低级醇中时,会电离成一个聚离子和许多与聚离子带电荷相反的反离子,将线性聚电解质或聚合物通过反应接到一个固体表面就形成了聚电解质刷或者聚合物刷,它们在表面修饰,生物相容性,表面润滑等领域有广泛的工程应用。

2. 小分子流体和纳米材料

相对于分子动力学,耗散粒子动力学最大的优势就在于能实现较长的动力学观察时间,所以更适用于研究普通流体流动动力学的性质;纳米尺度的材料由于其在材料、生物等应用研究的重要性不断提高,使之同时也成了模拟研究的热点之一。

（1）小分子流体。耗散粒子动力学最早就是应用于小分子流体动力学的研究,目前相关工作主要是对两性分子等复杂体系在外力场或者特殊边界条件下流动特性的研究。有学者研究了溴化十六烷基三甲基铵(CTAB)/辛烷/丁醇/水混合体系的相行为和微结构的形成,得到了与实验结果一致的相图,通过相图能够合成想要的纳米微结构;接通外加磁场下的向列纳米液滴重排过程可以用耗散粒子动力学模拟进行重现,得到的结果明确了液滴分子的长轴定位作用和液滴质量中心旋转作用之间的区别;采用一个近似的移动墙边界条件可以在提高计算效率的同时产生出需要的电渗流,这种方法可以被用于模拟在纳米射流装置中经常出现的电渗流和 DNA 分子筛,能够得到与理论预测符合较好的结果。

（2）纳米材料。碳纳米管复合材料独特的性质使其自从发现就受到材料界的重点关注。研究者提出了模拟单层碳纳米管的耗散粒子动力学模型,同时在是否适宜于模拟碳纳米管机械装置的层面上讨论了此模型的应用性;有学者用模拟研究了不同体积分数、功能化程度和聚乙烯链段长度对聚乙烯/碳纳米管系统相分离及其性质的影响;研究了高分子链栓系纳米棒的溶剂诱导自组织行为,揭示了高分子链栓系纳米棒的形貌及其转化是可以由拓扑结构,链段结构和溶剂选择性来进行人工调控的。研究者研究了表面活性剂在一对交叉碳纳米管上的吸附过程,发现在适当的浓度和纳米管间距的情况下,表面活性剂会在碳纳米管交叉处形成中心聚集,稳定整体结构。

3.4 化工流程模拟技术的发展与应用

化工流程模拟技术是由信息技术与化工技术相结合,以化工工艺过程的机理模型为基础,根据化工工艺过程的数据,如物料的温度、压力、组成、流量及设备参数(精馏塔的板数、进料位置),用数学方法来描述化工流程,应用辅助计算手段,进行物料衡算、热量衡算,设备尺寸估算和能量分析,进行环境和经济评价。通过将模拟结果和实验数据结合,可以指导实验,节约成本,加快新产品和新工艺的开发,而且还可以节约化工设计人员的时间;同时化工流程模拟还可以对化工生产过程的经济效益,过程优化,环境评价进行全面的分析和精确评估;并可以对化工过程的规划、研究、开发及技术的可靠性做出分析。

化工流程模拟软件通常由以下几部分构成。

（1）物性数据库。在模拟计算中,频繁进行各种热力学性质和传递性质计算,物性数据的准确直接影响模拟结果的可靠性。

（2）单元模块库。依照结构化和面向对象编程思想,将各个过程操作单元编制成可独立运行的子程序或对象模块,存放到单元模块库,通过系统管理程序调用。

(3)输入、输出。输入和输出是任何软件系统都必不可少的组成部分。输入包括单位定义、数据录入、流程图输入、解算和输出方式定义等;输出包括数表和图表输出,有些模拟软件还采用实时信号输出,以便实现系统实时仿真。

(4)计算和管理系统。根据用户的输入定义完成系统的模拟计算、优化计算等功能。

(5)网络通信。几个大型的流程模拟软件系统都包括了适应网络的信息交换功能,包括客户机/服务器、基于 Web 等多种形式,实现分布式计算和企业级的数据交换。

美国 AspenTech 公司的 Aspen Plus 和 Hysys 以及美国 SimSci 公司的 Pro/Ⅱ是国内目前在化工、炼油、油气加工、石化等领域中应用最广泛,商业化最好、知名度最高的三款化工流程模拟软件。

典型的化工流程计算有三种求解算法:一是序贯模块法,二是联立方程法,第三种就是联立模块法。

1.序贯模块法

序贯模块法于 20 世纪 60 年代开发成功,目前大多数化工模拟系统采用此方法实现流程模拟。一个序贯模块法编制的程序通常包括以下几个单元。

(1)纯组分和混合物的基础特性数据库;

(2)估算系统:即利用来自上述数据库或用户输入的基础物性数据推算流程模拟所需的其他物性数据的系统;

(3)各过程单元设备的模块或子程序,包含模块的输入-输出接口和由输入求出输出的计算程序;

(4)排定各过程单元计算顺序的流程拓扑分析,这包括将整个流程系统分隔成若干相互不存在循环流的子系统,以及在循环流的子系统内部选择适当的切割物流;

(5)切割物流的迭代收敛方法。

序贯模块法是根据生产工艺流程的结构特点,选择一种回流较少的路径,按照前后顺序逐一对各个过程模块进行模拟计算,最终完成对整个工艺流程的模拟。即由工艺的进料流股出发,利用与之相连的过程模块求解输出结果。该结果将作为后续模块的输入值。按照这样的顺序求解每一个过程单元,一直求解得到工艺最后的输出物流结果。

序贯模块法具有无论直接迭代还是加速迭代,一般都能够稳定收敛;对原本涉及大型复杂的方程组求解可以转化为一系列小规模方程组求解,能够提高数值稳定性和收敛域;当计算不收敛或出现错误时,便于进行诊断;进行全流程模拟时,按照实际加工顺序依次调用模块,就可以计算出全部的设备和物流参数的优点。但该方法对循环流股的计算可能出现多层嵌套迭代,导致计算效率下降,不宜用于最优化设计。

2.联立方程法

联立方程法是对反映工艺全流程的所有数学方程进行联立求算,以便获得模拟结果。联立方程法能够按照问题的性质很好的给定输入、输出流股的变量,不受生产工艺结果的限制。将所有的方程都放在同一个层面上进行同时计算并且同步收敛,不分层次,不考虑物理意义。因此模拟速度快、效率高,对处理设计问题、优化问题很简捷。

采用联立方程法进行流程模拟存在很大的局限性。第一个障碍就是初值的选取。较外层的迭代中的变量的初值尚可选取,但是内部核心变量的初值很难选取也不可能在每次迭代中都选取初值。其次,模型方程不可导,不存在解析表达式,计算难度加大,找不到正确的迭代方向。迭代计算中的每一个小的环节的误差都有可能导致核心计算层的结果不在定义域,后续的计算就将失去物理意义,随着误差的放大,整个程序的执行都将崩溃。该方法曾被视为计算工艺数学模型的最佳选择,但因在实际运用中出现一些困难而没能推广,对于工程上的复杂问题和实际大系统问题的处理困难。

3. 联立模块法

联立模块法是介于上述两者之间的一种模拟方法。与序贯模块法相比,联立模块法在求解流程中含有回路或者是设计型和优化型问题时具有更大的灵活性和较高的计算效率;它与联立方程法相比,由于只处理流程水平的简化方程组,因而能处理更大规模的问题。尽管对联立模块法的研究和应用发展很快,国内外许多学者在从事这方面的研究工作,但是目前还未取得实质性的成果,该方法在大系统中的应用还很少报道,其通用性和实用性需要进一步地探讨。目前该方法分为线性与非线性两种形式。所谓线性联立模块法就是对线性模型进行求解,主要有分流分率法和摄动计算法。非线性联立模块法采用非线性近似模型。

目前被广泛采用的模型化方法有序贯模块法和联立方程法。表 3-3 对这两种方法进行了比较。

表 3-3　序贯模块法和联立方程法的比较

项目	序贯模块法	联立方程法
单元操作模型库	有各种通用单元操作模型	没有现成模型
计算方式	按流程顺序逐个计算模块,多次迭代,直到收敛,耗时长	代数方程和微分方程所有方程一次联立求解,解算速度快
对初始值的要求	不需要好的初始值	需要好的初始值
适应性	对各种不同模拟要求的适应性较差	适应性好
对用户的要求	一般化学工程师便于掌握	要求模拟专家掌握
商品化程度	商品化程度高,软件产品较多	只有个别软件商品化
代表软件	ASPEN PLUS;PRQ/Ⅱ HYSIM;ChemCAD	APEEDUP;ASCEND; QUASILIN

3.4.1　稳态模拟

稳态流程模拟是化工流程模拟研究中开发最早、应用最普遍和发展最成熟的一种技术。稳态模拟的过程对象是输入输出关系不随着时间的推移而变化。稳态流程模拟软件利用用户输入的初始信息,选择恰当的热力学方法与合适的过程模块,构建工艺模拟流程,通过迭代、收敛得出模拟结果。

目前,稳态流程模拟软件已经成为研究工艺、改造装置、运行指导、节能减排和经济效益评估等环节强有力的工具。它在科学研究与实际生产中发挥着重要作用,其主要有以下具体功能。

(1)新装置的设计。炼油、化工生产装置的设计依据主要参考流程模拟所求解的全流程物料衡算与能量衡算结果。

(2)旧装置的改造。原有的反应器、塔、换热器、压缩机等旧设备是否还能在生产过程使用？这些问题可通过稳态流程模拟找到答案。

(3)新工艺、新流程的研发。传统的化工新工艺的研发主要是通过小试、中试来进行。不仅工作量大，而且效率低。随着流程模拟技术的发展，这种情况渐渐地转变为全部或部分采用模拟技术，只须进行极少的装置试验作为补充即可。

(4)工艺优化、故障诊断。利用稳态流程模拟技术能够找到最佳的操作条件，因而可以实现节能、降耗、增产的目标。另外，流程模拟技术也能够对操作故障进行有效诊断并且迅速地解决。

(5)科学研究。稳态流程模拟一定程度上可以代替实验室研究。

(6)动态模拟、实时优化的基础。稳态模拟准确的数值求解是实现动态模拟并且完成实时仿真和优化的基础。

3.4.2 动态模拟

动态特性是化工过程系统最基本的特性之一，如精细化学品生产中经常采用间歇蒸馏、间歇反应、半连续反应等技术，过程系统的状态随时变化；连续过程的开、停工阶段，系统的状态也随时变化。某些连续过程，如催化剂迅速失活，或者催化剂在系统内循环过程中依次经过处于不同操作条件的区域（如循环流化床催化反应器中的过程、催化剂迅速失活的固定床催化反应器中的过程），实质上都是动态过程。

同稳态模拟相比，动态模拟最大的特点是多了一个时间变量，动态流程模拟建模的范围更宽。与稳态流程模拟相比，动态流程模拟还要处理温度、压力、流量、液位等自动控制系统。由于动态流程模拟需要同时处理更多的变量，而且这些变量又是运行时间的函数。因此，所建立的模型包含了更多的方程，不仅需要求解代数方程组，还需要求解微分方程组。动态模拟的模型适定性和计算稳定性比稳态模拟要求更高。表3-4是两种流程模拟软件的区别。

表 3-4 稳态与动态流程模拟软件的区别

项目	稳态模拟软件	动态模拟软件
实时数据	无	有
方程类型	代数方程	代数方程和微分方程
热力学方法	要求严谨	要求严谨
水力学要求	无限制	有限制
控制系统	无	有
扰动处理	不可以	可以
DCS 界面	不能与之关联	能与之关联

动态模拟系统按功能应用主要分为设计型和操作型动态模拟系统两大类。设计型动态模

拟系统的用途为:分析单元操作设备经受动态负荷变化的能力及可操作性;分析开停车及外部干扰作用下的动态性能,为装置及其控制系统的设计提供依据,以实现加速开停车过程,节省能量,使系统对外界干扰的灵敏度减至最小;通过仿真计算对多种控制方案进行优选,进而设计先进控制系统。国内的很多专家学者已经应用各种动态模拟软件或平台来解决实际生产中的各种问题,如对精馏塔分离过程进行动态模拟,为全面了解精馏过程的动态特性,考察回流比、进料量、进料组分等变量发生变化时,控制系统的响应情况,并在控制策略方面进行初步探索,对进一步全面动态仿真控制系统的设计与优化起到了很好的作用。有研究者应用 Aspen Dynamics 动态模拟软件对芳烃抽提装置在设计、开车和标定等阶段进行了动态模拟和分析,协助解决了开车阶段装置压力不稳的问题,优化选择控制系统和安全泄放系统的设计,取得了良好的效果,实际的装置运行结果也验证了动态模拟的准确性,并进行了控制方案的优劣对比分析,选出了合适的控制方案。

操作型动态模拟系统的用途有:以动态模拟手段来代替实际装置对操作做出动态响应,广泛地用于化工操作培训、故障诊断及实时优化,解决稳态模拟无法解决的问题。在化工过程动态模拟研究基础上,研究者也对化工过程的故障诊断做了大量的研究,提出了基于动态模拟构建精馏塔故障诊断系统的新方法。北京化工大学在自主开发的 DSO 通用动态流程模拟软件平台上做了大量的工作,并基于 DSO 平台对各种流程的仿真培训系统进行了开发,已经将动态模拟培训器成功应用于很多石油化工企业,对操作员培训、熟悉工艺操作、掌握处理紧急停车事故的方法等都起到了很好的作用。

3.4.3　化工仿真系统

动态流程模拟计算结果对应的是流股与设备状态随时间变化的曲线,要表达这样的模拟结果较困难,迫切需要能即时的、直观的考察化工生产过程的动态变化规律,并且能够安全有效地控制该过程,化工装置"仿真机"(即化工仿真系统)的出现实现了动态模拟的实时化和直观化的目的。仿真系统可以分为工艺流程设计的过程模拟、复杂过程的控制仿真,以及用于操作培训的系统仿真三种。

化工装置仿真机由三部分组成:工艺过程动态数学模拟子系统,控制系统功能动态模拟子系统及控制系统操作界面实物仿真子系统。工艺过程动态数学模拟子系统模拟生产工艺设备和流程,是仿真机的核心;控制系统功能动态模拟子系统是对控制、操作工艺设备的控制软件;控制系统操作界面实物仿真子系统的目的是达到与实际装置相同的操作和观察效果而建立的人-机交换界面。仿真机的三个部分之间进行实时的通信模拟来模拟整套装置。第三部分是用户的操作终端。三部分之间通过局域网通讯进行实时的信息交换。整个系统的结构如图 3-7所示。图 3-8 所示为化工装置仿真机各子系统之间的信息交换。

化工装置仿真机可以直观、方便地观察和分析动态模拟的结果,且可提供与实际完全相同的控制生产装置和操作的界面,故其已广泛地应用于化工装置操作技能培训,解决用稳态模拟技术无法解决的任务,而且还开始应用于工艺过程的分析和优化,在化工生产安全分析,过程设备监控、过程先进控制等领域也开始发挥作用。如果在化工装置仿真机中增加教学管理子系统,则培训和演练不再受时间、空间、设备、场地、人力、财力等因素的束缚,参训人员能够在拟真、广阔、自由的场景中开展实验培训。

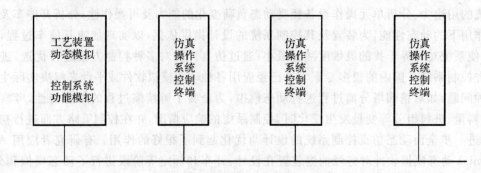

图 3-7　化工装置仿真机系统结构

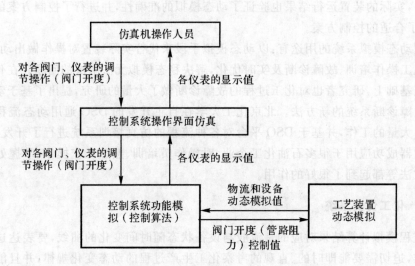

图 3-8　化工装置仿真机各子系统之间的信息交换

3.5　过程系统综合与集成

按照规定的系统物性,寻求所需的系统结构及其各子系统的性能,并使系统按规定的目标进行最优组合称之为过程系统综合或过程综合。即当给定过程系统的输入参数及规定其输出参数后,确定出满足性能的过程系统,包括选择所采用的特定设备及其间的连接关系。过程系统综合包括两种决策:一种是由相互作用的单元/子系统之间的拓扑和特性而规定的各种结构替换方案的选择;另一种是组成该系统的各个单元/子系统的替换方案的设计。从数学上来讲,第一个决策可表示为整数规划问题,第二个决策是非线性规划问题。

过程系统综合主要的研究领域有反应路径综合、反应器网络综合、分离序列综合、换热网络综合、公用工程系统综合、全流程系统综合和控制系统综合等。过程系统综合的方法可归纳成五种方法:分解法、直观推断法、调优法、数学规划法、人工智能法。

过程集成是从过程系统设计的整体考虑,综合利用物质和能量、将物质流、能量流和信息流整体优化,找到理想的过程系统。过程集成主要包括能量集成和质量集成。化工过程能量集成是结合化工过程特点合理利用能量为目标的全过程系统综合问题,从总体上考虑各单元过程中能量的供求关系以及过程结构、操作参数的调优处理,达到全过程系统能量的优化综合。

化工能量系统包括热回收换热网络子系统及蒸汽、动力、冷却、冷冻等公用工程子系统,如图3-9的虚线框所示。能量系统担负着化工生产过程中物流的加热、冷却、驱动机泵的动力效应,工艺和加热用蒸汽等任务,对化工生产特别是生产中的能源消耗起着十分重要的作用。

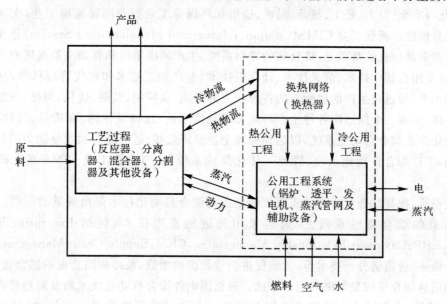

图 3-9 化工过程能量系统

质量集成是在质量交换网络的基础上发展起来的。质量交换网络综合问题是指对于已有的废物流股或污染物流股(富流股),通过各种质量交换操作,如吸收、解吸、吸附、萃取、沥滤和离子交换等,用能够接受该物质的流股(贫流股)与之逆流直接接触,综合得到一个质量交换器网络,使之能在满足质量平衡、环境限制、安全和费用最小等约束条件下,有选择性地将废物或污染物除去。

这里的富流股指的是富含特定物质的过程流股,对污染预防问题,就是指污染物或废物;贫流股就是接受这些物质的流股。它可以是过程流股;也可以是外加的质量分离剂;如吸附剂、萃取剂等。而质量交换网络的操作成本主要是外加的质量分离剂的费用。

质量交换网络综合的目标通常是总年度费用最小,包括操作费用(主要是质量分离剂的成本)和固定投资费用(主要是各种质量分离单元的设备费用)。质量交换网络综合在化学工业中广泛地应用于进料预处理、产品分离及精制和有用物质的回收等。近年来,它的应用则主要侧重于工业过程的废物最小化和清洁生产。

过程集成的主要研究方法有:①直观推断法;②夹点分析法;③人工智能法;④数学归纳法。

目前,过程集成早已超出夹点技术和热交换网络的范畴,其应用范围涉及过程工业的各个方面,如节能、环保、经济以及过程操作等。针对这些应用,产生了一些新的过程集成的概念和方法,为过程集成提供了直接的技术和工具支持,对于过程工业的可持续发展具有重要的推动作用。

3.6 综 合 集 成

近年来,过程系统的综合与集成已扩展到过程工业企业的总体大系统。过程工业涉及的炼油、石化与冶金、电力、轻工、制药、采矿、造纸和环保等工业行业同属流程工业,在国民经济中占据主导地位。流程工业 CIMS(Computer Integrated Manufacturing System)是在获取生产流程所需全部信息的基础上,将分散的控制系统、生产调度系统和管理决策系统有机地集成起来,综合运用自动化技术、信息技术、计算机技术、生产加工技术和现代管理科学,从生产过程的全局出发,通过对生产活动所需的各种信息的集成,集控制、监测、优化、调度、管理、经营、决策于一体,形成一个能适应各种生产环境和市场需求的、总体最优的、高质量、高效益、高柔性的现代化企业综合自动化系统,以达到提高企业经济效益、适应能力和竞争能力的目的。通常所说的,工厂综合自动化系统、管控一体化集成系统等,与流程工业 CIMS 基本都是同一含义。

一般而言,提高综合竞争力是流程工业企业对综合自动化技术提出的重要问题。在企业数据和信息的综合集成基础上,通过采用先进的管理技术(包括 Enterprise Resource Planning,ERP;Customer Relationship Management,CRM;Supply Chain Management,SCM 等)、电子商务、价值链分析技术等,才能促进企业价值的增值,最终提高企业的综合竞争力,因而数据和信息综合集成是解决问题的基础。根据国内外综合自动化技术的发展趋势和网络技术的发展现状,流程工业企业综合自动化系统的总体结构可以分成三层结构,其结构如图 3-10 所示。

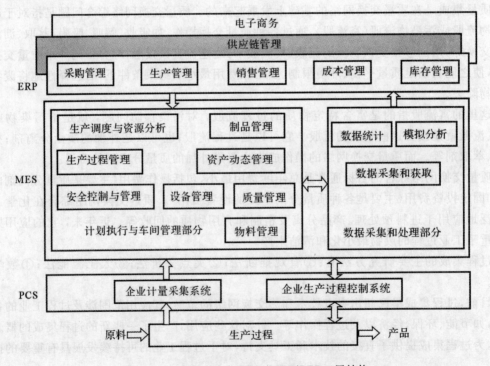

图 3-10 流程型企业 ERP/MES/PCS 三层结构

　　以过程控制系统(Process Control System,PCS)为代表的基础自动化层。在 PCS 层,以流程工业实时数据库系统研究及应用为主要数据支持方式的基础控制部分,主要内容包括集散控制系统(Distributed Control System,DCS)、现场控制系统(Fieldbus Control System,FCS)、多总线网络化控制系统、基于高速以太网和无线技术的现场控制设备、传感器技术、特种执行机构、可靠性技术、实时数据管理技术、数据融合与数据处理技术、实时优化技术(Real-Time Optimization,RTO)、先进控制技术等等。

　　以生产过程制造执行系统(Manufacturing Execution System,MES)为代表的生产过程运行优化层。它是以大型实时数据库系统为主要的数据支持方式。主要内容包括先进控制技术、建模与流程模拟技术(Advanced Modeling Technologies,AMT)、故障诊断维护技术、实时数据库技术、动态质量控制与管理技术、动态成本控制与管理技术等等。

　　以企业资源管理(Enterprise Resource Planning,ERP)为代表的企业生产经营优化层。主要内容包括企业资源管理(ERP)、供应链管理(Supply Chain Management,SCM)、客户关系管理(Customer Relationship Management,CRM)、产品质量数据管理(Product Quality Data Management,PQDM)、数据仓库技术、设备资源管理、企业电子商务平台、先进计划与调度技术(Advanced Planning and Scheduling,APS)与数据校正技术等等。

　　对于不断变化的市场需求和不断变化的全球竞争环境,过去那种以生产为核心的企业经营管理模式不再适应当前形势,必须从整体上考虑企业运作,把原料供应、运输、仓储、生产制造、产品运输、销售,客户及客户需求作为一个整体来对待,通过供应链的管理和优化,实现降低成本,提高产品质量与竞争优势。

　　在整个供应链上,企业的收益不仅取决于企业内部流程的加速运转和自动化,还取决于企业将这种效率传递给由它的供应商和客户组成的整个供应链系统的能力,供应链上的各节点企业通过协作经营和协调运作,将各节点企业的分散计划纳入整个供应链的计划中,大大增强该供应链在大市场环境中的整体优势,同时也使各企业之间均实现以最小的个别成本和转换成本来获得成本优势,有效的供应链管理能够使上下游企业可最大限度地减少库存,使所有上游企业的产品能够准确、及时地到达下游企业,这样既加快了供应链上的物流速度,又减少了各企业的库存量和资金占用,通过这种整体供应链管理的优化作用,实现了整个价值链的增值。

　　通过计算机网络技术,利用电子商务将上、下游企业组成整个产业系统的供应链,实现了供应链节点企业间的无缝联结,组成一个动态的、全球网络化的供应链网络。通过这种整体供应链管理的优化作用,实现了整个价值链的增值,真正提升企业的核心竞争力。通过电子商务系统可以使企业与供应商、经销商、顾客紧密联系起来,将经销商每天的经营情况,包括订单、计划、汇票等及时、准确地汇总到企业的数据库中,同时通过电子商务系统供应商、代理商可以了解订货、发货情况,通过企业的相应的数据库可以查询企业的产品的生产销售和库存等情况。

　　在供应链中实现企业内部独立的信息系统之间的信息交换,需要解决以下问题:异构数据库的相互访问、不同体系结构应用软件之间的数据交换、不同的企业采用不同的通信协议等。

　　Web 服务是近年发展起来的新一代 Web 技术,是关于集成的技术,通过 SOAP(Simple Object Access Protocol,SOAP)、WSDL(Web Services Description Language,WSDL)、UDDI(Universal Description,Discovery,and Integration,UDDI)三个组件,Web 服务按照服务提供

者、服务注册者、服务使用者的三角关系开始运作。服务提供者把能提供的服务向第三方代理机构登记注册,服务中介者把供给者的服务项目制成名录,服务使用者需要服务时,先搜寻注册目录,找到合适的供应者,然后通过 SOAP 标准直接与供给者联系,信息以 WSDL 的 XML(Extensible Markup Language)格式传输。

Web 服务能够很好地解决企业间信息集成问题,与传统的 Web 应用方式比较,Web 服务是松耦合,可灵活实现跨厂商、跨平台、跨语言。基于 Web 服务 SCM/ERP/MES/PCS 信息集成框架如图 3-11 所示。

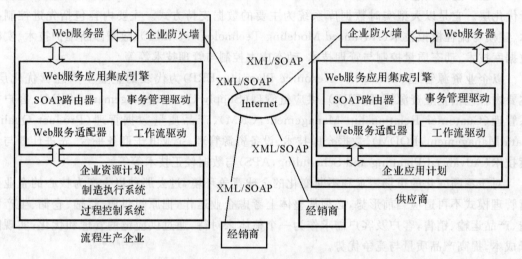

图 3-11 基于 Web 服务的 SCM/ERP/MES/PCS 信息集成框架

在供应链中,制造商、供应商、经销商、顾客之间可以为经过授权的合作伙伴提供实时的信息,如库存、价格信息、订单执行情况等。如果经销商要查询订单的执行情况,经销商需要通过 UDDI 注册服务器查询所有服务的 WSDL 描述,并将得到的 WSDL 描述生成 SOAP 请求消息,绑定服务提供者,SOAP 请求被作为一条 HTTP POST 请求发出,交由 Web 服务器处理。Web 服务器分析 HTTP(Hyper Text Transfer Protocol,超文本传输协议)信息并找到 SOAP 路由器的名称,然后将请求消息传递到指定的 SOAP 路由器。SOAP 路由器分析 HTTP 头找出某个 Web 服务适配器的位置,通过 Web 服务适配器依次将该请求传送到 ERP/MES/PCS 系统,底层控制系统将产品完成情况实时反馈给上层的 ERP 系统,ERP 系统将结果返回给 Web 服务适配器。适配器将得到的结果通过 SOAP 消息返回给 SOAP 路由器。最终服务请求者(经销商)收到包含执行结果的 SOAP 数据包,利用 XML 解析器对 XML 数据进行解析,取出所需的数据。

思考题与习题

1.过程工程量化的多尺度法的主要内容是什么?
2.化学产品工程的研究方法涉及哪些方面的内容?
3.举例说明某种化学产品其结构-性能的关系所包括的主要内容。
4.化工流程模拟技术包括哪几方面的内容?可以解决什么问题?

第4章 绿色过程系统工程

过程工业是操作物质-能量流巨大的国民经济物质生产的基础,但过程工业既是主要的环境污染源,又是耗能大户。因此,开发清洁生产工艺、发展循环经济,从源头上提高资源/能源的利用率,实现全系统的零排放,是过程工业可持续发展的必然要求。绿色过程工程正是研究与自然环境相容的资源高效-洁净-合理利用的物质转化过程,其内涵包括:①建立资源-环境保护新体系的思想方法论与实施策略,源头污染控制与资源-环境同一论的清洁生产策略和生态工业系统;②原子经济性化学反应处于绿色过程的核心地位,理想的绿色化学反应,即原料中的原子100%地转化为产物,不产生副产物或废弃物,实现废弃物的零排放;③运用环境-经济综合评价体系,建立过程工业的物质流程—能量流程—信息流程综合。

4.1 绿色过程系统工程简介

绿色过程工程是随着当前绿色化学与化工的兴起以及系统科学的广泛应用而迅速发展起来的,主要解决与"化学供应链"相关的创造、合成、优化、分析、设计、控制以及环境影响评价等多元复杂问题,以建立环境友好的、可持续发展的化工过程或以产品生产为最终目标。从广度和深度来讲,绿色过程系统合成不仅仅是在模型中引入环境影响目标,更重要的是其学科的基础从传统的"三传一反"深入到分子层次,并延伸到生态层次的变化和发展,涵盖了从分子→聚集体(Cluster)→界面→单元过程→多元过程→工厂→工业园直至人们赖以生存的自然生态环境的全过程。从时间尺度来看,发展绿色技术,从设计之初就必须考虑环境、健康和安全对新过程或产品的影响,从而在原料筛选、溶剂/催化剂开发、过程优化设计、系统运行等全过程中体现绿色化。张锁江课题组提出绿色过程系统工程的思想如图4-1所示。绿色过程系统工程不仅强调从分子到系统的多尺度模拟计算和全局多目标优化,同时将实验研究与模拟计算紧密结合,强调将理论方法用于实际技术研发链和工程设计,即包括基本理论分析、实验室小试及中试、工艺设计、设备优化和工程放大全过程,为绿色化工技术研发和产业化提供重要的依据。

绿化过程系统工程的主要研究内容如图4-2所示,包括以下几方面。

(1)原料替代。从传统的不可再生的化石资源向可再生能源如生物质、太阳能过渡,这是人类社会发展的必然趋势,同时有毒有害原料如氢氰酸等也将被绿色的原料替代,从而实现从源头消除污染的目标。

(2)工艺创新。包括介质、材料、反应器和工艺路线的创新,目标是开发高原子经济性反应和低能耗高效分离过程。

(3)设备强化。通过单元设备强化和创新,如设计和使用微通道、超重力、旋转床、磁场/电场强化等反应器,达到强化传热传质的目标,实现反应过程的高转化率、高选择性及高分离效率。

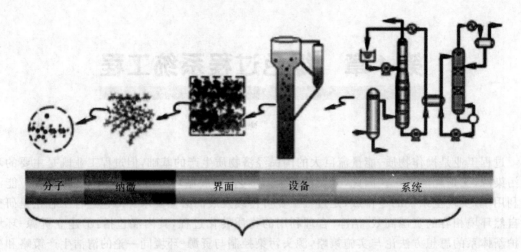

科学：多尺度调控

约束：经济/环境/安全

图 4-1　绿色过程系统工程的研究思想

（4）系统集成。基于系统工程的理论和方法，考虑经济效益和环境效益双重目标，建立系统的综合、优化、分析、设计、控制等从分子到生态系统的多尺度模型，形成可持续发展的化工过程或产品的绿色技术。

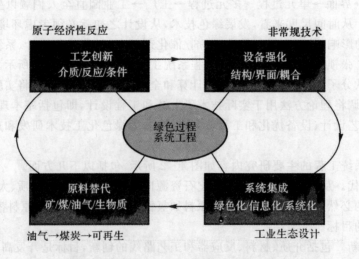

图 4-2　绿色过程系统工程的主要研究内容

4.2　绿色过程系统的模拟与分析

一、微观层次系统的模拟与分析

1. 产品设计

绿色设计是获得绿色产品的基础,并已成为当前设计领域的研究热点之一。研究表明,设计阶段决定了产品制造成本的 70%～80%,而设计本身的成本仅占产品总成本的 10%。因此,只有从设计阶段将产品的"绿色程度"作为设计目标,才能取得理想的设计结果。

绿色产品设计过程可概括为"133"原则,即一定的设计程序、三个设计目标和三个主要阶段。一定的设计程序是指绿色设计必须遵循一定的系统化设计程序,其中包括:环境规章评价,环境污染鉴别,环境问题的提出,减少污染,满足用户要求的替代方案,替代方案的技术与商业评估等。

三个设计目标包括:①提高产品的资源、能源利用率;②降低产品生命周期成本;③产品无污染或环境污染最小化。

三个主要阶段:①跟踪材料流,确定材料输入与输出之间的平衡;②对特殊产品或产品种类分配环境费用,并确定产品价值时考虑此项费用;③对设计过程进行系统性研究,而不是只注重产品本身。

为了设计环境性能良好的化学产品就需要用分子模拟工具,用计算机软件"搭建"模拟分子,然后用"计算机实验"来检验这种分子的性能(例如生物活性、毒性等)使之更要符合要求,经计算机筛选后的分子结构再在实验室中合成,就大大减少了探索的工作量。表 4-1 为绿色设计与传统设计的比较。

表 4-1　为绿色设计与传统设计的比较

比较因素	传统设计	绿色产品设计
设计依据	依据用户对产品提出的功能、性能、质量及成本要求进行设计	依据环境效益和生态环境指标与产品功能、性能、质量及成本要求进行设计
设计人员	设计人员较少考虑到有效的资源再生利用及对生态环境的影响	设计人员必须在产品构思及设计阶段考虑降低能耗、资源重复利用和生态环境的保护
设计技术或工艺	在制造和使用过程很少考虑产品的回收,仅考虑有限的贵重材料的回收	在产品制造和使用过程中可拆卸、易回收、不产生毒副作用及保证产生最少的废弃物
设计目的	以需求为主要设计目的	为需求和环境而设计,满足可持续发展的要求
产品	普通产品	绿色产品或绿色标志产品

2. 反应路径的综合

化工过程反应路径是把原料通过一系列反应步骤转化为期望产品的过程。路径选择是化工过程的早期决策,是环境友好过程的关键。化学反应处于系统的核心地位,使化学反应路径的综合在系统集成中具有本质的重要性。反应系统在很大程度上决定了能否有效地减少或完全清除那些对环境有害的排放物或需进一步处理的物流。一个过程系统是否环境友好,首先取决于其化学工艺路线是否对环境友好。反应路径综合应遵循热力学可行,费用少,环境友好等原则。

从"绿色"要求出发来优选反应路径,至少有应考虑:①初始原料应当对自然环境影响尽可能小,最好是可再生的原料;②反应中涉及的所有化合物在其整个生命周期中应当只有很小或没有毒性;③反应的原子经济性好;④反应的质量强度(获得单位产品所消耗的所有原料、助剂、溶剂等物质)应当比较低,而反应质量效率(产品质量/反应物质量比值)比较高;⑤单位产品的生产过程能耗比较低。

二、中观层次系统的模拟与分析

这部分内容主要包括:基于流程模拟的方法;基于夹点分析的方法;基于热力学分析的方法。随着计算机技术的飞速发展,软件、硬件的性能全面提高,可使实际的化工生产过程全面、精确地反映在计算机上,而不需改变现有装置的任何参数,化工模拟人员可以在计算机上以实际装置为基础,任意改动工艺参数,确定出不同的方案,全方位综合对比分析各方案的优缺点,从而得到经济效益、环境效益最优的方案,达到清洁生产的目的。而且,应用流程模拟技术可以节省大量时间、原料和操作费用,提高产品质量和产量,降低消耗,同时还可以对化工生产过程的规划、研究和开发及技术可靠性做出分析和对比。

在过程设计中考虑工艺流程的环境目标需要解决两个问题。第一,如何衡量工艺流程的环境指标。我们通常考虑以工业过程排出的废料量来衡量一个流程的环境指标,然而工业过程排出的废料量并非都是有害于环境的,因而并不能完全代表工艺流程的环境指标。据统计,美国每年生成的 1.2×10^{11} t 工业废料中 90% 以上是非毒性的无害废料。因此,需以对人类健康、生态环境和后代发展造成危害为基准的潜在环境影响来衡量过程的环境指标,达到过程的环境影响最小。第二,如何量化潜在环境影响指标,并在过程设计中达到环境影响最小,为实现在工艺流程初期的设计阶段控制和预防污染提供分析工具和参考指标。

过程模拟优化技术在过程集成设计中被广泛应用。由美国 EPA(U. S Environmental Protection Agency)开发的废物减少算法(Waste Reduction,WAR)即是基于过程模拟的废物最小化方法,该法是在污染物平衡的概念上发展起来的。该法引入了潜在环境影响(Potential Environmental Impact,PEI)平衡的概念,考虑通过系统边界的环境影响流、物料流和能量流,类似于物料和能量的平衡,可以对该过程的环境友好性进行分析和评价,但对于能量对环境影响的处理不太完善。采用过程模拟能够提供准确的物质和能量平衡及参数间的关系,建立在过程模拟基础上的废物最小化的过程集成具有一定的应用前景。

夹点技术作为一种集成工具最早应用于换热网络的设计,以减少投资和能量费用。通过分析过程的热源和热阱来评估所需的最小的公用工程,传热单元数和传热面积,确定工业生产节能幅度,说明可能的过程改进以降低潜在的能量消耗。可用于评价能耗和投资的关系。夹点技术以热力学为基础,是从宏观的角度分析过程系统中能量流沿温度的分布,从中发现系统用能的"瓶颈"所在,并给以"解瓶颈"的一种方法。在环境方面,这种方法起初用于确定降低能耗的程度,目前已扩展到考虑物料问题,其中,夹点技术在废气、废液排放目标方面卓有成效,可用于设定废物的最低排放目标,如降低 NO_x,SO_x 和 CO_2 的等级,并且它也为降低其他与过程有关的排放的设计方案提供指导。夹点技术已从单过程扩展到适用于全局分析,设定燃料、联产功、排放和冷却的全局目标。目前,夹点分析方法已扩展到分析质量传递问题,处理污染预防、资源回收,废物减少等问题。形成了质量夹点的概念及分析方法,并应用到质量交换网络的设计中,可用来确定和评价质量交换单元的结构。

采用热力学分析的方法则可同时表达对环境排放的热效应、机械效应、排放物的化学效应等对环境的影响,如烟分析法。为了表达生物毒性对生态环境的影响,引入生态分析的概念,提出了"生态改进潜力"公式,即在"改进潜力 Pot"的形式上加入一个反映毒性影响的污染指数 λ_j,则计算公式为

$$Pot_e = Pot + \sum Ex_{j\lambda_j} \qquad (4-1)$$

$\sum Ex_j$ 为污染物料 j 的总烟,λ_j 为污染物料 j 的污染因子。但对这种方法进行定量分析有一定难度。基于热力学网络模式热经济方法则有望将热力学第二定律与经济性结合起来,从而实现经济和环境影响的统一表达,但这类方法仍停留在理论研究阶段。

三、宏观层次系统的模拟与分析

1. 生态工业系统

传统的工业生产在满足人们日益增长的物质需求的同时也给人类造成了全球生态的破坏,资源、能源的浪费和短缺以及环境污染的加剧等。生态工业是解决环境问题和实现可持续发展的一种工业发展模式,其主要实践形式是生态工业园。生态工业园区是一个包括经济、社会、环境和资源的地域综合体,是依据循环经济的理念和工业生态学原理设计而成的一种新型人工复合系统。

生态工业系统不同于线性工业系统,它的多数成员子系统(如企业主体)具有多个输入和多个输出,它们以循环利用、过程耦合等多种手段连成复杂的网络,构成一个典型的复杂开放巨系统,该系统具有以下主要性质。

(1)开放性。生态工业系统内各个子系统都有边界,通过边界与更大的系统、旁系统,进行资源交换、信息交换、物质交换和能量交换等。相互影响、相互作用。这种交换贯穿工业活动的规划编制、控制全过程。如果停止,工业活动也就停止。

工业生态学认为,在某种意义上说,工业系统就是向社会—经济系统提供产品和服务的子系统。通过产品的整个运动过程(包括原材料采掘、原材料生产、产品制造、产品使用、产品的回用、产品最终处置),工业系统与社会—经济系统发生物质、能量与信息的交换,从而对自然环境和社会经济产生影响。因此,当前生态工业的研究内容,可以说都是围绕产品的整个运动过程开展的,例如原料与能量流动的分析,产品生命周期设计与生命评价,为环境设计、产品导向的环境政策,等等。

随着生态工业的进一步发展和推广,当政府决策部门和企业管理者把生态工业和现有的许多传统目标如产品质量、大规模制造、生产效益等自觉地看成同等重要时,生态工业将在一定程度上作用于改变人类社会的政治、经济、文化和意识形态,一个社会-文化的变革必将产生,生态工业现在已经成为促进人类社会可持续发展的源泉和动力之一。

(2)复杂性。工业生态学认为,工业系统是处于自然生态系统内的人类社会-经济系统中的一个子系统,要解决工业系统与自环境系统之间的冲突,即要了解工业系统与自然生态系统

之间的矛盾,还必须解决它与社会-经济系统及其他子系统之间的各种问题。因此,必须采用复杂系统科学的综合、集成的研究方法,才能深入地认识它们!之间的关系与存在的问题,从而提出解决问题的方法。另外,工业生态学还强调研究问题的全球系统观,不仅要考虑与解决人类工业活动对局部、区域的环境影响,而且要着眼于解决对地球生命支持系统的影响。

工业生态学研究的对象是自然生态系统和人类的社会-经济系统及其之间的关系,所涉及的问题极为复杂,既有自然科学的问题,也有工程技术学科的问题,还有人文与社会科学的问题。因此,工业生态学的研究已经超越了学科的界限,在近20年间,首先是自然科学、技术科学、人文及社会科学等的介入,进行多学科交叉研究,随着研究的不断深入和复杂,必将逐步形成一门多学科交叉与融合的崭新的学科。

(3)进化与涌现性。生态工业系统的长期稳定发展有赖于整个系统的平衡。这种平衡的内在机制是市场价值规律,而平衡的实现要靠系统内部具有自动调节的机制和能力。当系统的某一组成部分失败(如破产、搬迁等),造成系统生态链中断或部分脱节,必须有其他组成成员填满空位或使用新途径的生态工业链。系统的组成部分越复杂,能量流动和物质循环的途径越复杂,其调节能力就越强。但这种内在调节能力也有一定限度,因此,有必要辅助于人为调控手段,这种调控来源于生态工业系统的协调管理机构,通过这种自组织与自适应作用反过来取得经验,最终取得优化解决方案。

生态系统有趋于成熟的倾向,即我们常说的"进化",在进化的过程中,生态系统有简单的状态变为较复杂的状态。

(4)其他性质。

1)生态工业系统的作用大于系统各部分简单的总和。工业系统的所谓整体优势、整体作用十分明显,这就是所谓的聚集效应。只有聚集到一定程度,生态工业系统中良好的软硬件的配合;合理的物质、能源和信息分配;适当的政策调控优化组合起来,系统职能就得到强化,效益就会增强。

2)生态工业系统中,总是上一层次的大系统决定性地影响下一层次的小系统。在生态工业系统中一切相对处于低层次的系统都受高一层次系统的决定性影响。所以,做好规划不能没有全局、不能不受更大系统的影响。但众多的小系统也会反过来影响大系统。

2. 开放的生态工业系统的设计方法

开放的生态工业系统的特征主要表现在高层次、多回路、非线性以及子系统的数量巨大,类别繁多,多重反馈,结构复杂。在设计过程中表现为涉及学科知识多种多样,信息来源各不相同,有的定量,有的定性,而且信息精度不均衡,系统参数敏感性很不一致,系统高层次结构较清晰与低层次结构难描述。处理这样一个开放的复杂巨系统的方法是从定性到定量的综合集成法,以及从定性到定量的综合集成研讨厅体系。1992年3月钱学森教授进一步扩展了从定性到定量的综合集成法,提出了"从定性到定量综合集成研讨厅"体系的思想。研讨厅体系的构思是把专家们和知识库信息系统、各种人工智能系统、快速巨型计算机,组织起来成为巨型人-机结合的系统;把逻辑、理性与非逻辑、非理性智能结合起来。利用综合集成研讨厅体系的思想,可以采取如下的设计方法。

把生态工业系统作为一个整体去设计,主要考虑系统和公司层次上物质流、能量流和信息流的交换,对产品及以下层次集成"组"进行"宏观性"处理,用一定近似程度的仿真模型代替或视为整个系统的一组参数。设计思想是把生态工业系统设计成一个开放的系统,在环境中保持稳定,易于适应变化,且能够在全球化市场中保持竞争力。这样处理的好处需要用一个长期的眼光来看。在最初的设计阶段,可能会花费很多,但因为对以后未知的变化已做出了准备,所以能减少未来重新设计和工作的时间和费用,在更长的时间内,能取得更大的收益。图4-3所示为复杂的生态工业系统的设计步骤。

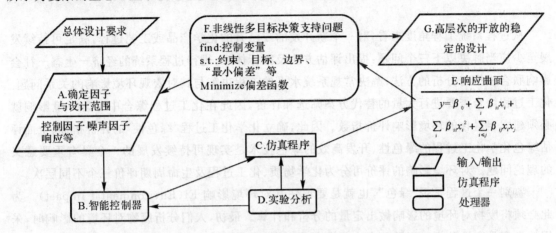

图 4-3　复杂的生态工业系统的设计步骤

(1)由工程师和专家参与,明确系统的总体要求和目标。分类和确定设计参数(控制因子、噪声因子和响应)及其范围,根据范围定义一个初始探索空间。图4-4所示为参数种类。

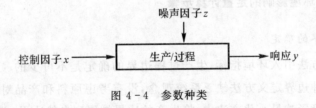

图 4-4　参数种类

(2)根据智能控制系统自适应、自组织、自学习和鲁棒性的特点,设计一个智能控制器,这里采用模糊神经控制器,确定控制因子的作用和噪声因子的效果,建立仿真程序。

(3)通过实验分析处理器,调查实验结果,明确重要的控制因子,除去不重要的因子。如果有必要,设计和构造更高阶的实验(实验的数值和阶数增加而问题的规模减小)。把分析结果反馈到智能控制器,在图4-3的B,C,D之间形成迭代,直到产生一个准确的仿真模型。

(4)使用响应曲面处理器,产生一个逼近仿真程序的响应曲面模型,它在设计空间(系统变量)和渴望空间(约束和目标)之间提供了一个快速的映射。

(5)使用响应曲面的代数方程组,建立非线性多目标决策支持系统(Decision Support Problem),使用 Excel 的平方解算程序(如 Newton 方法等),求得控制因子的满意解集。这里形成一个满意解集优于最优化的点集,是因为在简化的模型中的最优解决策在现实生活中很少是最优的。所以决策者在满意解集中选择一个,更能接近真实复杂的世界,并对环境中较小的变化没有感觉。

(6)输出一个高层次的开放的稳定的设计书。在设计过程中,智能控制技术、响应曲面方法和实验设计综合在非线性多目标决策支持系统的框架中,探索设计空间,搜寻稳定区域,形成一个开放的稳定的设计说明书,充分体现了把生态工业系统设计成一个开放的、系统的指导思想。

4.3　绿色过程的评价方法与指标体系

从过程系统工程角度来看,对一个新开发的或已有的化学产品或工艺过程,满足可持续发展至少应当解决以下三个问题:提出评估方法及指标体系;进行过程系统的经济－生态－社会影响联合模拟与分析的方法;解决常规系统水平的工程决策与其对宏观环境影响的关系问题。化工过程综合需要进行大量的替代方案筛选和评价,因此在化工过程综合中考虑环境影响就必须建立定量化的环境影响评价指数。因此,确立化学化工过程"绿色性"的评价指标、全面评估绿色化学化工过程的绿色性、开发高效的绿色技术是实现可持续发展的一个具有重要意义的理论问题。对环境影响的评价可分为化学物质、化工过程及生命周期评价三个不同层次。

鉴别一个过程是否"绿色",也就是要评估其对环境影响 EI(Environmental Impact)。为此必须将废物对环境的影响做出定量的分析和计算。最初,人们分析废物对环境的影响时,采用的大多是定性分析。近几年有一些学者从不同的角度,用不同的方法对废物对环境的影响作了定量的计算。虽然方法不尽相同,但所遵循的步骤主要分为以下三步:定义生产边界,列出投入及产出的废物清单;计算环境影响评价指标。

4.3.1　废物对环境影响的定量计算步骤

1. 生产过程边界的确定

不论采用哪种方法引入环境指标,生产过程边界的确定是不可少的。传统的生产边界是从投料到产品。这种边界定义方法缺乏系统观念,没有考虑原料和产品对环境的影响。在生命周期分析法和环境影响最小化方法中,将生产的边界扩展到自然边界,即环境影响为零的边界。这种定义边界的方法可同时考虑输入废物与输出的废物。边界的扩展虽然有利于全面系统的考虑生产过程对环境产生的影响,但是它同时也会使设计优化过程变得复杂。因此,边界的定义不是绝对的,可视情况而定。比如,可适当地扩展或缩短产品的边界。

2. 列数据清单

对不同的间歇化工过程,投入和产生的废物是不同的,因此在进行最优化设计时应首先明确该过程产生的废物。不同的废物对环境的影响也存在很大的差异。根据联合国 1989 年内罗毕环境大会的决议,全球环境问题按其相对的严重程度可排列如下:温室效应,臭氧层效应,酸雨,饮用水污染,海洋污染,森林面积减小,土壤沙化,物种灭绝,有毒废弃物处理。

对于某一特定的化工生产过程,对环境产生的影响可以通过分析生产工艺,运用质量守恒方程计算出输入与输出的废物,对于用能集中的生产过程,还应考虑能量对环境的影响,这是因为能量的主要来源是依靠燃料的燃烧,这一过程产生大量的 CO_2 及硫和氮的氧化物,它们是大气污染的重要组成部分。

应该说投入清单的确定比较容易,因为这涉及一般企业的正常经济计量活动,难度在于产出清单的确定。英国的 PLRA 公司环境咨询公司,开发出了专用的 LCA(Life Cycle Assessment,LCA)分析软件,这类数据库囊括了不同企业的产出废物清单并分析其对环境的影响。这些资料是根据不同国情的工业发展状况采集的,一般不适用于其他国家或地区,也不符合我国的现状。在我国应该提倡企业进行有关的数据采集,以建立自己的产出废物清单的数据资料。

3.环境影响(EI)评价

从广义来看,EI 是指开发行动可能引起的环境条件改变或新的环境条件的形成,环境影响可以是有害的也可以是有利的。化工过程中产生的废物对环境的影响一般来说都是负面的。如何评价 EI 是将环境指标引入优化过程的关键。在列出废物清单之后,所需做的工作就是用合理的方法,计算分析出整个过程产生的废物对环境的影响。

4.3.2　环境影响评价指标制定的原则与环境影响(EI)评价

建立合理的、客观的环境影响评价指标,需要分析系统对环境影响的各种因素及其特征。在评价指标的建立过程中,必须遵循全面性、客观性、可操作性、层次性等原则。

1.环境影响评价指标制定的原则

(1)全面性原则。评价指标应尽可能全面地反映系统和产品的环境影响综合情况,不能主观地删去某些环境性能指标,这样会造成评价的不完整,从而失去评价的意义。

(2)客观性原则。评价指标应尽量客观地、真实地、准确地反映系统对环境的影响,因此环境影响的数据来源必须可靠。另外,有些环境性能指标可能目前还无法获取可靠的数据,但与评价关系较大时,仍可作为建议指标提出。

(3)可操作性原则。评价指标应有明确的含义,并具有一定的现实统计基础,因而可以根据数量进行计算和分析。同时环境性能指标要适量,内容应简洁,在满足有效性的前提下,使评价方法尽可能简便。

(4)层次性原则。评价指标所包含的环境性能指标应具有层次性,这样有助于评价指标的建立和理解。

2.环境性能指标

作为筛选指数的基础,环境性能指标具有相当多的自由度,它可以考虑化合物的环境归宿及其相关效应而不必过多涉及流程层次上的约束。然而,由于环境效应空间和时间上的复杂性,环境性能指标的开发和选择本身就是一个多层次多目标的决策任务,它取决于化合物的可预测效应、信息的获取程度以及决策环境等。按照评价目的不同,环境性能指标可以选取不同的影响类别。但一个普遍性的环境性能指标应该建立在产品生命周期基础之上,即应当考虑矿物质消耗、能源消耗、化合物的分布以及生物资源的消耗。从过去二十多年里已经开发出的大量环境性能指标看出,环境性能指标由单介质向多介质方向发展,由只考虑废物量到考虑对人体毒性和环境危害再到综合考虑各种环境影响类别发展;相应地,环境性能指标也逐渐趋于复杂化。几种典型的环境性能指标见表 4-2。

表 4 - 2　典型的环境性能指标

项目	环境特性指数	简单描述
与人有关的指数	毒性	动物 LD_{50}，口服致死参考量
	可持续过程指标（SPI）	考虑毒性及持久性
	浓度/毒性当量（CTE）	考虑毒性，持久性和污染物命运
	对人的潜在毒性	考虑毒性、持久性、污染物命运及暴露途径
环境损害影响	全球变暖效应（GWP）	参照物是 CO_2
	臭氧破坏效应（ODP）	参照物是 CFC11
	BOD/COD	生物需氧量或化学需氧量
	环境风险指数（EHI）	通过评估每个化学组分在 6 个路线的暴露和效应来计算
	基于生物积累的方法	考虑在食物链中生物累积量计算
总指标	田纳西大学方法	利用环境和人体毒性效应数据联合暴露计算
	95 生态指数	在欧洲范围内造成生态系统破坏或人健康损害的环境效应的加权算法
	㶲分析方法	同时考虑资源利用和环境影响
	基于生态毒性模型的方法	同时考虑长期和短期环境效应
	基于 FST 方法	利用模糊数集理论基于相对隶属度来实现不同质数据的组合

这些指标的可操作性和复杂程度各有不同，一般而言，越具有坚实理论基础的方法其可靠性和可信度越高，但复杂性也随之增加。环境性能指标的选取实际上是复杂性、可靠性与简单灵活性的权衡问题。基于生态毒理学模型的指标最为复杂，但只要积累足够的毒理学数据并建立全面的数据库，这种方法有望得到重视。基于模糊数学的方法由于其灵活性不失为一种较佳的折中方案。

3. 筛选指数

筛选指数为过程综合的流程评价提供了定量化依据。一般而言，流程层次上的能量和物质利用效率可以作为评价依据。就能量而言，单位产品能耗等能量相关指数至今仍广泛用于衡量工艺的技术水平和环境性能，但单纯的能量效率并不适用过程综合替代方案的环境影响评价，一方面因为过于粗糙，另一方面因为过程综合阶段无法提供评价所需的能量数据。从㶲的角度开发筛选指数是一种改进，它可以综合考虑资源消耗和能量消耗。

可用式（4-2）高度概括基于质量基础之上的筛选指数：

$$EQ = E \times Q \tag{4-2}$$

式中，环境因子 E 表示每单位产品所产生的废物量，由流程的质量平衡关系决定；Q 为环境影响指标，表征废物对环境的影响。由此可见，筛选指数取决于环境影响指标的选取以及所关注的质量。就质量选取的角度而言，可分为环境影响产生指数和环境影响排放指数。前者计算过程内部潜在环境影响的增加量，表征了工艺流程的内部环境效率，如废物产生总量和单位产品废物产生总量等;这类指数也可看作过程固有环境影响指数,即过程达到稳态操作时存在于贮罐、反应器、分离器和管路等物质总量的环境影响,如 Cave 和 Edwards 开发的环境危害指数(EHI)。后者考虑排放废物的环境影响,表征了工艺流程的外部环境效率,如废物排放总量等。尽管两者都得到大量的应用,但从环境影响最小化的角度而言,后者要优于前者。

基于环境危害指数的方法在具体应用时又可分为两类,一类是将其与过程模拟工具结合,考虑在一定边界范围内工业过程中产生和排放的废弃物对生态和人体健康的(潜在)影响,其中涉及具体工艺中的每个流股的环境影响;另一类则是考虑全部物料泄露后(灾难性的)对整个工艺路线的影响。前一类如 MEI(Minimizing Environmental Impact),WAR(WasteReduction)算法及 EFRAT(Environmental Fate and Risk Assessment)法等,后一类如 AHI(Atmospheric Hazard Index)方法。由英国 Imperial College London 开发的 MEI 方法将生命周期评价的原理嵌入到化工过程优化框架中,涉及过程边界的定义,包括废弃物排放、环境指标及过程设计和优化的集成,已用于确定废弃物的处理、污染消除程度的优化、溶剂选择的优化等。由美国 EPA 开发的废物削减(Waste Reduction,WAR)算法是比较经典的方法,引入了潜在环境影响(Potential Environmental Impact,PEI)平衡的概念,考虑通过系统边界的环境影响流、物料流和能量流,类似于物料和能量的平衡,可以对该过程的环境友好性进行分析和评价,但对于能量对环境影响的处理不太完善,其原理如图 4-5 所示。算法中考虑了包括臭氧层消耗、人体毒性到生态毒性 9 个潜在的环境指数,目前也与其他模拟软件工具相连接。

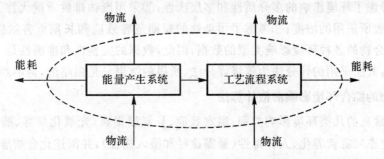

图 4-5　WAR 算法中划定系统边界内物质、能量和环境影响平衡

基于环境影响指数的方法能简要直观地表示反应过程的环境状况,但这些方法都是基于已有的、主要由实验测定的化合物的危害指数,成千上万种物质的毒性等测定是非常繁重的工作,而且每天都有许多新的物质被发现或被合成,因此建立环境影响指数的预测模型是研究的难点和热点,也是发展绿色评价体系的重要基础。此外,由于环境问题的不确定性,将专家系统引入到环境量化评价也不失为一种很好的方法。

4.3.3　常用的分析法

近年来出现了许多功能强大的过程模拟软件,如 ASPEN PLUS,PRO/Ⅱ 等,在对整个系统分析的基础上进行模拟、判别是实现过程综合的常用方法,在过程模拟软件基础上添加环境影响评价模块是实现环境影响最小化的又一有效途径,即对同一工艺目标进行多流程严格模拟以获取物流和能量流的基础数据,然后用环境影响评价模块计算出不同流程相应的定量化的环境影响评价指数,从而从多个方案中选出最终方案。

考虑环境影响的过程模拟有三大困难:①一些生成毒性化学的过程缺乏知识,没有现成的预测模型；②一般过程模拟对物流的描述只限于所有组分，缺乏环境特征的指数，例如生化需氧量 BOD、化学耗氧量 COD、环境影响函数等；③环境要求对污染物含量都是浓度极低的痕量级（如 10^{-6}），这就要求数学模型的，精度需达到很高的水平。

目前，大部分评价指数采用的方法是评分系统，总的来说，可以分为两种，一种是根据现行的国家颁布的排放浓度标准来进行等级评分，其代表为生态毒理学模型的方法；另一种是根据环保局等环境组织的环境影响数据用关系式进行关联评分，其代表为 WAR 算法。

一、生态毒理学方法

随着化工行业的发展，越来越多的化学物质进入环境，这些化学物质在其整个生命周期中都影响并改变着环境，危害着人类的正常生活。目前人类关注的环境影响如温室效应、臭氧层损害、酸雨等，都是由于工业系统排放的化学物质造成的。如何评价并控制化学物质造成的环境影响属于可持续发展的范畴，目前在这一领域已有许多专家做了一些基础和前沿的工作。

化合物的环境影响，如温室效应、陆生态毒性、富营养化等，目前都已有了能够应用于实践的评价指标。在这些单项指标的基础上，还发展了评价化合物环境影响的综合指标，如生态毒理学方法、生态因子法等。

此方法的模型是利用环境影响评价中常用的层次分析法将每种化合物对环境影响的类型分解并逐个进行评分，然后根据全流程的质量平衡计算出环境影响评价指数。此模型的特点如下：①充分考虑了环境影响的多介质性和多层次性；②采用废物排放质量代替了以往环境影响评价指数一般所采用的浓度；③考虑了污染物的短期危害效应和长期危害效应。但是此模型需要各种化合物的各种环境影响类型的数据，因此，数据的完整性和准确性是一个值得考虑的问题。另外，其所采用的评分法为等级评分法，所得的结果只是粗略的，得不到精确的结果。

二、化合物的综合环境影响潜值计算法

主要考虑常见的几类环境影响类别：温室效应、臭氧层损害、光氧化烟雾、酸雨、生态毒性（水生态和陆生态）、富营养化、人体毒性（暴露途径和摄入途径），并阐述化合物潜值（化合物潜在的环境影响能力）的计算方法。

1. 温室效应

能吸收地表辐射并产生温室效应的大气气体组分称为温室气体。地表热以红外线形式散入大气，多数被大气中所含水汽吸收，但在 $7\sim13\mu m$ 波段是温室气体的强烈吸收带。对于温室效应潜值 GWP(Globel Warming Potential)，目前通常利用世界气候控制委员会(Intergovernmental Panel on Climate Change)的定义，该定义以 CO_2 造成的气候变化为基准。化合物的温室效应潜值即为单位化合物对环境造成的气候变化与单位 CO_2 对环境造成气候变化的比值。各种温室气体的温室效应值采用世界气候控制委员会推荐值。另外除红外线吸收强度之外，大气生命周期也是 GWP 的决定因素，生命周期小于两年的，GWP 通常小于 0.03。某一化合物 x 温室效应的估算公式为

$$GWP_x = \frac{atm.\ Lifetime_x}{atm.\ Lifetime_{CO_2}} \times \frac{mw}{mw_x} \times \frac{IR_{absx}}{IR_{absCO_2}} \tag{4-3}$$

式中，atm. Lifetime 为化合物的大气生存期，mw 为相对分子质量，IR_{abs} 是红外线吸收强度($800\sim1\ 200\ cm^{-1}$)。

2. 臭氧层损害

臭氧可吸收紫外线中能量高的短波部分,保护地球上的生物免受有害辐射。一些化合物,如氟利昂物质,能够与臭氧层中的臭氧反应,导致臭氧层空洞。化合物损害臭氧层的能力,即臭氧层损害潜值 ODP(Ozone Depletion Potential)通常利用世界气象组织(the World Meteoromlogical Organization)的定义,以氟利昂物质 CFC-11(CCl_3F)造成的臭氧损耗为基准,化合物的臭氧层损害潜值即为单位化合物引起的臭氧损耗与单位 CFC-11 引起的臭氧损耗的比值。ODP 估算公式如下:

$$ODP = \frac{atm.\ Lifetime_x}{atm.\ Lifetime_{CFC-11}} \times \frac{mw_{CFC-11}}{mw_x} \times \frac{n_{Cl} + 30n_{Br}}{3} \qquad (4-4)$$

3. 光氧化烟雾

氮氧化物、反应性烃类污染物和气体尘埃往往形成危害严重的光氧化烟雾,如刺激人们眼睛,造成头痛或死亡,使大气能见度降低等。光氧化潜值 SFP(smog formation potential),即化合物形成光氧化烟雾的能力通常以乙烯与氮氧化物生成光氧化烟雾的能力为基准。化合物的光氧化潜值即为单位物质与氮氧化物生成光氧化烟雾的能力与单位乙烯与氮氧化物生成光氧化烟雾能力的比值。SFP 估算公式如下:

$$SFP_x = \frac{x\ 物质的光氧化反应能力}{乙烯的光氧化反应能力} = \frac{MIR_x}{MIR_{乙烯}} \qquad (4-5)$$

式中,MIR 为在阳光的存在下,大气体系中的有机物与氮氧化合物进行一系列反应的能力,一般以反应等级表示。

4. 酸雨

酸性气体进入降雨水循环,可导致森林枯萎、土地沙漠化等环境问题。化合物导致酸雨的能力,即酸雨潜值 ARP(Acid Rain Potential),通常以 SO_2 水解产生 H^+ 的反应为基准。化合物的酸雨潜值可表示如下:

$$ARP_x = \frac{\alpha}{2} \times \frac{mw_{SO_2}}{mw_x} \qquad (4-6)$$

式中,α 表示单位化合物 x 水解产生 H^+ 的数目。

5. 富营养化

含磷和氮的化合物过多排入水体后引起水体中藻类大量繁殖,破坏了水体生物生存环境。在适宜条件下,水体中藻类进行光合作用合成本身的原生质,其总反应式可写为

$$106CO_2 + 16NO_4^{3-} + HPO_4^{2-} + 122H_2O + 18H^+ + 能量 + 微量元素$$
$$\longrightarrow C_{106}H_{263}O_{110}N_{16}P_1(藻类原生质) + 138O_2$$

化合物的富营养化潜值 EP(Eutrophication Potential)通常以磷酸根离子 PO_4^{3-} 生成藻类原生质的能力为基准。从反应式可知,1 mol 的 O_2,具有 0.022 的富营养化能力。有机物的 EP 可用其理论需氧量 ThOD(Theoretical Oxygen Demand)进行计算:

$$EP_x = 0.022 \times ThOD_x \qquad (4-7)$$

对于无机物质(含 N,P 元素),可利用 $C_{106}H_{263}O_{110}N_{16}P_1$ 中 N,P 的摩尔比值计算其富营养化潜值。对于含 N 元素的无机物,如 NH_3,其富营养化潜值计算公式为

$$EP_x = n_{numP} \times \frac{mw_{PO_4^{3-}}}{16 \times mw_x} \qquad (4-8)$$

对于含 P 元素的无机物,其富营养化潜值计算公式为

$$EP_x = n_{numP} \times \frac{mw_{PO_4^{3-}}}{mw_x} \tag{4-9}$$

式中,numP 和 numN 为物质分别含 P,N 的原子数,x 为要估算富营养化潜值的物质。

6. 人体毒性影响

化合物通过摄入和暴露两种途径对人体产生毒性影响,人体摄入毒性潜值 HTPI(Human Toxicity Potential by Ingestion)采用化合物对人体的口服半致死剂量 LD_{50} 数据评价,由于通常人体的毒性数据不全面,可近似利用其他生物的 LD_{50} 数据代替。人体暴露毒性潜值 HTPE (Human Toxicity Potential by Exposure)采用车间空气化合物容许浓度,即阈限值 TLV (Threshold Limit Value)表示。由于 LD_{50} 和 TLV 都是毒性与数据成反比,即数据越大,毒性越小,数据越小,毒性越大,因此都采取倒数形式表示潜值的大小,即:

$$HTPI_x = \frac{1}{(LD_{50})_x} \tag{4-10}$$

$$HTPE_x = \frac{1}{TLV_x} \tag{4-11}$$

7. 生态毒性

生态毒性包括水生态毒性和陆生态毒性两类。水生态毒性潜值 ATP(Aquatic Toxicity Potential)用来衡量化合物对水体中生物的影响。可利用水体中的生物(如鱼类)的半致死浓度(LC_{50})的倒数作为化合物对水体影响的指标。半致死浓度(LC_{50})指在化学物质的急性毒性试验中,能引起 50% 试验生物死亡的浓度,该指标数值与毒性成反比。陆生态毒性潜值 TTP (Terrestrial Toxicity Potential)用来衡量化合物对陆地生态环境的影响程度,由于鼠类的广泛存在和普遍性,可用鼠类的口服半致死量 LD_{50} 的倒数来衡量化合物对陆地生态环境的影响。

$$ATP_x = \frac{1}{(LC_{50})_x} \tag{4-12}$$

$$TTP_x = \frac{1}{(LD_{50})_x} \tag{4-13}$$

8. 化合物综合环境影响

对于一定质量的化合物 k,其综合环境影响可描述如下:

$$I_k = m \times \varphi_k = m \times \sum_l \alpha_l \times \varphi_{kl} \tag{4-14}$$

式中,I_k 表示化合物 k 的综合环境影响;m 为化合物 k 的质量;$\varphi_k = \sum_l \alpha_l \times \varphi_{kl}$ 为单位质量化合物 k 的总环境影响;α_l 为影响类型 l 的权重系数,一般在 $0 \sim 10$ 之间,根据实际选取。但为应用的方便,通常假定各个环境指标的权重因子部为 1。φ_{kl} 为化合物 k 第 l 种环境影响类型的规格化潜值,为无因次值。在进行化合物环境影响评价时,通常对化合物的环境影响潜值进行规格化,以使各环境影响指标尽量处于同一数量级,可采用以下规格化公式,有

$$\varphi_{k,l} = \frac{(S_{score})_{k,l}}{((S_{score})_k)_l} \tag{4-15}$$

式中,$(S_{score})_{k,l}$ 表示化合物 k 第 l 种环境影响类型潜值,$((S_{score})_k)_l$ 表示在第 l 种环境影响类型

潜值中,所有化合物的平均影响潜值。

三、WAR 算法

WAR 算法的理论基础是质量污染平衡,并且利用环境影响评分系统来量化污染物对环境的影响,从而可以用于化工工艺流程的过程模拟当中。后来,Cabezas 等对此方法进行了修正,把能量产生系统(假定能量是由煤、油、天然气的燃烧所得)也包括在内,使此方法能够筛选出全流程的环境影响最小方案。不过此算法还存在的一些不足:① 能量产生系统只包括蒸汽系统而没有包括动力系统,而且能量产生系统对环境的影响只是考虑系统所需热量和燃料不同而得到的,而没有具体地根据燃料成分不同、燃料燃烧效率不同对环境的影响;② 此方法只能用于替代方案的筛选,不能和化工过程综合中的经济效益等目标函数相结合,因此不能用于过程综合的全局目标优化。

四、绿色指数法

1. 绿色指数法原理

用绿色指数法量化评估一个过程系统的环境性能,设计和优化过程系统,首先要假设该过程系统是一个连续、稳态的过程。对于一般的化工工艺流程系统,可用图 4-6 表示。

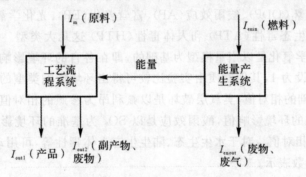

图 4-6　一般化工工艺流程图

一个稳定的化工生产系统,单位时间、单位产品对环境的影响总值可表示为

$$I_{total} = (I_{out2} - I_{in} + I_{enout} + I_{enin})/P \qquad (4-16)$$

其中,I_{total} 表示系统中单位时间,单位产品对环境的影响总值;I_{in} 和 I_{out1},I_{out2} 分别表示单位时间内(一般为一年)进入系统和从系统流出(包括泄漏)的物流对环境的影响值;I_{enin} 表示单位时间内能量产生系统中因为消耗燃料而对环境的影响值,即燃料消耗的资源耗竭影响;I_{enout} 是能量产生系统中产生的废物、废气排入环境对环境的影响值;P 表示单位时间内产品的产量。由于将除目标产物以外的过程中化学物质引起的潜在环境影响进行定量化,所以,在此不将目标产物对环境的影响值 I_{out1} 计算在内。

2. 工艺流程系统对环境影响的计算

过程系统对环境的影响主要是由于向环境中排放有毒物质而产生的。因此,可以把过程对环境的影响看成是一种流,简称为影响流。影响流越大,过程对环境影响越显著;影响流越小,过程对环境的影响越轻微。系统中物流对环境的影响值与过程排放废物的流率和物流中各物质对环境危害程度有关,分析过程对环境的影响,可以从分析过程所排放的影响流入手。

过程向环境排放的物质流率可以通过计算和实测得到。对于工程设计阶段来说,可以通过过程模拟软件(如 PRO/II,ASPEN PLUS 等)进行模拟计算得出,对于现有工艺过程,可以采用实测数据与模拟相结合,或者取其一。而各种物质对环境的危害程度有所不同,可以分析每种物质的毒理性、物理、化学及该物质在环境中的迁移转化等性质,根据其性质计算出一个用于表征其对环境的危害程度的指数,该指数只考虑进入或流出的物流对环境的最初排放所产生的环境影响潜力。总的评分式为

$$I = \sum_i \sum_j m_i x_j \varphi_j \qquad (4-17)$$

式中,i 表示进入或流出的第 i 股物流;m_i 为进入或流出的第 i 股物流的质量;x_j 表示化学物质 j 在第 i 股物流中的质量分率;φ_j 表示化学物质 j 对环境影响潜力的总评分。φ_j 的值可用表达式表示为

$$\varphi_j = \sum_j \alpha_j \cdot SCORE_j \qquad (4-18)$$

式中,α_j 代表环境影响类型的权重值,可以根据各地区的各环境影响类型的污染程度由专家讨论确定,初始值可以设定为 1;$SCORE_j$ 代表该化学物质第 j 类环境影响类型的评分。

根据目前国际上各个环境影响评价组织所做的各种数据,环境影响类型主要包括温室效应(GWP)、臭氧层损坏(ODP)、酸雨效应(AP)、富营养化(EP)、光化学氧化(POCP)、水生生态毒性(TTP)、陆生生态毒性(ATP)和人体毒性(HTP)这几大类型。温室效应、臭氧层破坏、酸雨效应和光化学氧化是以当量模型为基础的,即在各自的环境影响类型中,以一种化学物质为基础,将其值设为 1,其他物质由实验比较可得出环境影响类型的相对值。其中,温室效应是以 CO_2 为基础的相对值,臭氧层破坏是以氟利昂为参照的相对值,光化学氧化是以单烯烃如 C_2H_4 为基准的环境影响值,酸雨效应是以 SO_2 为基准的环境影响值,富营养化是以 PO_4^- 离子为基准的相对值。对于水生生态、陆生生态人体毒性等,可用动物毒理学实验并测出了 LD_{50},取其值倒数表示。

3. 能量产生系统对环境影响的计算

能量产生系统对环境的影响潜力包括两个部分。一部分是消耗燃料,这些燃料通常是不可再生资源,可以按照不可再生资源的消耗对环境影响的潜力计算。另一部分是燃料燃烧的废气、废渣对环境的影响,这部分是能量产生系统对环境污染的重点。一般燃煤设备在生产性活动中产生并向大气环境中排出的污染物有:烟尘、二氧化硫、二氧化碳、一氧化碳和碳氢化合物、氮氧化物等。这部分首先要计算煤燃烧排放的废气、废渣的量,然后与工艺流程系统一样进行评分计算。

一般精馏过程消耗的能量主要集中在各塔塔底的再沸器。能耗主要表现为塔釜(再沸器)等加入的热量。如果是低温分离,则塔顶冷凝器需要用低温介质(如乙烯、丙烯、氨等)来冷却。由于制冷需要花费大量电能,故能耗比一般精馏过程大得多。无论哪一种精馏,可以根据塔底再沸器等的热负荷、塔顶冷凝器的冷负荷、各种能量之间的转化效率、能量的获得方式以及能量获得方式的影响排放因子等,计算出过程由于能耗向环境所排放的影响流。

4. 实例分析

以安徽丰原生化有限公司 60 kt·a^{-1} 燃料酒精蒸馏系统为例。酒精精馏系统的设计要根据不同的产品质量要求来设计,该设计要求产品质量标准为乙醇含量大于 91%,釜馏水中酒

精含量在 0.2% 以下。发酵液中含有酵母固形物,必须首先除去,因此用一个粗馏塔来除去发酵液中的酵母,并将发酵液中的酒精初步精馏。考虑采用两种设计流程对环境的影响:两塔流程如图 4-7 所示;三塔流程如图 4-8 所示。

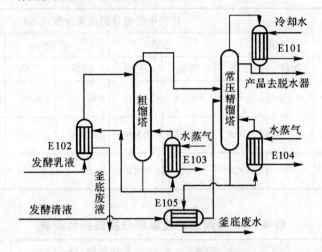

图 4-7　酒精精馏两塔工艺流程示意图

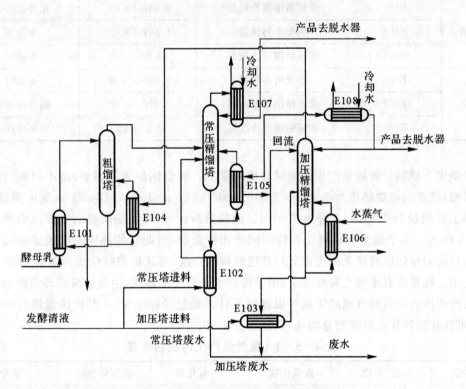

图 4-8　燃料酒精三塔双效精馏流程图

　　根据工艺流程,用化工流程模拟软件 Aspen Plus 进行模拟,反复调优,得到操作参数以及物流组成、换热器负荷的数据。因文章篇幅限制,操作参数数据从略。系统排放的物系有废水、塔顶产品、酵母、甲醇、乙醛、乙酸乙酯、乙酸等。酵母没有毒性,一般处理方法是经干燥后制得生物饲料,因此不对环境产生影响。主要计算废液和废水中乙酸乙酯、乙酸、乙醛、甲醇对环境的影响。所需计算数据见表 4-3 和表 4-4。

表 4-3 精馏工艺流程部分物流组成

塔型	出料流率/(kg·h^{-1})		出料中各组分的质量分数/(%)							
			甲醇		乙醛		乙酸		乙酸乙酯	
	两塔	三塔	两塔	三塔	两塔	三塔	两塔	三塔	两塔	三塔
粗馏塔	17 260	17 260	7.09×10^{-5}	5.03×10^{-5}	7.075×10^{-1}	7.08×10^{-17}	6.34×10^{-5}	5.28×10^{-5}	4.061×10^{-19}	4.06×10^{-19}
常压精馏塔	130 274.5	46 155	1.99×10^{-4}	2.25×10^{-4}	1.214×0^{-17}	4.31×10^{-20}	6.39×10^{-5}	6.0×10^{-5}	7.273×10^{-23}	2.18×10^{-23}
加压精馏塔	—	84 184.5	—	2.64×10^{-4}	—	5.84×10^{-14}	—	6.08×10^{-5}	—	2.59×10^{-15}

表 4-4 精馏工艺流程部分换热器负荷表

流程换热器序号		用途	热负荷/(kcal·h^{-1})	热量来源
两塔	E101	常压精馏塔冷凝器	$9.188\ 4\times10^{6}$	循环冷却水
	E103	精馏塔再沸器	$1.592\ 7\times10^{6}$	水蒸气
	E104	常压精馏塔冷凝器	10.923×10^{6}	水蒸气
三塔	E106	加压塔再沸器	$9.209\ 7\times10^{6}$	水蒸气
	E107	常压精馏塔冷凝器	$3.876\ 9\times10^{6}$	循环冷却水
	E108	加压精馏塔冷凝器	7.22×10^{4}	循环冷却水

以烟煤为燃料计算能量产生系统对环境的影响。假设锅炉为层燃炉,由不同类型煤的性质表可知,烟煤的燃烧热值为 5 964~7 090 kcal/kg(1 kcal = 4.184 kJ),取中间值 6 500 kcal/kg,含硫量为 0.95%,灰分为 7.11%。经过分析计算,煤燃烧所得的主要污染物的量如表 4-5 所示。由于烟尘和碳氢化合物的成分比较复杂,因此它的环境影响表征起来比较困难。从目前的排污收费体系来考虑其对环境的影响程度,将其影响转化成 SO_2 的影响进行处理。公用工程系统有水蒸气和冷却水,由于冷却水来自于循环水,由此造成的环境影响相对于蒸汽系统和排放物质对环境的影响可以忽略不计。通过 Aspen Plus 对换热器热负荷的模拟结果,可以分析计算出过程的总能耗,具体见表 4-6。

表 4-5 1 t 煤燃烧产生污染物的量　　　　　　　　　　　　单位:kg

烟尘	硫氧化物	氮氧化物	一氧化碳	碳氢化合物	二氧化碳
0.816	10.64	4.81	2.63	0.18	2130

注:以目前采用最多的工业锅炉层燃炉为计算前提,计算烟煤产污量,并在计算中假设烟尘中飞灰占灰分总量的份额 10%,烟尘中的碳含量为 30%,以及锅炉出力影响系数 $K = 1$,除尘器的除尘效率 $\eta = 92\%$。对于硫氧化物的假设则是燃煤中硫的转化率 $P = 80\%$,脱硫措施的脱硫效率 $\eta = 30\%$。

表 4-6　能耗系统模拟计算结果

流程	热负荷/(kcal·h⁻¹)	燃煤量/(t·h⁻¹)
两塔	$12.515\,7\times10^6$	4.813 7
三塔	$9.209\,7\times10^6$	3.542 2

注:假设条件为燃煤效率0.8,蒸汽利用率0.5。

　　本实例中没有涉及对臭氧层产生影响的物质,所以对臭氧层损害值为0,其他的影响数据可从文献中获得,详见表4-7。

表 4-7　过程系统中主要污染物的环境影响效应当量因子值

物质	GWP100(CO_2当量)	HTP(1,4-二氯苯)	POCP(乙烯当量)	AP(SO_2)当量	EP(PO_4)当量
CO_2	1.00	0	0	0	0
SO_2	0	0.09	0.48	1.00	0
NO_x	5.00	0.12	0	0.5	0.13
CO	1.00	0	0.027	0	0
甲醇	0	0	0.14	0	0
甲醛	0	0.83	0.52	0	0
乙酸	0	0	0.97	0	0
乙酸乙酯	0	0	0.209	0	0

　　结合模拟结果及计算所得表4-3~表4-7中数据,根据工艺流程系统,能量产生系统对环境产生影响的量化计算方法,关联计算可得过程系统对环境的影响见表4-8。

表 4-8　不同工艺方案及不同评价方法环境影响的对比

流程	工艺流程系统的环境影响/(kg·h⁻¹)	能量产生系统的环境影响/(kg·h⁻¹)	过程系统的总环境影响/(kg·h⁻¹)
两塔流程	4.38	10 437.63	10 478.01
塔流程	5.28	7 707.02	7 712.30

　　结果表明:用绿色指数法计算环境影响发现,精馏系统消耗了大量的能量,使得能量产生系统对环境的影响比工艺流程系统大得多,因此改用三塔双效精馏流程来提高蒸汽的利用率,从而明显地减少了过程系统对环境的影响。在上述研究中,环境影响不仅考虑流程与环境的物质交换,还包括能量的交换与资源的消耗。

五、层次分析法(Analytical Hierarchy Process,AHP)

　　层次分析法是一种普遍适用的多属性决策分析方法。它广泛应用于环境保护、资源分配、调度和战略规划等领域中。层次分析法是系统工程中对定性事件做定量分析的一种简便方法,也是对人们的主观判断做客观描述的一种有效方法。它将各种影响因素划分为不同的层次进行研究,其最终结果是根据被评价对象的组合权重,确定被评价对象的重要性次序。

运用 AHP 进行决策时,大体上可分为以下 4 个步骤:①将问题层次化,建立系统的层次结构;②对同一层次的各元素关于上一层次中的某一准则(指标)的重要性进行两两比较,构建两两比较判断矩阵;③由判断矩阵计算被比较元素对于该准则(指标)的相对权重;④计算各层元素对系统总目标的综合权重,并进行排序。

以下部分结合乙烯直接水合法制乙醇和秸秆纤维素糖化发酵二段法制乙醇两个生产方案的评估,介绍该方法的分析过程。

1. 乙烯直接水合法制乙醇工艺流程

自反应器引出的含有乙醇、乙烯、水及夹带磷酸的反应气体,经热交换器被冷却之后,在洗涤塔中用水洗涤。塔顶流出的未被洗涤下来的气体通过循环压缩机升压返回系统。从洗涤塔塔底流出的混合液体经闪蒸后,闪蒸蒸汽循环去合成。从闪蒸塔底流出的稀的粗乙醇送至净化工段。首先进入浓缩塔,从塔上部得到 95% 的乙醇。

2. 秸秆纤维素糖化发酵二段法制乙醇工艺流程

秸秆经粉碎机粉碎后与 220℃ 的蒸汽一同进入预处理装置,秸秆中的半纤维素在其间转化为木糖和糠醛,然后经闪蒸罐除去物流中的蒸汽。随后进入回转真空过滤机,液体组分去木糖发酵罐,固体组分去纤维素酶解罐。液体中的木糖在发酵罐中经木糖异构酶异构为木酮糖,经酵母发酵为乙醇,然后进入蒸馏塔。固体组分酶解生成葡萄糖后,经回转真空过滤机过滤,液体组分去葡萄糖发酵罐,固体废料排除系统。液体组分中的葡萄糖发酵生成乙醇及各种副产物进入精馏塔,精馏塔塔顶出料为 95% 左右的乙醇,乙醇回收率达 99%,塔底排出釜残液。

首先把两个流程界定在概念设计阶段,对两个过程仅仅做简化比较,即所有排放物和消耗物数据均来自模拟软件,而暂时不考虑估算部分。用 PRO/Ⅱ 模拟软件分别对两个流程进行模拟(以下将乙烯直接水合法简称为 P_1,秸秆发酵法简称为 P_2)。略去两个过程原材料清单和能耗清单。P_1 过程的原材料消耗和能耗分别为 1 858.05 元/t 和 363.71 元/t,P_2 过程的原材料消耗和能耗分别为 1 406.78 元/t 和 442.03 元/t。

用 ECSS 化工之星软件计算了两个流程方案的潜在环境影响,得到排放物即温室效应(GWP)、臭氧层损害(ODP)、光氧化烟雾(POCP)、人体摄入毒性(HTPI)、人体暴露毒性(HTPE)、陆生态毒性(ATP)、水生态毒性(TTP)、酸雨(AP)、富营养化(EP)产生的各种潜在环境影响量,结果见表 4-9 和表 4-10。

表 4-9 P_1 过程潜在环境影响清单

排放物	乙烯	氮气	乙醚	丁烷	戊烷	乙醛	丁醇	乙烷	总计
流率/(kg·h⁻¹)	1.048 8	0.004 57	185.148	9.78×10^{-5}	1.90×10^{-9}	13.671	48.559	17.187	—
GWP	0	0.086 11	0	0	0	0	0	0	0.086 11
ODP									
POCP	0	0	0	6.7×10^{-5}	0	0	0	0	
AP	0	0.0429 66	0	3.1×10^{-5}	0	0	0	0	0.0429
EP	255.74	4.464 22	125.553 8	1.34×10^{-4}	0.003	8.616 7	43.708 8	12.450 7	450.534

续 表

排放物	乙烯	氮气	乙醚	丁烷	戊烷	乙醛	丁醇	乙烷	总计
HTPI	1 275.3	0	40.148 6	5.3×10^{-5}	0	115.431	4.557 9	7.295 6	1 442.778
HTPE	2.135	0.006 546	0	0	0	8.529 4	0.060 6	0	10.732
TTP	23.648	0.096 347	0.861 4	1.6×10^{-5}	0	0.358 68	0.029 175	0.122 1	25.006
ATP	1 275.3	0	40.148 6	5.3×10^{-5}	0	115.431 3	4.557 9	7.295 6	1 442.778

表 4-10 P_2 过程潜在环境影响清单

排放物	乙酸	甘油	糠醛	二氧化碳	总计
流率/$(kg \cdot h^{-1})$	25.00	48.208	8.575	197.207	—
GWP	0	0	0	0.314	0.314
ODP	0	0	0	0	0
POCP	0	0	0	0	0
AP	0	0	0	0	0
EP	9.244 3	78.404 8	5.057 9	114.940 5	207.647 7
HTPI	7.024 5	25.134 7	0	37.591 0	70.035 6
HTPE	0.056 0			1.785 3	1.841 4
TTP	0.374 0	0.257 3		10.596 3	11.228 1
ATP	7.304 5	25.134 7	0	37.591 0	70.035 6

3. 基于层次分析的过程环境性能评估模型

(1)建立层次结构。对要考察的问题进行详细分析研究后,建立一个合理的层次结构(见图 4-9),层次可分为 3 类:①目标层,即过程方案环境性能指数;②中间层,即指标和子指标层;③方案层,即可供选择的备选方案。

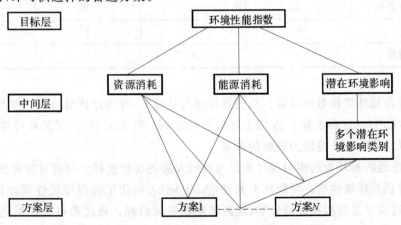

图 4-9 过程方案多属性决策的层次结构图

（2）构建两两比较判断矩阵和相对权重的计算。在建立层次结构之后，每一层次的因素相对于上一层次某一因素的单排序问题又可简化为一系列成对因素的判断比较。为了将比较判断定量化，引入 1～9 比率标度方法，并写成比较判断矩阵形式。

一般地，两两比较判断矩阵是领域专家定性分析和分等级量化的结果。对于子指标层，参考了美国环保局科学咨询专家组（SAB）的研究成果，即 GWP，ODP，POCP，HTPI，HTPE，ATP 和 TTP 为相对高风险指标，相对重要性为 3；AP，EP 为相对中等风险指标，相对重要性为 1。

忽略过程方案中固体排放物的潜在影响。对于指标层，假定 3 个指标同等重要。两两比较判断矩阵和相对权重的计算结果列于表 4-11 和表 4-12，具体计算过程和一致性检验从略。

表 4-11 潜在环境影响的判断矩阵

潜在环境影响	GWP	POCP	AP	EP	HTPI	HTPE	ATP	TTP	相对权重
GWP	1	1	3	3	1	1	1	1	0.15
POCP	1	1	3	3	1	1	1	1	0.15
AP	1/3	1/3	1	1	1/3	1/3	1/3	1/3	0.05
EP	1/3	1/3	1	1	1/3	1/3	1/3	1/3	0.05
HTPI	1	1	3	3	1	1	1	1	0.15
HTPE	1	1	3	3	1	1	1	1	0.15
ATP	1	1	3	3	1	1	1	1	0.15
TTP	1	1	3	3	1	1	1	1	0.15

表 4-12 潜在环境影响、能耗和资源消耗的判断矩阵

	潜在环境影响	能耗	资源消耗	相对权重
潜在环境影响	1	1	1	0.333
能耗	1	1	1	0.333
资源消耗	1	1	1	0.333

（3）过程环境性能指数的计算。在前述计算的基础上，可以计算出两个过程方案的过程环境性能指数（EPI）。过程 1 和 2 的 EPI 分别为 893.265 和 619.116。仅从环境性能考虑的角度出发，可以认为过程 2 是较为理想的方案。

综合考虑经济和环境的多目标评价是可持续发展的必然选择。只有对各种方案进行综合评价，才能得到其环境性能。将层次分析法（AHP）引入到化工过程环境性能评估中，可以综合评价不同过程方案的潜在环境影响、能源消耗和资源消耗。该过程可以扩展到过程设计生命周期的其他阶段，可为研究者提供过程方案的环境性能的决策信息。

六、化工产品生命周期设计

1. 生命周期评价

产品生命周期分析(LCA)法在 20 世纪 80 年代还是学术研究,国际环境毒物学和化学学会(SETAC)的权威定义为:生命周期分析方法是一种对产品,生产工艺以及活动对环境压力进行辨识和量化来进行的。其目的在于评估能量和物质利用,以及废物排放对环境的影响,寻求改善环境影响的机会以及如何利用这种机会。这种评价贯穿于产品、工艺和活动的整个生命周期,该方法通过识别和量化所用的能量、原材料以及废物排放来评价与产品及其行动有关的环境责任,从而得到这些能量和材料应用以及排放物对环境的影响,并为改善环境的各种方案做出评估。经历多年不断的发展,到 1997 年,ISO14040 标准又把 LCA 是实施步骤分为四步:目标和范围的界定、数据清单分析、影响分析和改进分析,各个子系统的关系如图 4-10 所示。

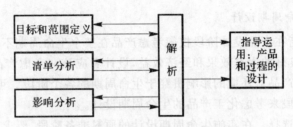

图 4-10　生命周期评价技术框架

生命周期评价首先是确定评价范围,即目标和范围的定义,确定了评价范围也就确定了系统的边界。数据清单分析的目的是将环境负荷定量化,即将一个产品从生产、使用到废弃整个生命过程中投入的所有原材料和能源作为输入逐一列出,而将在这个过程中排放出的所有影响环境的物质作为输出也逐一列出,对输入和输出进行以数据为基础的客观量化分析,该分析应贯穿于产品的整个生命周期过程。

经环境影响评价得到在产品生命周期全过程客观量化的环境影响数值之后,就能得到一个指标来表征被评价过程造成的环境负荷。其基本步骤可分为 3 步:分类、计算和赋值。分类是指对不同的环境损害类型进行分类;计算是将与各环境损害项相联系的目录项目进行汇总,定量计算造成的各种环境损害的大小,这个定量化过程是人为规定的,它依赖于广泛的科学知识;赋值是由专家规定各种环境损害的权重,与前面得到的各种环境损害大小加权求和,从而得出一个指标来表示被评价过程造成的环境负荷。

解析是生命周期评价的最终目标,通过确定产品的环境负荷,比较产品的环境性能优劣,可对产品进行重新设计、不断完善和改进,这种分析包括定量和定性的改进措施,以期得到产品对环境影响程度最小的方案。

2. 生命周期成本分析

传统的技术经济学考虑的只是单纯的生产成本,对产品整个周期各个阶段费用相互影响的分析不够,缺乏对产品生命周期成本的决策。生命周期成本是指产品从出现到消亡所涉及的所有费用。一部分是传统意义上的生产成本,包括原料的准备和生产操作费用,就是在产品生命周期的原料准备和生产阶段的费用,称为上游成本。另一部分是指在产品使用时产生的附带费用和废弃处理费用,也就是生命周期后 2 个阶段的费用,称为下游成本,二者之和构成了产品的整个生命周期成本,其结构如图 4-11 所示。

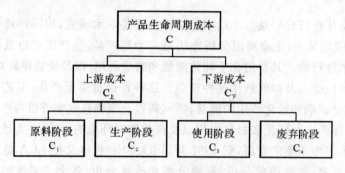

图 4-11　生命周期成本结构

3. 化工产品的生命周期设计

生命周期设计是指在产品设计阶段权衡考虑产品在整个生命周期不同阶段的环境问题和经济因素。为了取得良好的生态效果和经济效益,设计者应该在考虑产品在整个生命周期产生费用的同时,也考虑产品对环境的影响贯穿于生命周期的各个阶段。可从原料准备、生产过程、使用和废弃 4 个阶段来考虑化工产品的生命周期设计。

(1)原材料准备和选择。在实施生命周期设计的原料准备阶段,要求原材料在满足一般功能要求的前提下,应具有良好的环境兼容性,以便产品在制备、使用以及用后处置等生命周期的各阶段具有最大的资源利用率和最小的环境影响。生命周期设计要求选择原材料应遵循以下原则:①优先选用可再生材料,尽量选用可回收材料,提高资源利用率,实现可持续发展;②尽量选用低能耗、少污染的材料;③尽量选择环境兼容性好的材料,避免选用有毒、有害和有辐射特性的材料。所用材料应易于回收、再利用、再制造或易于降解。

(2)生产工艺和流程的确定。化工产品制造阶段应该采用绿色工艺实现绿色制造,绿色工艺与清洁生产密不可分。清洁生产要求对产品及其工艺不断实施综合的预防性措施,其实现途径包括清洁材料、清洁工艺和清洁产品。绿色工艺是指既能提高经济效益,又能减少环境影响的工艺技术。它要求在提高生产效率的同时必须兼顾削减或消除危险废物及其他有毒化学品的用量,改善劳动条件,减少对操作者的健康威胁,并能生产出与环境兼容的安全产品。在经济方面应采用费用相对最小的工艺流程。

(3)使用阶段的设计。在这个阶段,对设计者而言,产品的功能和性能是主要因素,在实现其功能的过程中伴随着物料消耗、有害气体的释放和对人体的影响。就产品对环境的友好功能而言,在设计阶段应该考虑到能量的有效性,减少废物排放,提高产品利用率,减少生产成本,同时在保证性能的前提下,使其生命周期尽可能地延长。

(4)废弃阶段的设计。比较典型的有再利用、再制造和再回收策略。废物再利用和回收是指把一种产品使用后的废品回收再利用或者作为生产其他产品的原料。这体现了循环经济的思想,同时节约了成本,防止环境受到更大危害。

4. 实例分析

利用相对丰富的煤资源生产汽车代用燃料,根据能源状态可分为煤制甲醇、煤合成油和煤发电。不同的燃料生产路线与相应的汽车组成完整的生命周期链,对这些生命周期链进行分析,确定哪条链具有优势,从而为未来汽车和相应的燃料发展方向提供决策依据,是此生命周期研究的目的。

根据汽车燃料的特殊性,它的生命周期成本只涉及从原料阶段到使用阶段的费用,废弃阶段的费用忽略不计,可以得到不同燃料的生命周期成本,见表 4-13。

表 4-13　不同燃料的生命周期成本

	汽油成本/(美元·L⁻¹)	甲醇成本/(美元·L⁻¹)	合成油成本/(美元·L⁻¹)	电成本/(美元·(kW·h)⁻¹)
原料阶段	0.810	0.022	0.075 0	0.187
生产阶段	0.021	0.036	0.220	0.380
使用阶段	0.021	0.016	0.016	0.008
生命周期成本	0.124	0.064	0.113	0.233

由表 4-13 可知,单位质量的燃料中电的生命周期成本最高。为了进一步更清楚对比各个产品经济的优劣性,假设汽油车每百公里耗油 7.5L,以甲醇为燃料的汽车是以 85%甲醇和 15%汽油混合的灵活燃料汽车,其每百公里消耗燃料 12.5L,合成油每百公里的耗油量为 9.8L,电动汽车是镍氢电池电动车,其每百公里电耗为 26kW·h。据此计算,在达到同样效果的前提下,用煤基甲醇是最经济的,煤基发电的成本约是甲醇的 8 倍。

另一方面,同时对各种燃料对环境的影响进行生命周期评价。以每条链在生命周期整个过程中的废气排放量为例,由于行驶同样路程所需不同燃料的量是不同的,仍以行驶每百公里所需燃料在生命周期排放的废气为依据。把各个阶段的排放进行汇总,采用环境负荷计算公式,有

$$污染物排放 = \sum_i^4 i \text{ 阶段污染排放} \tag{4-19}$$

$$EB = (W_a \times PF_a) + (W_b \times PF_b) + (W_c \times PF_c) + \cdots \tag{4-20}$$

式中,EB 指环境负荷;a,b,c 为排放物中所含的各种化学物质;W 为各物质的质量;PF 为各物质对某类环境所造成影响的潜能因子(采用英国 ICI 公司研究使用的潜能因子),得到的各种信息见表 4-14。

表 4-14　燃料的生命周期评价

	二氧化碳排放量[①]/kg	二氧化硫排放量[①]/kg	一氧化碳排放量[①]/kg	氮化物排放量[①]/kg	环境负荷
汽油	36.36	0.11	0.17	0.05	41.36
甲醇	38.45	0.08	0.06	0.03	40.45
合成油	43.50	0.12	0.06	0.05	46.78
电	31.50	0.31	0.01	0.02	32.32

注:①是指每百千米所需的汽油、甲醇、合成油及电燃料在生命周期的对应废气排放量。

由表 4-14 可以看出,对大气污染而言,电所产生的环境负荷最小,合成油对环境影响最为严重。仅考虑环境影响因素,电是最佳的选择。但是由于发电的成本远远高于其他燃料,所

以必须权衡多种因素做出选择。从生命周期设计的角度出发,对几种产品的环境性能和经济性能进行综合评价。甲醇所产生的环境负荷较低,而且主要集中在二氧化碳的排放上,在设计工艺流程时可以选择尽可能避免产生二氧化碳的路线。

思考题与习题

1. 比较绿色设计与传统设计的异同。
2. 绿色过程的模拟与分析包括哪些内容?
3. 绿色过程的评价方法有哪些? 各有何特点?
4. 典型的环境性能指标有哪些?

第5章 过程系统模型及其求解方法概述

数学模型是在对真实系统反复观测,对过程本质和规律有一定深入认识的情况下,通过简化假设,并且通过数学的方法得出的一组数学关系式,它描述了一个实际系统的各个参数及变量间的数学关系。过程数学模型由单元模型和系统模型所组成,本章首先讨论如何描述单元模型和系统模型,进而对其求解方法进行简单的介绍。

5.1 单元过程的数学模型

5.1.1 数学模型的分类

1.从对象的概率特性来分

根据对象的概率特性不同,可以分为确定模型与随机模型。确定性模型指每个变量和参数均对任意一组给定的条件有一个或一系列的确定值,量的变化是由输入变量本身决定的,如物质的 PVT 状态方程。随机模型是描述不确定性的随机过程,这些过程服从统计概率规律,用来描述这种关系的变量或参数所取的值是无法准确得知的。

2.从建模的方式来分

从建模的方式来分,可以分为机理模型、经验模型和混合模型。所谓机理模型,狭义地说,是指在建立模型时,需要对系统的各个组成部分及其相互联系方式进行研究,了解其各部分运行的物理规律,然后利用已知的、经过长期实践检验的公理,如质量守恒、能量守恒、万有引力定律等建立系统的数学模型。实质上就是将系统分解至已知公理可以解释的程度再进行相应的数学描述。经验模型不分析实际过程的机理,而是根据从实际得到的与过程有关的数据进行数理统计分析、按误差最小原则,归纳出该过程各参数和变量之间的数学关系式,用这种方法所得到的数学表达式称为经验模型。经验模型只考虑输入与输出而与过程机理无关,所以又称为黑箱模型。除了经验模型和理论模型外,还可以将这两种方法结合起来产生所谓混合模型。这种是最实际而经常用到的。即对实际过程进行抽象概括和合理简化,然后对简化的物理模型加以数学描述,这样得到的数学关系式称为混合模型。

3.根据模型的随时间变化特性来分

根据模型的随时间变化特性不同,可以分为稳态模型和动态模型。稳态模型的特点是只考虑同一瞬间量与量间的关系而不考虑它们随时间的演化。它反映了设备在稳态操作时,各主要参数间的关系。动态模型反映了在外部干扰作用下,引起设备的不稳定的过程,即从一个稳态转化到另一个稳态的过程中,各参数随时间变化的规律,主要用于化工过程的间歇操作过程以及开停车过程。

4. 根据模型的时空特性来分

根据模型的时空特性不同,可以分为集中参数模型、分布参数模型以及离散时间模型。集中参数模型忽略空间效应只注意其两端,把系统表示成一个网络(一个按特定方式相互连接的各个单元的集合体);此外,还假定连接各单元的连线是理想的,只是通路,不对系统变量发生影响。分布参数模型指出空间的每一点都有过程发生,并且系统不再仅仅是各种集中单元的一种相互连接。离散时间模型主要应用于不可能详细描述在两个离散时刻之间所发生的情况,在离散的时基线上形成的数学模型是联立齐次方程组。

5.1.2　建模假设

在建模实践中,也可以在一定的公理指导下,对系统的部分未知物理规律进行某种有意义、并有可能成立的猜测,利用某种虽未成为公理、但有相当依据的学说或假说(理论),建立适当的简化和假设,忽略影响系统功能、状态的次要因素,最终建立整个系统的数学模型。这种机理模型的建模原则较为实事求是,严谨而实用。目前绝大多数化工过程模型都是遵循这样的建模思路。

1. 系统性

所有的事物和对象之间都是相互联系的,我们对单一对象进行研究的时候,需要把其进行隔离,假定绝大部分的相互关系都可忽略。把对象看作一个独立的系统,而且这个系统是有确定边界的。同时在系统里面可以分为不同的单元,或者叫作小系统,这些小系统的边界也是可以确定的。

2. 选择性

研究系统的特性时,总是会碰到错综复杂的相互作用,我们常常为了单一目的,只研究其中一种属性,与这种属性相关联的只是很小的一部分子集。我们在研究这一部分子集作用过程中,可以忽略其他子集给系统带来的影响。

3. 因果性

即可以找出一个联系输入和输出的具有因果关系的复杂的事件链。但是仅仅依据输出总是跟随输入变化是不够的,因为这个输入和输出有可能还是同一个共同原因的结果。

5.1.3　模型的数学描述

在对客观过程确切而充分理解的基础上,对单元过程本身进行抽象概括,然后建立物理模型(以物理语言加以描述且与实际过程具有等效性),然后通过推导加以数学描述。由物理模型推导数学模型的步骤如下。

1. 列出有关变量

(1)确定单元过程输入、输出流股变量中的独立变量数。根据 Duhem(杜亥姆)定理,对各组分初始质量一定的封闭系统而言,不论有多少相,多少个化学反应,在平衡状态下可用两个独立变量来确定。即,当每个组分的质量已知时,系统的自由度为 2,那么含有 C 个组分的流股的独立变量数应为 $C+2$ 个,它们是 C 个组分的质量流率(或摩尔流率)和两个状态变量。两个状态变量一般取物流的压力 P 和温度 T,当然也可以用总摩尔流率 F 及 $C-1$ 个组分的摩尔

分数 x_i 代替各组分的摩尔流率。

过程模拟总是对确定的流股进行的,在上述独立变量的值确定之后,物流中的其他变量,例如焓 H,逸度 f_i,活度 γ_i,相平衡常数 K_i 和化学平衡常数 K_R 等也就被确定了,它们是非独立变量。此外,物流的物性,如密度 ρ,定压热容 c_p 等变量是压力、温度和组成的函数,同样是非独立变量。

(2) 确定与过程有关的设备特性参数和操作参数,例如反应器的内部尺寸、换热面积,传热系数,精馏塔的理论板数、回流比等。

(3) 确定单元过程从外界得到(或向外界放出)的热量和功。

2. 列出表示各物流之间有关变量约束关系的全部独立方程

化工单元过程输入和输出流股的有关变量受到质量守恒定律、热力学和动力学等关系的约束,这些方程包括物料衡算方程、能量衡算方程、动量衡算方程、压力平衡方程、化学平衡方程、相平衡方程、反应动力学方程、传热速率方程、传质速率方程、流动阻力方程。这些方程也应该是互相独立的,如果是相关的,即可从其他方程导出,则是冗余的,有可能导致方程组无解,故应注意方程的独立性。

5.2　单元模型与自由度

5.2.1　单元模型

图 5 - 1 为一般单元模型示意图。

其中,$X(a)$ 为输入流股变量向量(包括热力学状态、流量和组成),$X(b)$ 为输出流变量向量,$X(c)$ 为设备参数(或单元模块参数),$X(d)$ 为其他输出(如热量和功)。一般后面两项并非每个模块所必需。单元模型输入与输出的关系可表示为

$$X(b) = G_1[X(a), X(c)] \tag{5-1}$$
$$X(d) = G_2[X(a), X(c)] \tag{5-2}$$

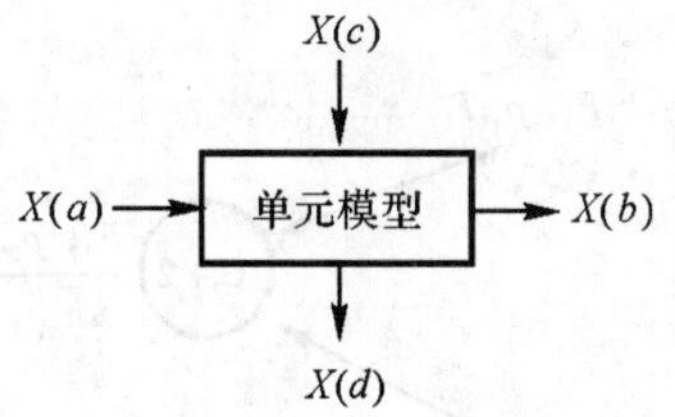

图 5 - 1　一般单元模型示意图

式中,G_1 和 G_2 为单元模型的函数向量,它们的具体表达形式由特定过程单元的物料、能量、化学平衡方程、物性方程等确定。

5.2.2　单元的自由度

单元的自由度是指能够独立变化的变量数目。自由度定义:描述一个系统的 m 个变量数目与 n 个独立方程的数目之差,称为此系统的自由度,用 d 表示,则

$$d = m - n \tag{5-3}$$

当 $m > n$ 时,系统有 d 个自由度。说明在模型求解前,必须从 m 个变量中选出其中的 d 个并赋值,使模型变成 n 个变量与 n 个方程有定解的情况。

设计变量与状态变量:从 m 个变量中选取的 d 个变量称为设计变量,其他的 n 个变量为状态变量,很明显,d 个变量的取值不同,模型求解的难易程度亦不同。由于 d 个变量的取值对模型的求解结果有影响,需要进行决策,也称为决策变量。

1. 混合器

图 5-2 所示为一混合器示意图,两个流股混合成一个流股,每个流股有$(C+2)$个独立变量,该单元的独立变量数为

$$m = 3(C+2)$$

该混合器的独立方程有

压力平衡方程 $$p_3 = \min(p_1, p_2)$$

物料衡算方程 $$F_1 x_{i1} + F_2 x_{i2} = F_3 x_{i3} \qquad (i=1,2,\cdots,C)$$

热量衡算方程 $$F_1 H_1 + F_2 H_2 = F_3 H_3$$

式中,p 为压力;F 为流股的摩尔流量;x 为流股中组分的摩尔分数;H 为流股的比摩尔焓。

上述混合器的独立方程数为

$$n = C+2$$

混合器的自由度为

$$d = m - n = 3(C+2) - (C+2)$$

可见,两个独立流股混合过程的自由度为两个独立流股自由度之和,即相当于指定该两个输入流股变量后,混合器出口流股的变量就完全确定了,可用$(C+2)$个独立方程解出。也可指定包括输出流股在内的$2(C+2)$个独立变量,用$(C+2)$个方程求出输入流股中的某些变量。

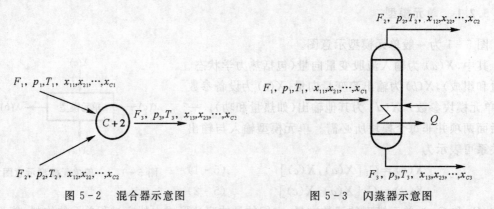

图 5-2　混合器示意图　　　　图 5-3　闪蒸器示意图

2. 闪蒸器

如图 5-3 所示,闪蒸器共有三个流股,此外,闪蒸器的加热量 Q 作为设备参数。故变量总数为$3(C+2)+1$,闪蒸器的独立方程为

物料衡算方程 $$F_1 x_{i1} + F_2 x_{i2} = F_3 x_{i3} \qquad (i=1,2,\cdots,C)$$

热量衡算方程 $$F_1 h_1 + Q = F_2 H_2 + F_3 H_3$$
温度平衡方程 $$T_2 = T_3$$
压力平衡方程 $$p_2 = p_3$$

相平衡方程 $$x_{i2} = k_i x_{i3} \qquad (i=1,2,\cdots,C)$$

这里共有$2C+3$个独立方程。和闪蒸器的自由度为

$$d = 3(C+2) + 1 - (2C+3) = C+4$$

故在进行闪蒸器计算时,除应给定输入流股的$(C+2)$个变量外,还需规定输出流股的两个变量,如闪蒸温度 T_2 和闪蒸压力 p_2。

3.反应器

如图 5-4 所示,常用的反应器模型是规定出口反应程度的宏观模型,即"反应度模型"。不假定反应达到平衡,而是规定了 r 个独立反应的反应度 $\xi_i(i=1,2,\cdots,r)$。向反应器提供的热量 Q(移出时 Q 为负值)和反应器中的压力降 Δp 是两个设备单元参数,所以共有 $r+2$ 个设备单元参数;独立方程数为 C 个组分物料平衡方程,1 个焓平衡方程,1 个压力平衡方程,即独立方程总数为 $C+2$,其自由度为

$$d = 2(C+2) + (r+2) - (C+2) = C+r+4 = (C+2)+(r+2)$$

故在进行反应器计算时,除应给定输入流股的 $(C+2)$ 个变量外,还需要给定 $r+2$ 个设备单元参数。

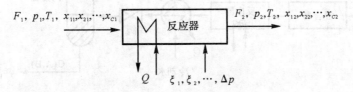

$F_1,\ p_1,T_1,\ x_{11},x_{21},\cdots,x_{C1}$　反应器　$F_2,\ p_2,T_2,\ x_{12},x_{22},\cdots,x_{C2}$

Q　$\xi_1,\xi_2,\cdots,\Delta p$

图 5-4　反应器单元示意图

通过对上述典型过程单元自由度的分析,我们可以归纳出过程单元的自由度计算公式为

$$d^{(U)} = \sum_{i-1}^{n}(C_i+2) + (s-1) + e + r + g \tag{5-4}$$

式中,$d^{(U)}$ 为过程单元的自由度;n 为输入流股数;C_i 为第 i 个输入流股的组分数;s 为通过衡算区时出现分支的输出流股数;e 为与物料流无关的能量流和压力变化引入的自由度;r 为反应单元的独立反应数;g 为几何自由度。对于模拟与控制,设备是给定的,几何变量是常数,故 $g=0$。

5.3　系统的自由度

系统的自由度的确定是为了知道在系统模拟时应设定哪些必要的决策变量。过程系统的自由度可在过程单元自由度分析的基础上用下式确定,有

$$d^{(S)} = \sum_{i} d_i^{(U)} - \sum_{j} k_j^{(L)} \tag{5-5}$$

式中,$d^{(S)}$ 为系统的自由度;$\sum_{i} d_i^{(U)}$ 为组成该系统的各个过程单元的自由度之和;$\sum_{j} k_j^{(L)}$ 为过程单元之间各个连接流股的变量之和。

这个结论是基于每增加一个联结流股,就相应地增加 C_i+2 各联结方程这一事实得出的。联结流股变量数可由流股组分数 C_j 表示,有

$$k_j^{(L)} = C_j + 2 \tag{5-6}$$

【例 5-1】　图 5-5 所示为一个高压反应流程。含有少量组分 B 的原料气 A 与循环流(以

A 为主）混合后进入反应器。在反应器中进行 A → C 反应，并产生压降 Δp。反应器出口流股经换热器冷却、减压阀减压后进入闪蒸器。主要产品 C 从闪蒸器底部流出，未反应的 A（及少量的 B 和 C）从闪蒸器汽相出口排出后至分割器，部分排放，大部分循环到压缩机，进行压缩后返回使用。

图 5-6 是图 5-5 中流程图的基本框图，且图 5-6 中标出了流股变量数，试对该系统进行自由度分析。

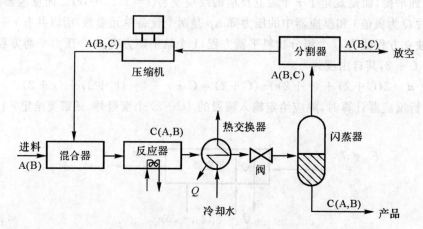

图 5-5　高压反应流程示意图

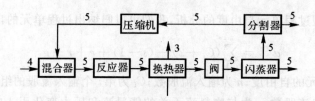

图 5-6　流程图的基本框图

解　各过程单元的自由度见表 5-1。从表 5-1 得到该系统中各单元自由度之和为

$$\sum_j d_j^{(U)} = 51$$

由图 5-6 知，过程单元之间的联结流股数为 7，每个流股的变量数均为 5，则有

$$\sum_j k_j^{(L)} = 5 \times 7 = 35$$

分别代入式（5-5）得

$$d^{(S)} = \sum_j d_j^{(U)} - \sum_j k_j^{(L)} = 51 - 35 = 16$$

因此，图 5-5 中的过程系统的自由度为 16。

表 5-1　过程单元的自由度

过程单元	$\sum_i (C_i + 2)$	$s_i - 1$	e_i	r	g_i	$d_i^{(U)}$
混合器	$4 + 5 = 9$	0	0	0	0	9
反应器	5	0	2	1	0	8

续 表

过程单元	$\sum_i (C_i + 2)$	$s_i - 1$	e_i	r	g_i	$d_i^{(U)}$
换热器	$5 + 3 = 8$	0	$(Q, \Delta p)$ 1	0	0	9
阀	5	0	(Q) 1	0	0	6
闪蒸器	5	1	(Δp) 0	0	0	6
分割器	5	1	0	0	0	6
压缩机	5	0	2 $(W, \Delta p)$	0	0	7
合计	42	2	6	1	0	51

需要说明的是，自由度可以表明单元和系统的独立变量的数目，但它不能确定具体的独立变量，独立变量的选取依问题的求解目的不同而不同，对问题求解的难易程度有较大的影响。

5.4　过程系统的结构模型

大型化工企业是一个规模庞大、构造复杂、循环嵌套、影响因素众多的大型过程系统。描述这样的系统要用成千上万个方程式，其中常常会出现某些必须同时求解的非线性的，代数、微分方程混杂的方程组，当方程组的维数很高时，即使用电子计算机来求解也存在一定的困难。因此，有必要采用结构分析的方法进行系统分解，把一个大系统分成若干相互独立的子系统，然后按一定的次序计算、迭代求解。

对于过程系统而言，系统结构分析通常涉及以下几个步骤。

（1）系统结构的数学描述。对化工流程图做适当的归纳和简化，将其变成由结点和边组成的流程拓扑"图"，再以矩阵的形式描述"图"中的结构信息。

（2）系统的分隔。利用系统结构矩阵进行必须联立求解子系统的识别，将整个系统分隔成若干个相对独立的"整体"—— 不可再分块，并确定各个不可再分块的计算顺序。

（3）不可再分块的切断。对必须联立求解的不可再分块进行切断运算，切断块内的所有再循环流股，确定具有最佳计算效率的切断方案。

（4）计算次序的确定。根据切断结果和不可再分块内流股的方向确定各不可再分块内所有单元的计算顺序，然后产生一个总的模拟迭代计算次序。

系统结构分析的过程是系统模拟时联立求解的变量数逐步降低的过程，因此结构分析也称系统分解。将一个联立求解非线性方程组的高维数学问题变成一系列维数相对较低的问题求解，从而有效地降低了系统模拟求解的难度。图 5-7 所示为结构分析过程示意图。

将系统各单元设备之间的相互连接关系，以及物料流和能量流的输入和输出关系表示出来就构成了系统的结构模型。结构模型用结构单元图表示，结构单元图是由工艺流程图转化而来,此图也称为有向图(或信息流图)。

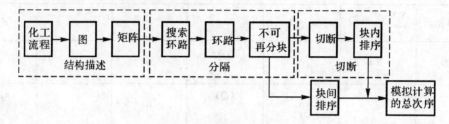

图 5-7　结构分析过程示意图

5.4.1　系统结构的有向图描述

图 5-8 所示为氨合成系统的工艺流程简图。经过转化所得信息流图为图 5-9,该图由编号的结构单元和物流所构成。结构单元也称为节点,它可以是一个单元设备,也可以一个虚拟单元。在图 5-9 中,结构单元①为混合器,②为合成塔,③为分离器。其中①为虚拟单元,流程中没有此设备,但此处有流股混合,所以需在此处设一虚拟的混合单元。流程中的循环压缩机和冷却器这两个设备在结构单元图中被略去,因为在这两个设备中物流的流量和组成并不发生变化(若要考虑能量流,这两个设备还是需要的)。

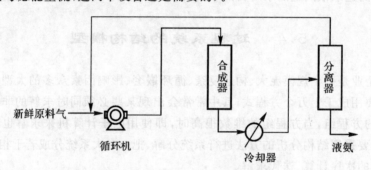

图 5-8　氨合成系统流程简图

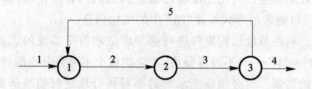

图 5-9　氨合成系统的信息流图

　　一旦将工艺流程图转化为信息流图,就可用图论方法研究过程系统的结构。根据图论中对图的定义,图是由节点和联结节点的弧组成的。弧又称为支线、直线或边。一个图可定义为

$$G = (X, U)$$

式中,$X = \{x_1, x_2, \cdots, x_n\}$ 为节点集合;$U = \{u_1, u_2, \cdots, u_n\}$ 为弧的集合。

　　当弧为有向的,图就为有向图。图对于过程模型化的意义在于:用图的节点表示系统中的过程单元,而单元间的物料流和能量流用有向弧表示,这样得到的一个有向图就作为相应过程

系统的模型,从而可用图论的方法研究过程系统。

5.4.2　系统结构的矩阵表示

有了信息流图之后,就能够用矩阵来表示系统的结构。现在介绍过程矩阵、关联矩阵和相邻矩阵三种常用的表示方法。

1.过程矩阵 R_P

在过程矩阵中,矩阵行号与信息流图中节点序号或流程中单元设备序号对应。而各行中矩阵元素的数值为该单元设备相关的物流号,并规定流入该节点的流股取正值,流出流股取负值。有关流股的先后次序是任意的。对于图 5-9 所示的系统,过程矩阵可表示为

单元设备序号	相关物流号		
①	1	5	−2
②	2	−3	
③	3	−4	−5

相应的过程矩阵为

$$R_P = \begin{bmatrix} 1 & 5 & -2 \\ 2 & -3 & 0 \\ 3 & -4 & -5 \end{bmatrix}$$

2.邻接矩阵 R_A

一个由 n 个单元或节点组成的系统,其邻接矩阵可表示为 $n \times n$ 的方阵。其行和列的序号均与节点号对应。行序号表示流股流出的节点,而列序号则表示流股流入的节点。邻接矩阵中的元素由节点间的关系而定。元素 A_{ij} 定义如下:

$$A_{ij} = \begin{cases} 1, & \text{从节点 } i \text{ 到节点 } j \text{ 的有边连接;} \\ 0, & \text{从节点 } i \text{ 到节点 } j \text{ 的没有边连接。} \end{cases}$$

对于图 5-9 所示的系统,邻接矩阵可表示为

		流入节点 j		
		①	②	③
流出节点 i	①	0	1	0
	②	0	0	1
	③	1	0	0

相应的邻接矩阵为

$$R_A = \begin{bmatrix} 0 & 1 & 0 \\ 0 & 0 & 1 \\ 1 & 0 & 0 \end{bmatrix}$$

邻接矩阵的元素由 0,1 两种元素所构成。该矩阵属布尔矩阵。

3. 关联矩阵 $\boldsymbol{R}_\mathrm{I}$

在关联矩阵中,行序号与节点号对应,而列序号与物流号对应。矩阵中每个元素 S_{ij} 的下标 i,j 分别与节点,物流号对应。元素 S_{ij} 的值定义如下:

$$S_{ij} = \begin{cases} -1, & \text{流股 } j \text{ 为节点 } i \text{ 的输出流股;} \\ 1, & \text{流股 } j \text{ 为节点 } i \text{ 的输入流股;} \\ 0, & \text{流股 } j \text{ 为节点 } j \text{ 无关。} \end{cases}$$

对图 5-9 所示的系统,关联矩阵可表示为

节点	物流号				
	1	2	3	4	5
①	1	-1	0	0	1
②	0	1	-1	0	0
③	0	0	1	-1	-1
总和	1	0	0	-1	0

相应的矩阵为

$$\boldsymbol{R}_\mathrm{I} = \begin{bmatrix} 1 & -1 & 0 & 0 & 1 \\ 0 & 1 & -1 & 0 & 0 \\ 0 & 0 & 1 & -1 & -1 \end{bmatrix}$$

利用关联矩阵各列元素值之和可判别相应物流是系统内部物流,还是系统的输入、输出流。当 j 列元素值之和为零时,表示物流 j 是中间连接流;当总和为 1 时,表示 j 列物流是系统输入流(原料流);当总和为 -1 时,表示 j 列是系统输出流(产品流);当 j 列的总和为零,且 $+1$ 在 -1 之前出现,则表示该物流是循环物流。

以上介绍的过程矩阵、相邻矩阵及关联矩阵都是过程系统结构的数学模型,它们表达的系统结构是相同的,只是形式不同。它们是为了不同的需要建立起来的,各自适应于系统模拟的不同求解方法。

5.5 过程系统模型的求解方法

5.5.1 序贯模块法

序贯模块法的基本思想:首先建立描述过程单元的数学模块(子程序),然后根据描述过程系统的结构模型,确定模块的计算顺序,序贯地对各单元模块进行计算,从而完成过程系统的模拟计算。当系统有循环时,必须切断循环物流,先做一个假设值,然后再求出循环物流值,不断多次迭代,直至假设值等于计算值。在采用序贯模块法时,对每一类化工单元模拟均需编制一计算机子程序,该子程序包含了相应的模型方程及模型求解程序,称为单元模块。单元模块对于同一类设备具有通用性。例如闪蒸单元可用于各种闪蒸过程的模拟计算。在输入模型方程中的设备结构参数、操作参数和有关物性之后,模块代表了给定系统中设备的具体数学模

型,单元设备的模拟计算即可调用模块来求解给定条件下设备的输出物流与输入物流变量之间的关系。只要单元设备各输入物流的有关变量已知,就能调用模块计算出输出物流的各个变量。

有了单元模块之后,可以依照流程方向,从某一个单元设备开始,调用相应的模块,由该设备的输入物流计算出输出物流。如果该设备的输入物流参数未知(如为循环物流),则需假定该物流各参数的初值。依次序贯计算下去,直至系统的全部物流变量均被求出,序贯模块法的一般步骤如下。

(1)列出数学模型,将每一个单元模型写成如下形式:

$$输出\ Y = f(输入\ X)$$

其中 Y 和 X 分别为向量变量。

(2)切割适当循环物流,并做假设值 X_i。

(3)按序贯求解,并判断假设值和计算值之间的差异,直至结果满足要求为止。

如对于图 5-10 所示的流程,其对应的信息流如图 5-11 所示。

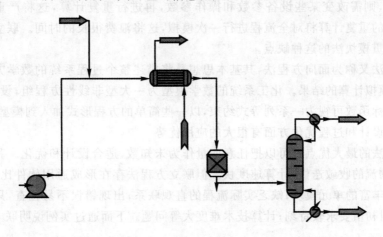

图 5-10　简单化工流程示意图

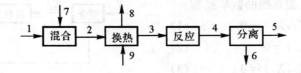

图 5-11　简单化工流程对应的信息流图

此流程共涉及 4 种单元模块:混合、换热、反应和分离。

对以上流程,当使用序贯模块法进行全流程的求解计算时,可采取以下步骤进行。

(1)对混合、换热、反应、分离等所有设备参数赋值。

(2)对原料物流(物流 1、物流 7 和物流 9)的状态赋值。

(3)调用混合模块(则物流 2 的状态被算出)。

(4)调用换热模块(则物流 3 和 8 的状态被算出)。

(5)调用反应模块(则物流 4 的状态被算出)。

(6)调用分离模块(则物流 5 和 6 的状态被算出)。

（7）输出结果，结束。

主要计算过程的模块调用顺序如图 5-12 所示。

可以看出，整个计算过程在流程的层面上并无任何迭代，完全是按照实际流程的加工顺序"序贯"地调用了各个模块。如果存在迭代计算，那么这些迭代也是在单元过程模块内部的计算中存在。因此，序贯模块法的计算步骤或方法完全模拟了流程的实际加工过程。

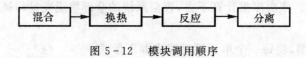

图 5-12　模块调用顺序

5.5.2　联立方程法

序贯模块法是目前应用最广的计算方法，但由于系统或某些单元设备的输出规定或约束限制在模块法中无法直接输入，必须在序贯计算结束后才能判断是否满足设计规定或约束限制。若不满足，则需改变某些设备参数和操作参数，再进行重复计算，这将严重影响计算效率。因为每次的重复计算将对全流程进行一次模拟，这将浪费很长的时间。联立方程法的提出正是克服序贯模块法的这种缺点。

联立方程法又称为面向方程法，其基本思想是将描述整个过程系统的数学方程式联立求解，从而得出模拟计算的结果。化工系统的数学模型为一大型非线性方程组，设计规定、优化约束及经济目标函数可视为一系列等式约束，以一些简单的方程形式加入到模型方程中，所以联立方程法在设计和过程优化方面有很大的应用优势。

联立方程法的最大优点是可以把任意变量作为未知数，适合设计和优化。和序贯模块相比，少了切断物流的收敛迭代，计算速度快。但联立方程法存在形成通用软件比较困难；不能利用现有大量丰富的单元模块；缺乏实际流程的直观联系；出现错误不易检查，只适用于连续变量的系统；对初值要求较苛刻；计算技术难度大等问题。下面通过实例说明联立方程法的具体应用。

【例 5-2】　用联立方程法求解图 5-13 所示的系统。

解　首先列出上面系统的数学模型：

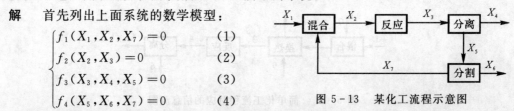

$$\begin{cases} f_1(X_1, X_2, X_7) = 0 & (1) \\ f_2(X_2, X_3) = 0 & (2) \\ f_3(X_3, X_4, X_5) = 0 & (3) \\ f_4(X_5, X_6, X_7) = 0 & (4) \end{cases}$$

图 5-13　某化工流程示意图

在一定的已知条件下，联立求解上面的方程组，便可求得其他未知变量。值得注意的是：上面的式（1）～式（4）是向量方程，X_i 是向变量，它表示了第 i 流股的所有变量。在用联立法求解上面系统时，既可指定输入变量 X_1 值，也可指定输出变量 X_4 值，或中间变量 X_3 值。同时，如果有某些设计要求或优化约束也可以通过方程的形式加入到模型方程中去。如要求反应转化率为 80%，产品纯度为 99% 等，而这在序贯模块法是不允许的。从表面现象来看，联立方程法似乎很简单，只要将方程式（1）～式（4）联立求解即可，但在联立方程求解的过程中存在着选择决策变量及计算方程方法等问题。

5.5.3 联立模块法

联立模块法又称为双层法,是基于上述两种方法的优点而提出的。该法是将整个计算分成两个层次。第一个层次是单元模块层次,第二个层次是流程系统层次。基本思想如图 5-14 所示。首先,在模块水平层次上利用严格单元模块产生相应的简化模型方程,即用简化模型来逼近严格单元模块的输入与输出的关系。然后,在流程系统层次上,对所有单元的简化模型进行联立求解,得到系统的状态变量。如果在系统水平上未达到规定的精度要求,则必须返回到第一层次上,重新计算。经过多次迭代,直到收敛到原问题的解。

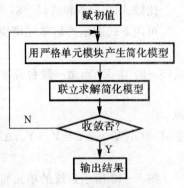

图 5-14　联立模块法原理图

1. 联立模块法的特点

(1)把序贯模块法中最费时、收敛最慢的回路迭代计算,解而代之,从而使计算加速,尤其是处理有多重再循环流或有设计规定要求的问题时,具有较好的收敛行为。因此,联立模块法计算效率较高。

(2)由于单元模块数比过程方程数要少得多,所以简化模型方程组的维数比系统方程组的维数小得多,因而,求解也容易得多。

(3)能利用大量原有丰富的序贯模块软件。可在原有序贯模块模拟器上修改得到联立模块模拟器。

联立模块法的计算效率主要依赖于简化模型的形式。一般来说,简化模型应该是严格模块的近似,同时具有容易建立和求解方便的特点。

2. 简化模型的建立方法

根据划分简化模型的对象范围不同,有两种建立简化模型的方法。

(1)以过程单元为基本单元的简化模型建立法。这种方法相当于把所有过程单元之间的连接物流全部切断,形成一系列相互独立的过程单元,如图 5-15 所示。

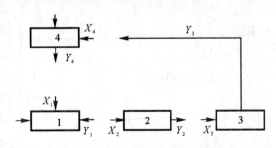

图 5-15　连接物流全切断方式

按此方式将连接流股全切断后,分别对每个单元建立简化模型,然后把单元简化模型、联结方程、设计规定方程集合到一起组成过程系统的简化模型。过程系统简化模型方程数为

$$n_e = 2 \sum_{i=1}^{n_c} (c_i + 2) + n_d \tag{5-7}$$

式中,n_e 为系统简化模型方程数;n_c 为联结物流数;n_d 为设计规定方程数;c_i 为联结物流组

分数。

对于较大的系统，流股全切断方式建立的简化模型方程数是很大的。因为连接流股既是上游单元的输出流股，同时也是下游单元的输入流股，如消去物流联结方程，则可使简化模型的维数大大减少。此时简化模型方程数为

$$n_e = \sum_{i=1}^{n_c}(c_i + 2) + n_d \tag{5-8}$$

比较式(5-7)和式(5-8)可知，简化模型方程数几乎减少一半。

可用下式表示严格单元模块输入物流变量向量 X 与输出物流变量向量 Y 的关系：

$$Y = G(X) \tag{5-9}$$

式(5-9)在 X_0 点做一阶台劳展开，有

$$Y = Y_0 + G'(X_0)(X - X_0) \tag{5-10}$$

即

$$Y - Y_0 = G'(X_0)(X - X_0) \tag{5-11}$$

令 $A = G'(X_0)$，$\Delta Y = Y - Y_0$，$\Delta X = X - X_0$，可得到严格模型的线性增量简化模型：

$$\Delta Y = A \Delta X \tag{5-12}$$

图 5-12 所示系统的单元简化模型可以表示为

$$\begin{cases} \Delta Y_1 = A_1 \Delta X_1 \\ \Delta Y_2 = A_2 \Delta X_2 \\ \Delta Y_3 = A_3 \Delta X_3 \\ \Delta Y_4 = A_4 \Delta X_4 \end{cases} \tag{5-13}$$

联结方程为

$$\begin{cases} \Delta Y_1 = \Delta X_1 \\ \Delta Y_2 = \Delta X_2 \\ \Delta Y_3 = \Delta X_3 \\ \Delta Y_4 = \Delta X_4 \end{cases} \tag{5-14}$$

将式(5-13)和式(5-14)写成矩阵形式为

$$\begin{bmatrix} -A_1 & & & & I & & & \\ & -A_2 & & & & I & & \\ & & -A_3 & & & & I & \\ & & & -A_4 & & & & I \\ I & & & & -I & & & \\ I & & & & & -I & & \\ & I & & & & & -I & \\ & & I & & & & & -I \end{bmatrix} \begin{bmatrix} \Delta X_1 \\ \Delta X_2 \\ \Delta X_3 \\ \Delta X_4 \\ \Delta Y_1 \\ \Delta Y_2 \\ \Delta Y_3 \\ \Delta Y_4 \end{bmatrix} = 0 \tag{5-15}$$

如消去物流联结方程，即合并式(5-13)和式(5-14)，可得维数大为减小的简化模型为

$$\begin{bmatrix} I & & & -A_1 \\ -A_2 & I & & \\ & -A_3 & I & \\ & & -A_4 & I \end{bmatrix} \begin{bmatrix} \Delta Y_1 \\ \Delta Y_2 \\ \Delta Y_3 \\ \Delta Y_4 \end{bmatrix} = 0 \tag{5-16}$$

式(5-15)和式(5-16)中,I 为单位矩阵,A_i 为第 i 个严格单元模块的雅可比矩阵,可通过对严格单元模块的摄动而得到,即用差商法求得近似偏导数矩阵。

【例 5-3】　用联立模块法对图 5-16 给出的三级闪蒸过程进行稳态模拟。

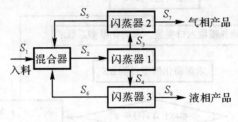

图 5-16　三级闪蒸过程

解　利用式(5-12)分别对每个单元过程写出其简化模型:

混合器:
$$\Delta S_2 = A_{25}\Delta S_5 + A_{26}\Delta S_6 + A_{21}\Delta S_1$$

闪蒸器 1:
$$\Delta S_3 = A_{32}\Delta S_2$$
$$\Delta S_4 = A_{42}\Delta S_2$$

闪蒸器 2:
$$\Delta S_7 = A_{73}\Delta S_3$$
$$\Delta S_5 = A_{53}\Delta S_3$$

闪蒸器 3:
$$\Delta S_6 = A_{64}\Delta S_4$$
$$\Delta S_8 = A_{84}\Delta S_4$$

由于混合器的严格模型为线性模型,且系统入料流股变量为定值,则
$$A_{25} = A_{26} = A_{21} = I$$
$$\Delta S_1 = 0$$

即
$$\Delta S_2 = I\Delta S_5 + I\Delta S_6$$

将上述线性简化模型写成矩阵形式的迭代格式,则有

$$
\begin{bmatrix}
I & & & -I & -I & & \\
-A_{32} & I & & & & & \\
-A_{42} & & I & & & & \\
& -A_{53} & & I & & & \\
& & -A_{64} & & I & & \\
& -A_{73} & & & & I & \\
& & -A_{84} & & & & I
\end{bmatrix}^k
\begin{bmatrix}
\Delta S_2 \\
\Delta S_3 \\
\Delta S_4 \\
\Delta S_5 \\
\Delta S_6 \\
\Delta S_7 \\
\Delta S_8
\end{bmatrix}^k = 0
\tag{5-17}
$$

或
$$A^k \Delta S^k = 0 \tag{5-18}$$

解线性方程组(5-18),得到 ΔS^k,物流变量迭代的修正格式为
$$S_i^{k+1} = S_i^k + \Delta S_i^k \tag{5-19}$$

每次变量修正后,重新用摄动法更新式(5-17)中的各子雅可比矩阵,直到满足收敛条件为止。收敛判据可采用下面两种形式之一:

$$\|\Delta S\| = \sqrt{\Delta S_1^2 + \Delta S_2^2 + \cdots + \Delta S_8^2} \leqslant \varepsilon \tag{5-20}$$

$$\|\Delta S\| = \max\{|\Delta S_i|\} \leqslant \varepsilon \quad (i=1,2,\cdots,8) \tag{5-21}$$

图 5-17 为迭代计算框图。

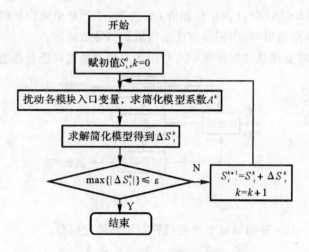

图 5-17　联立模块法迭代计算框图

（2）以回路为基本单元的简化模型建立方法。此方法是采用切断回路的方式,将回路中的过程单元作为一个虚拟单元处理,建立虚拟单元的简化模型,如图 5-18 所示,虚线内的回路构成了一个虚拟单元。

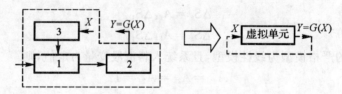

图 5-18　切断回路方式

虚拟单元的简化模型与联结方程、设计规定方程一起构成了系统的简化模型。系统简化模型方程数为

$$n_e = 2\sum_{i=1}^{n_t}(c_i + 2) + n_d \qquad (5-22)$$

式中, n_t 为切断再循环流股数,其他物理量同式(5-7)。由于切断的再循环流数 n_t 比联结流股数 n_c 要少得多,因此一些简单的求解技术即可处理这样的流程。

【例 5-4】　以回路切断方式建立三级闪蒸过程系统的简化模型。

解　首先必须确定切断流位置。对于图 5-16 可以看出最佳切断流是 S_2 ,因为它可以同时切断两个再循环流,使迭代计算具有最少的切断变量。图 5-19 给出了回路切断方式的划定范围和虚拟单元表示。虚拟单元的简化模型为

$$\Delta S_7 = A_{72}\Delta S_2 \qquad (5-23)$$

$$\Delta S_8 = A_{82}\Delta S_2 \qquad (5-24)$$

$$\Delta S_2^* = A_{22}\Delta S_2 \qquad (5-25)$$

$$\Delta S_2 = \Delta S_2^* \qquad (5-26)$$

将式(5-25)代入式(5-26),得到

$$(I - A_{22})\Delta S_2 = 0 \qquad (5-27)$$

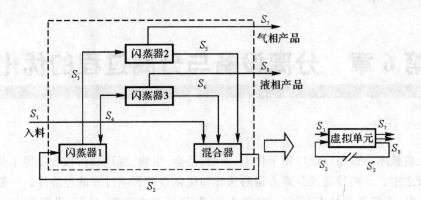

图 5-19 三级闪蒸过程的回路切断方式

用矩阵表示简化模型为

$$
\begin{bmatrix} (I-A_{22}) & 0 & 0 \\ -A_{22} & I & 0 \\ -A_{82} & 0 & I \end{bmatrix} \begin{bmatrix} \Delta S_2 \\ \Delta S_7 \\ \Delta S_8 \end{bmatrix} = 0 \tag{5-28}
$$

上式中的第一行可以独立求解,得到 ΔS_2。一旦解出 ΔS_2,分别代入第二、第三行,则可得到 ΔS_7 和 ΔS_8。

思考题与习题

1. 简要说明过程系统分析与过程系统综合的区别与联系。

2. 试列出图 5-20 所示的冷凝器(全凝器)的数学模型和自由度。

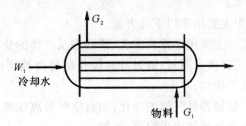

图 5-20 习题 3 附图

3. 试举出 2~3 个过程的简化物理模型的例子。

4. 试比较过程系统稳态模拟的几种方法的优缺点,并举例说明其在工业生产中的应用。

第6章 分离设备与分离过程的优化

化工分离技术与设备广泛应用于化工、石油、冶金、生物、医药、材料、食品等工业以及环境保护等领域之中。分离设备及分离方案的选择和优化直接影响过程的经济性。一般在选择具体分离方法时,不仅要求技术上可行、经济上合理,还要考虑能耗、环保、设备放大和开发成本等问题。

6.1 概　　述

化工生产中的混合物绝大部分先要加入能量或物质,经过分离提纯才可利用。混合物的分离过程就是在混合物的内在推动力与分离剂的作用下,在分离场或分离介质内发生组分物质选择性的反应、相变、传递、迁移或截留而相互分开,得到组成互不相同的两种或几种产品的操作,以达到产品的提取、提纯、净化、浓缩、干燥或三废处理等的要求。分离剂是分离过程的辅助物质或推动力,包括能量分离剂(如机械能、光能、电能、磁能、热量、冷量等)和质量分离剂(溶剂、吸收剂、吸附剂、交换树脂、表面活性剂、化学反应物、过滤介质、助滤剂、膜等)。无论使用哪种形式的分离剂,分离过程是耗能过程。一般分离设备数量多、规模大,在化工厂的设备投资和操作费用中占着很高的比例,对过程的技术经济指标起着重要的作用。因此设计时要求选择高效低耗的分离技术。

分离过程在工业生产中主要用于以下几方面。

(1)石油化工及煤化工。主要用于原料净化、预处理及产物的分离与提纯。原油通过精馏制得各种燃料油为石油化工提供了原料;通过分离操作制得高纯度的乙烯、丙烯、丁二烯等单体才能合成各种树脂,纤维和橡胶;

(2)气体净化与分离。包括各种气体的净化,如将空气分离成氧、氮及稀有气体,微电子工业中对空气进行净化,从合成氨尾气中提取氩、氦等;

(3)医药、生物化工及食品加工。在医药、食品加工工业中,分离过程主要用于发酵液处理,将发酵液中的产物分离并提纯;生物化工用分离技术对高附加值的产品进行分离;

(4)农业。在各种肥料生产中均需要分离过程,如合成氨、尿素的生产;

(5)其他。在环境保护和海水淡化等方面,如"三废"处理或回收。

一、分离的分类

分离过程可分为机械分离过程和传质分离过程两大类。机械分离过程的分离对象是由两相以上所组成的混合物。其目的是简单地将各项加以分离。如过滤、沉降、离心分离、旋风分离和静电除尘等都属这一类。传质分离过程用于各种均相混合物的分离,其特点是有质量传递现象发生,按所依据的物理化学原理不同,工业上常用的传质分离过程又可分为两大类,即平衡分离过程和速率分离过程。

1. 平衡分离过程

平衡分离过程是借助分离媒介（如热能、溶剂或吸附剂），使均相混合物系统变成两相系统，再以混合物中各组分在处于相平衡的两相中不等同的分配性质为依据而实现分离。分离媒介可以是能量媒介（ESA）或物质媒介（MSA），有时也可两种同时应用。ESA 是指传入或传出系统的热，还有输入或输出的功。MSA 可以只与混合物中的一个或几个组分部分互溶。此时，MSA 常是某一相中浓度最高的组分。基于平衡分离过程的分离单元操作主要有：闪蒸和部分冷凝、普通精馏、萃取精馏、共沸精馏、吸收、解吸（含带回流的解吸和再沸解吸）、结晶、凝聚、浸取、吸附、离子交换、泡沫分离、区域熔炼等。

2. 速率分离过程

速率分离过程是在某种推动力（浓度差、压力差、温度差、电位差等）的作用下，有时在选择性透过膜的配合下，利用各组分扩散速度的差异实现组分的分离。这类过程所处理的原料和产品通常属于同一相态，仅有组成上的差别。速率分离过程可分为两大类。

（1）膜分离。利用选择性透过膜分割组成不同的两股流体，如超滤、反渗透、渗析和电渗析等。

（2）场分离。如电泳、热扩散、高梯度磁力分离等。

二、分离因子

分离过程是以气、液、固三态物料为对象，使被处理后的物料（组分）变得更纯净，却不产生任何新的物质的物理加工过程。任何一个特定的分离过程所得到的分离程度都可用产品组成之间的关系来表示，定义为通用分离因子：

$$\alpha_{ij}^{s} = \frac{x_{i1}/x_{j1}}{x_{i2}/x_{j2}} \tag{6-1}$$

式中，组分 i 和 j 的通用分离因子 α_{ij}^{s}，为上述二个组分在产品 1 中的摩尔分数的比值除以在产品 2 中的比值。显然，x 的单位可以用组分的质量分数、摩尔流量或质量流量，其所得的分离因子值不变。若 $\alpha_{ij}^{s}=1$，如果原料是二元物系，则表示组分 i 和组分 j 得不到分离，说明原料完全未分离；如果原料是多组分物系（由三个以上组分组成的物系），其中两个组分 i,j 的分离因子是 1，不能肯定地说物系未分离，因为其他组成的分离因子可能不等于 1。分离因子是对某两个组分而言的。若 $\alpha_{ij}^{s}>1$，则表示组分 i 在产品 1 中浓缩程度比组分 j 大，而组分 j 在产品 2 中的浓缩的程度比组分 i 大。反之，若 $\alpha_{ij}^{s}<1$，则组分 j 在产品 1 中优先浓缩，而组分的 i 在产品 2 中优先浓缩。习惯上 i,j 的选择是使 $\alpha_{ij}^{s}>1$。α_{ij}^{s} 与 1 差别愈大，说明两组分在两股产物中的浓度比相差愈大，分离程度愈高。分离因子反映了组成的差别及传递速率的不同，与分离设备的结构及流体流动的情况有关。为方便计算，将分离过程理想化，平衡分离过程仅讨论其两组组成的平衡浓度，速率控制过程只讨论在场的作用下的物理传递机理，把那些较复杂的，不易定量的因素归之于效率，来说明实际过程与理想过程的偏差。于是得到了无上标的分离因子 α_{ij}。对精馏过程来说，理想分离因子就是相平衡常数之比，即相对挥发度，而总板效率是实际精馏设备分离结果与理想情况的偏差。

三、分离过程的选择

混合物分离技术的选择应综合考虑混合物相态及其特性、分离的要求、分离设备的性能及分离操作费用等方面的因素。特别是组合分离过程对提高分离效率，降低生产成本具有重大的意义。

1. 混合物的相态和性质

对于均相混合物,常采用扩散式分离方法或扩散式分离方法与机械分离方法组合来达到目的。即根据不同组分的汽化点、凝固点、溶解度或扩散速率等物理化学方面的特性差异,选用蒸发、蒸馏、干燥、结晶、萃取、气体扩散、热扩散、渗析、超滤或反渗透等。扩散式分离方法有时可以单独完成分离任务,如蒸发、干燥、渗析、渗透和超滤等。但有时扩散式分离只能完成相变,即将均相混合物转变为非均相混合物,而不能完全完成分离任务,如结晶、萃取等。这时,就需要用机械分离方法将不同的相分离,最后达到使产品分离的目的。某些扩散式分离过程,如蒸发、干燥等,常常还要用机械分离方法来处理原料或工艺中夹带的杂质所产生的混合物。

如果混合物是非均相的,应首先考虑采用机械分离的方法。在非均相混合物内,相的组成及其形态决定了相的流动性或截留性;相与相的密度、粒度等差异决定了混合物内潜在的沉降、离析性等。固液系统具有相的形态、密度、挥发性、凝结性、磁性或表面化学性等方面的差异。固液系统可用过滤、沉降、蒸发、结晶、磁分离或浮选等方法进行分离。液液系统可以用沉降、蒸发、结晶和萃取等方法分离。气液系统具有相的密度差,因此可用沉降法分离。此外,气液系统也可用闪蒸法来分离。固气混合物可用过滤或沉降法来分离。气体混合物常常根据气体组分在液体中不同的溶解性来分离,这就是所谓的吸收操作。也可用气体渗透法、吸附法,或改变相态后,再用相分离法。固固混合物可用的分离方法很有限,常通过加入流体(空气或水)作为介质以改善其流动性。这样,固体混合物除了可用筛分、磁分离等方法分离外,还可用过滤、沉降等方法分离或分级。固体混合物也可根据相的溶解性差异,用固液萃取法分离。

虽然根据混合物的相态可以选择不同的分离过程,但为了更加准确合适地确定分离过程和操作条件,还必须考虑混合物其他特性包括:混合物的颗粒凝聚或絮凝性、颗粒床的可压缩性、混合物固体颗粒的浓度、混合物的黏度以及混合物的粒度和两相的密度差等。

2. 分离过程的类别

传质分离过程一般可分为速率控制分离过程和平衡分离过程;而按添加剂来分,又可分为添加能量型分离过程和添加物质型分离过程。它们各有优缺点可酌情选用。由于分离因子不大而采用多级分离过程时,考虑到能量消耗的多寡,应首先选择平衡分离过程,再选择速率控制过程。这是因为对于多级速率控制分离过程来说,添加剂将在每一级分别加入而消耗较大;而平衡分离过程却只要一次加入添加剂,例如蒸馏中塔釜内的加热器可达到多级分离,这是将热量反复利用的缘故。但在平衡分离过程中又应首先选择能量添加型分离过程而次选择物质添加型分离过程。原因在于后者在分离过程中先要加入一溶剂,分离出溶质后又需将该溶剂分离出来(或再生)并循环使用。与能量添加型相比,耗能较大。因此在丙烷-丙烯-丙二烯系统中,往往首先选择蒸馏、萃取蒸馏次之,萃取再次之。当然,也有些过程只能采用多级分离过程。例如色层分离采用很长的柱来分离混合物,费用也不大。所以它特别适用于该系统分离因子接近于 1 而又要求产品纯度十分高的色谱分析。

对于分离因子较大的系统,应尽量采用单级和级数不多的分离过程。此时可利用各种组分的分子在添加剂的影响下所具有的不同迁移速率的这一特性,并避免在每一级都要加相同的能量或物质的缺点,优先采用速率控制分离过程。例如海水淡化,食品(果汁、乳制品等)的浓缩等。

3. 物性与分子性质

对于大多数分离过程来说,分离因子对分离方法的选择可起指导作用,但起作用的根本原因还在于分子的特性。其中包括分子的体积、形状、偶极矩、极化强度、电荷和化学性质等。例如,一般认为蒸馏分离的难易为相对挥发度即蒸气压的差别,但实质为分子间吸力的强弱。表 6-1 为各种分子性质对分离因子的定性影响。从表 6-1 可以看出,萃取和吸收操作的宏观表现都是混合物中某一溶质在不互溶相中的溶解度大小,但根本原因是分子间的化学反应平衡或分子的偶极矩和极化强度的大小。结晶过程的宏观量为溶质在溶剂中的溶解度,而其本质在于各种分子聚集的能力,即取决于分子的形状、大小以及所带的电荷。

表 6-1　不同的分子性质对分离因子的影响

分离方法	纯物质的性质					物质添加剂的性质		
	分子量	分子体积	分子形状	偶极矩和极化强度	电荷	化学平衡	分子形状和大小	偶极矩和极化强度
蒸馏	2	3	4	2	0	0	0	0
结晶	4	2	2	3	2	0	0	0
萃取与吸收	0	0	0	0	0	2	3	2
一般吸附	0	0	0	0	0	2	2	2
分子筛吸附	0	0	0	0	0	0	1	3
渗析	0	2	3	0	0	0	1	3
超过滤	0	0	4	0	0	0	1	0
超离心分离	1	0	0	0	0	0	0	0
气体扩散	1	0	0	0	0	0	0	0
电渗析	0	0	0	0	1	0	2	0
离子交换	0	0	0	0	0	1	2	0

注:0—没有影响;1—决定性影响;2—主要影响;3—次要影响;4—影响很小。

由表 6-1 所提供的影响因素的主次关系,可帮助我们正确选择分离方法。如丙烷-丙烯-丙二烯系统,它们的分子间最根本的区别在于它们的极性不同。一般由表 6-1 可选用蒸馏。但若其中极性较强的分子的浓度极低,则采用极性吸附剂进行固定床吸附最为合适。图 6-1 给出了一些新的分离方法及其所相应的微粒大小。

4. 分离操作的费用

产品的经济价值及生产规模也影响分离过程的选择。适用于产品价值高的分离过程不适宜于低经济价值产品。产品的价值越低,就应选择能耗低、分离剂价格低的分离过程。对难以分离的贵重物质应考虑采用新型的、特殊的分离手段。生产规模也是影响选择分离过程的因素,产品价值低的生产过程多为大规模,因此必须选择耗资低的分离方法。蒸馏、萃取吸收等较易实行大规模生产。色谱分离最适用于多级分离,在一个分离装置中能提供很多的分离级,因此它适用于纯度要求高、需要很多级的分离,但只适合于小规模分离。

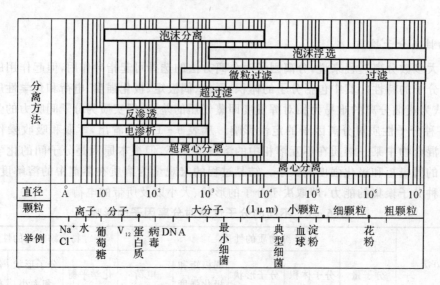

图 6-1 分离过程的应用范围

价格有时也会影响到对分离方法的取舍。

一个分离方法尽管可行,但其分离所得产品成本过高,就很难推广应用。因此,所选用的方法往往被要求能耗低、物耗低以保证产品的价格具有竞争能力。大规模生产的产品(分离过程)通常具有上述特点。如果一种分离过程不能高效、经济的完成分离操作,可以采用组合的分离过程,将几种分离过程有机地组合起来,组成一个最佳的分离过程,既能达到分离的质量要求,又能使费用降低到最低程度。

5. 产品热敏性及污染

有时产品对工艺技术的一些特殊要求也和选择分离方法有关。许多情况下,物料或产品受热后易分解、变质,如生化制品、药品、食物、饮料等常会因受热而变质或失去营养成分,可以设法在低压或物流停留时间较短的条件下操作。萃取、吸收、结晶等过程不需要加入热量分离剂,适宜于处理热敏性物料及产品的分离;蒸馏、蒸发等涉及加热汽化,则可考虑在真空条件下操作。在生物分离过程中加入物质分离剂可能污染物料或产品,可考虑沉降法或固体吸附等适宜的分离方法。

6. 分离过程的绿色化

分离过程一方面由于过程排放废物,消耗能量而对环境产生污染,甚至产生破坏性的影响;另一方面分离过程又是许多污染控制方法的手段,有必要在过程设计中考虑分离过程对环境、人体健康可能产生的影响。考虑分离过程绿色化的途径有两种,首先是对传统分离工程进行改进、优化,使过程对环境的影响最小。即对传统分离过程(如蒸馏、干燥、蒸发等)利用系统工程的方法,充分考虑过程对环境的影响,以环境影响最小(或无影响)为目标,进行过程集成。其次是开发及使用新型的分离技术,如膜分离技术,这是一种节能、高效、无二次污染的分离技术,在食品加工、医药、生物化工等领域有其独特的适用性。高效导向筛板、新型高效填料、超临界流体萃取等现代分离技术在化工生产中的实际应用,可大大减少副反应的发生和化学废料的产生,实现分离过程的绿色化,既降低了化工生产的原料消耗,又提高了企业的经济效益。反应-分离耦合技术可以利用反应促进分离或利用分离促进反应,不但可以提高过程产率,还可简化生产工艺过程,节约投资和操作费用。

6.2 气液传质设备

蒸馏和吸收是两种典型的传质操作过程,均属于气液间的相际传质过程。虽然气液传质设备的形式多样,但塔设备是一类重要的传质设备,它可使气液或液液两相密切接触,通过相际传质、传热,达到分离的目的。塔设备按操作压力分为加压塔、常压塔和减压塔;按功能可分为精馏塔、吸收塔、解吸塔、萃取塔和干燥塔等。最常用的分类是按塔内件的结构,分为板式塔和填料塔。

板式塔内设置一定数量的塔板,气体自下而上通过塔板上的小孔,以鼓泡或喷射的形式与板上的液体进行传质和传热,液体则逐板向下流动。由于板式塔中的气液接触是逐级接触的过程,因此塔内气液相的组成呈阶梯式变化。

填料塔内堆置一定数量的填料,形成一定高度的填料层。液体自下而上沿填料表面向下流动,气体逆流向上(也有并流向下)流动,气液两相在填料表面密切接触,实现传质与传热。与板式塔不同,填料塔内的气液接触是连续接触过程,因此,气液相的组成变化呈连续变化。

6.2.1 板式塔的结构和塔板类型

板式塔已有一百多年的历史。长期以来,人们围绕高效率、大通量、宽弹性、低压降的宗旨,开发了不少于 80 种的各种类型板式塔,主要集中在对气液接触原件和降液管的结构改进以及对塔内空间的利用等方面。

板式塔的外形是圆筒型的壳体,塔内按一定间距水平安置一定数量的塔板,塔板上的主要部件有降液管、出口(溢流)堰、鼓泡构件(筛孔、浮阀、泡帽等)等。板式塔的典型结构如图 6-2 所示。

按照塔板上气、液两相的相对流动状态,可将塔板分为溢流式塔板与穿流式塔板两类。如图 6-3 所示。目前多采用溢流式塔板,故本节只讨论此类塔板。

在溢流式塔板上,气液两相呈错流方式接触,板上降液管的设置方式及堰高可以控制板上液体流径与液层厚度,故这种塔板效率较高,且具有较大的操作弹性,使用较为广泛。在无降液管式塔板上,气液两相呈逆流方式接触,这种塔板的板面利用率高,生产能力大,结构简单,但它的效率较低,操作弹性小,工业应用较少。

一、泡罩塔

从 1813 年 Cellier 首次提出泡罩塔,到现在经过近 200 年的不断改进和创新,在板式塔发展史上起了重要作用,其典型结构如图 6-4 所示。泡罩塔板上的主要元件为泡罩,分圆形和条形两种,其中圆形泡罩使用较广。泡罩尺寸一般为 $\phi80$ mm, $\phi100$ mm 和 $\phi120$ mm

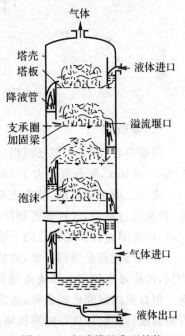

图 6-2 板式塔的典型结构

三种。泡罩直径可根据塔径大小选择,泡罩的底部开有齿缝,泡罩安装在升气管上,从下一块塔板上升的气体由升气管从齿缝中吹出。升气管的顶部应高于泡罩齿缝的上沿,以防止液体从中漏下。由于有了升气管,泡罩塔即使在很低的气速下操作,也不致产生严重的漏液现象,因此这种塔板操作稳定,弹性大,板效率也比较高,在过去很长一段时期内广泛采用,国内已有部颁标准和完整的设计方法。这种塔板的最大缺点是结构复杂,板压降大,雾沫夹带大,生产强度低,造价高,目前使用较少。

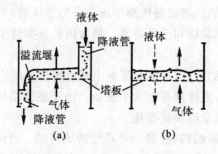

图 6-3 溢流式与穿流式塔板

(a)单流型溢流式塔板; (b)穿流式塔板

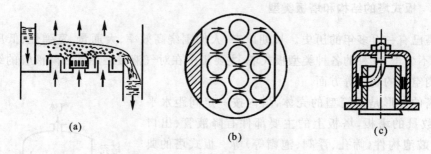

图 6-4 泡罩塔

(a)泡罩塔板操作; (b)泡罩塔板平面图; (c)圆形泡罩

二、筛板塔

筛板早在 1832 年就已问世,其结构如图 6-5 所示。塔板上开有许多均匀的小孔,孔径一般为 3~8 mm,筛孔直径大于 10 mm 的筛板称为大孔径筛板。筛孔在塔板上做正三角形排列。塔板上设置溢流堰,使板上能保持一定厚度的液层。操作时,气体经筛孔分散成小股气流,鼓泡通过液层,气液间密切接触而进行传热和传质,在正常的操作条件下,通过筛孔上升的气流,应能阻止液体经筛孔向下泄漏。

筛板的优点是结构简单,造价低;板上液面落差小,气体压降低,生产能力较大;气体分散均匀,传质效率较高。其缺点是筛孔易堵塞,操作范围较狭窄,不宜处理易结焦、黏度大的物料。但目前的研究已经表明,造成筛板塔操作围狭窄的原因是设计不良(主要是设计点偏低、容易漏液),而设计良好的筛板塔是具有足够宽的操作范围的。至于筛孔容易堵塞的问题,可采用大孔径筛板予以解决。近年来,由于设计和控制水平的不断提高,可使筛板的操作非常精确,故应用日趋广泛。

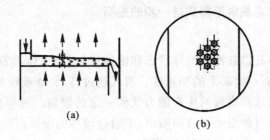

图 6-5　筛板
(a)筛板操作示意图；　(b)筛孔布置图

三、浮阀塔

浮阀塔板是在第二次世界大战后开始研究，自 20 世纪 50 年代起使用的一种新型塔板。20 世纪 60 年代初国内也进行了许多试验研究工作，并取得了成果。浮阀塔是在泡罩塔和筛板塔基础上开发的一种新型塔板。它取消了泡罩塔上的升气管与泡罩，改在板上开孔，孔的上方安置可以上下浮动的阀片，浮阀的形式有多种，有圆形的和长方形的，图 6-6 所示为几种常用浮阀的结构示意图，其中 F-1 型浮阀是目前用得最普遍的一种，这种浮阀的结构尺寸已定型，阀孔直径 39 mm，阀片有三条腿，插入阀孔后将各底脚转 90°，形成限制阀片上升高度和防止被气体吹走的凸肩。阀片可随上升气量的变化而自动调节开度。浮阀一般按正三角形排列，亦可按等腰三角形排列。浮阀塔板的开孔率为 5%～12%。

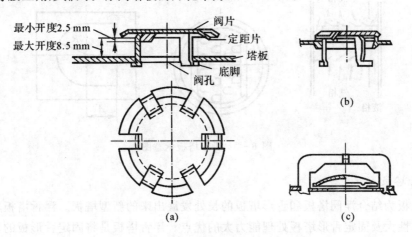

图 6-6　几种浮阀型式
(a)F1 型浮阀；　(b)V-4 型浮阀；　(c)T 型浮阀

当操作气量大时，阀片上升，开度增大。这样可使塔板上开孔部分的气速不至于随气体负荷变化而大幅度地变化，同时气体从阀片下水平吹出，加强了气、液接触，由于浮阀具有生产能力大、操作弹性大及塔板效率高等优点，且加工方便，故有关浮阀塔板的研究开发远较其他型式的塔板广泛，是目前新型塔板研究开发的主要方向。浮阀塔板的缺点是处理易结焦、高黏度的物料时，阀片易与塔板黏结；在操作过程中有时会发生阀片脱落或卡死等现象，使塔板效率和操作弹性下降。近年来研究开发出的新型浮阀有船形浮阀、导向浮阀、梯形浮阀、条形浮阀、V-V 浮阀等，其共同的特点是加强了流体的导向作用和气体的分散作用，使气液两相的流动更趋于合理,操作弹性和塔板效率得到进一步的提高。

四、喷射型塔板

上述几种塔板,气体是以鼓泡或泡沫状态和液体接触,当气体垂直向上穿过液层时,使分散形成的液滴或泡沫具有一定向上的初速度。若气速过高,会造成较为严重的液沫夹带现象,使得塔板效率下降,因而这些塔板的生产能力受到一定的限制。近年来研究开发出了喷射型塔板。在喷射型塔板上,气体沿水平方向喷出,不通过较厚的液层而鼓泡,因而塔板压降降低,液沫夹带量减少,可采用较大的操作气速,提高生产能力。

1. 舌形塔

舌形塔是 20 世纪 60 年代初提出的一种喷射型塔板,其结构如图 6-7 所示。舌形塔板的基本结构部件是上冲制出的舌孔和舌片,舌片向塔板的溢流出口侧张开,向上张角 φ 为 18°,20°,25°三种,常用的为 20°。舌片尺寸有 50 mm×50 mm 和 25 mm×25 mm 两种,一般推荐使用 25 mm×25 mm 的舌片。图 6-7 中示出舌形孔的典型尺寸,即 $\varphi = 20°$,$R = 25$ mm,$A = 25$ mm。舌片按正三角形排列,板上不设溢流堰,只保留降液管。操作时,上升的气流沿舌片喷出,气流与液流方向一致。在液体出口侧,被喷射的流体冲至降液管。舌形塔板上气、液并流。塔板上的液面落差较小、液层较低,塔板压降小,处理能力大。舌形塔板的缺点是操作弹性小,板效率较低,因而使用上受到限制。

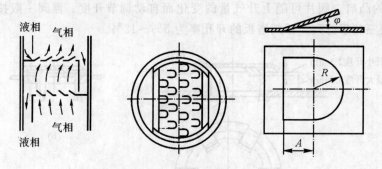

图 6-7 舌形塔板示意图

2. 浮舌塔板

浮舌塔板为结合浮阀塔板和舌形塔板的长处发展出来的新型塔板。浮舌塔板兼有浮阀塔板的操作弹性大及固定舌形塔板处理能力大的优点。浮舌塔板是将固定舌形板的舌片改成浮动舌片而成,与浮阀塔类似,随气体负荷改变,浮舌可以开关,调节气流通道面积,从而保证适宜的缝隙气速,强化气液传质,减少或消除了漏液。当浮舌开启后,又与舌形塔板相同,气液并流,利用气相的喷射作用将液相分散进行传质。其结构如图6-8所示。浮舌塔板具有处理能力大、压降低、操作弹性大等优点,特别适宜于热敏性物系的减压分离过程。

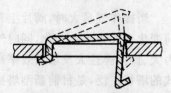

图 6-8 浮舌塔板示意图

3. 斜孔塔板

筛板塔板上气流是垂直向上穿过板上液层,浮阀塔板上气流沿阀片周边水平吹出,气流会相互冲击,均容易造成较大的液沫夹带,影响传质效果。在舌形塔板上虽然气、液并流,而且气流水平喷出,减轻液沫夹带量,但气流向一个方向喷出,液体被不断加速,往往不能保证气、液的良好接触,使传质效率下降。斜孔塔板是另一种喷射型塔板,克服了上述的缺点,其结构见图 6-9。与舌形塔板一样,斜孔是在塔板上冲压出来的,孔口与板面成一定角度。但与舌形塔板不同的是,为了避免从斜孔喷出的气流互相干扰,塔板上的斜孔整齐地排成多排。斜孔的开口方向与液流方向垂直,同一排孔的孔口方向一致,相邻两排开孔方向相反,使相邻两排孔的气体反方向喷出,这样,气流不会对喷又能互相牵制,既可得到水平方向较大的气速,又阻止了液沫夹带,使板面上液层低而均匀,气、液接触良好,传质效率高,提高了生产能力。

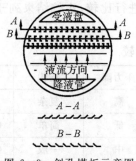

图 6-9　斜孔塔板示意图

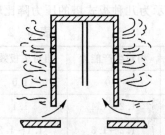

图 6-10　新型垂直筛板示意图

4. 新型垂直筛板塔

新型垂直筛板塔是一种性能优良的并流喷射塔板,由日本三井造船公司在 1963—1968 年开发成功。新型垂直筛板的结构有多种形式,它系在塔板上开有大孔(有圆型、方型、矩形孔等),孔上相应布置有各种形式的帽罩(如圆形、方形、矩形、梯形),并设有降液管。降液管的设置与普通塔板基本一样,它的特点主要体现在帽罩的构造上,其中最普通也是最典型的为圆形帽罩(称为标准帽罩),它由罩体、盖板组成,其材料可用碳钢、低合金钢或陶瓷。

图 6-10 中的新型垂直筛板由直径为 $100\sim200$ mm 的大筛孔和侧壁开有许多小筛孔的圆形泡罩组成。塔板上液体被大筛孔上升的气体拉成膜状沿泡罩内壁向上流动,并与气体一起由筛孔水平喷出。这种喷射型塔板要求一定的液层高度,以维持泡罩底部的液封,故必须设置溢流堰。垂直筛板集中了泡罩塔板、筛孔塔板及喷射型塔板的特点,具有液沫夹带量小、生产能力大、传质效率高等优点,其综合性能优于斜孔塔板。

近年来,一些新型塔板应运而生,如立体传质塔板、喷射并流塔板、多溢流复合斜孔塔板、十字旋阀塔板以及微分浮阀塔板等,这些塔板的详细介绍可参考有关文献和书籍。

6.2.2　塔板的性能评价和比较

对各式塔板进行比较,做出正确的评价,对于了解每种塔板的特点,合理选择板型,有重要的指导意义。对各种塔板性能进行比较是一个相当复杂的问题,因为塔板的性能不仅与塔型有关,还与塔板的结构尺寸、处理物系的性质及操作状况等因素有关。塔板的性能评价指标有以下几方面。

(1)生产能力大,即单位塔截面上气体和液体的通量大。

(2)塔板效率高,即完成一定的分离任务所需的板数少。

(3)压降低,即气体通过单板的压降低,能耗低。对于精馏系统则可降低釜温,这对于热敏性物性的分离尤其重要。

(4)操作弹性大,当操作的气液负荷波动时仍能维持板效率的基本稳定。

(5)结构简单,制造维修方便,造价低廉。

对于现有的任何一种塔板,都不可能完全满足上述的所有要求,它们大多各具特色,而且各种生产过程对塔板的要求也有不同的侧重。譬如减压精馏塔则对塔板的压力降要求较高,其他方面相对来说可降低要求。上述塔板性能评价指标是塔板研究开发的方向,正是人们对于高效率、大通量、高操作弹性和低压力降的追求,推动着新结构型式塔板的不断出现和发展。

基于上述评价指标,对工业上常用的几种塔板的性能进行比较,比较结果列于表 6-2。图 6-11 所示为几种板式塔的压力降比较。

表 6-2 常见塔板的性能比较

塔板类型	相对生产能力	相对塔板效率	操作弹性	压力降	结构	成本
泡罩塔板	1.0	1.0	中	高	复杂	1.0
筛板	1.2~1.4	1.1	低	低	简单	0.4~0.5
浮阀塔板	1.2~1.3	1.1~1.2	大	中	一般	0.7~0.8
舌形塔板	1.3~1.5	1.1	小	低	简单	0.5~0.6
斜孔塔板	1.5~1.8	1.1	中	低	简单	0.5~0.6

从上述图表可以看出,浮阀塔在相对生产能力,操作弹性,效率方面与泡罩塔相比都具有明显的优势,因而目前获得了广泛的应用。筛板塔的压降小,造价低,生产能力大,除操作弹性较小外,其余均接近于浮阀塔,故应用也较广。

6.2.3 填料塔的结构与特点

填料塔为连续接触式的气、液传质设备,于 19 世纪中期已应用于工业生产,此后,它与板式塔竞相发展,构成了两类不同的气液传质设备。它的结构比板式塔简单,如图6-12所示。在直立式圆筒形的塔体下部,内置一层支承板,支承板上乱堆或整齐放置一高度的填料。液体由塔体上部的入口管进入,经分布喷淋至填料上,从上而下沿填料的空隙中流过,并润湿填料

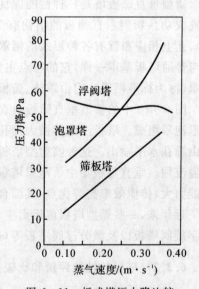

图 6-11 板式塔压力降比较

表面,形成流动的液膜。气体在支承板下方入口进入塔内,在压强差的推动下,自下而上通过填料间空隙,填料层内气、液两相呈逆流流动,传质通常是在填料表面的液体与气相间的界面上进行,两相的组成沿塔高连续变化。传质后,液体由塔底部的排出管流出,气体由塔顶部排出。液体在填料层中倾向于塔壁的流动,故填料层较高时,常将其分段,段与段之间设置液体再分布器,使流到壁面的液体集于液体再分器做重新分布。

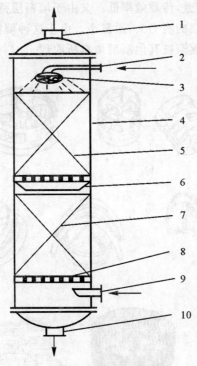

图 6-12 填料塔结构简图

1—气体出口；2—液体入口；3—液体分布装置；4—塔壳；

5—填料；6—液体再分布器；7—填料；8—支承栅板；

9—气体入口；10—液体出口

与板式塔相比，填料塔具有生产能力大，分离效率高，压力降小，持液量小，操作弹性大的特点。对于直径较小的塔，处理有腐蚀性的物料或要求压降较小的真空蒸馏系统，填料塔都具有明显优势。填料塔也有一些不足之处，如填料造价高；当液体负荷较小时不能有效地润湿填料表面，使传质效率降低；不能直接用于有悬浮物或容易聚合的物料；对侧线进料和出料等复杂精馏不太适合等。因此，在选择塔的类型时，应根据分离物系的具体情况和操作所追求的目标综合考虑上述各因素。

6.2.4 填料的类型与几何特性

填料的种类很多，常见的分类有两种：根据堆放方式的不同，分为乱堆填料和整砌填料。乱堆填料就是将填料无规则地堆放在塔内，而整砌填料则是将填料规整地砌堆于塔内。

根据填料的形体特点，分为实体填料和网体填料。实体填料由陶瓷、金属或塑料制成；网体填料由金属丝制成。

一、乱堆填料

1. 拉西环填料

拉西环填料于1914年由拉西(F. Rashching)发明，是使用最早的一种填料，为外径与高度相等的圆环，如图 6-13(a)所示，最早采用陶瓷，现也使用金属和其他非金属材料制成。由于拉西环在装填时容易产生架桥、空穴等现象，圆环的内部液体不易流入，所以极易产生液体的偏流、沟流和壁流,气液分布较差,传质效率低。又由于填料层持液量大,气体通过填料层折返的路径长,所以气体通过填料层的阻力大,通量小。由于这种填料结构简单、价格较低,曾在很长一段时间内应用广泛,现已逐渐被其他新型填料所取代。

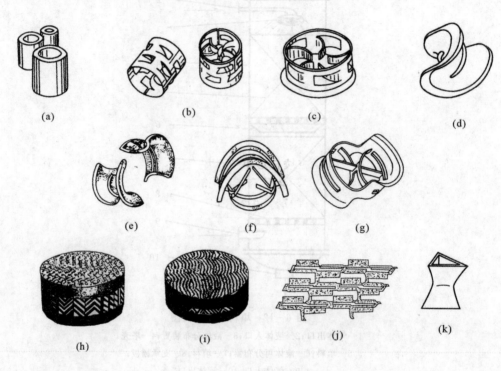

图 6-13　几种填料的形状
(a)拉西环;(b)鲍尔环;(c)阶梯环;(d)弧鞍填料;(e)矩鞍填料;(f)金属环矩鞍填料;
(g)共轭环;(h)金属板波纹填料;(i)金属网波纹填料;(j)格里奇栅格填料;(k)脉冲填料

2. 鲍尔环填料

鲍尔环由德国 BASF 公司在 19 世纪 40 年代开发而成,是在拉西环填料的基础上改进而得的。在拉西环的侧壁上开出两排长方形的窗孔,被切开的环壁的一侧仍与壁面相连,另一侧向环内弯曲,形成内伸的舌叶,诸舌叶的侧边在环中心相搭,如图 6-13(b)所示。鲍尔环填料的比表面积和空隙率与拉西环基本相当,但由于环壁开孔,大大提高了环内空间及环内表面的利用率,气体流动阻力降低,液体分布比较均匀。在相同的压降下,鲍尔环的气体通量较拉西环增大 50% 以上;在相同气速下,鲍尔环填料的压强降仅为拉西环的一半。鲍尔环填料以其优良的性能得到了广泛的应用。鲍尔环可用陶瓷、金属、塑料等制造,其中金属和塑料制的鲍尔环在工业上广泛采用。

3. 阶梯环填料

阶梯环填料是在鲍尔环基础上加以改造而得出的一种高性能的填料,由美国传质公司在20 世纪 70 年代所开发,如图 6-13(c)所示。阶梯环与鲍尔环相似之处是环壁上也开有窗孔,但其高度减少了一半。由于高径比减少,使得气体绕填料外壁的平均路径大为缩短,减少了气体通过填料层的阻力。阶梯环填料的一端增加了一个锥形翻边,其高度约为总高的 1/5,不仅增加了填料的机械强度,而且使填料之间由线接触为主,变成以点接触为主,这样不但增加了填料间的空隙,同时成为液体沿填料表面流动的汇集分散点,可以促进液膜的表面更新,有利于传质效率的提高。与鲍尔环相比,传质效率可提高 10%～20%,压降则减少 30%,成为目前所使用的环形填料中最为优良的一种。

4. 弧鞍填料

弧鞍填料属鞍形填料的一种,其形状如同马鞍,一般采用瓷质材料制成,如图 6－13(d)所示。弧鞍填料的特点是表面全部敞开,不分内外,液体在表面两侧均匀流动,表面利用率高,流道呈弧形,流动阻力小。其缺点局部是易发生重叠或架空现象,致使一部分填料表面被重合,不能被液体润湿,使传质效率降低。弧鞍填料强度较差,容易破碎,工业生产中应用不多。

5. 矩鞍填料

为克服弧鞍填料容易套叠的缺点,将弧鞍填料两端的弧形面改为矩形面,且两面大小不等,即成为矩鞍填料,如图 6－13(e)所示。矩鞍填料堆积时不会相互叠合,液体分布较均匀,矩鞍填料一般采用瓷质材料制成,其性能优于拉西环而稍逊于鲍尔环,目前国内绝大多数应用瓷拉西环的场合,均已被瓷矩鞍填料所取代。

以上几种乱堆填料的相对效率如图 6－14 所示。

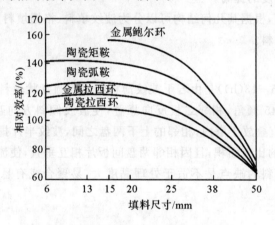

图 6－14　几种乱堆填料的相对效率

图 6－14 中纵坐标的相对效率是填料的实际分离效率与 25.4 mmn 陶瓷拉西环的分离效率之比。由图 6－14 可见,鲍尔环与矩鞍形填料的分离效率均高于拉西环。还可看出,当填料的名义尺寸小于 20 mm 时,各种填料本身的分离效率都差不多,而当填料尺寸大于 25 mm 时,各种填料的分离效率都明显下降。因此,25 mm 的填料可以认为是工业填料塔中选用的合适填料。

6. 金属环矩鞍填料

将环形填料和鞍形填料两者的优点集中于一体,而设计出的一种兼有环形和鞍形结构特点的新型填料称为环矩鞍填料(国外称为 Intalox),该填料一般以金属材质制成,故又称之为金属环矩鞍填料,如图 6－13(f)所示。这种填料既有类似开孔环形填料的圆孔、开孔和内伸的舌叶,也有类似矩鞍形填料的侧面。敞开的侧壁有利于气体和液体通过,减少了填料层内滞液死区。填料层内流通孔道增多,使气液分布更加均匀,传质效率得以提高。金属环矩鞍的综合性能优于鲍尔环和阶梯环。因其结构特点,可采用极薄的金属板轧制,仍能保持良好的机械强度。故该填料是散装填料中应用较多,性能优良的一种填料。

7. 共轭环

共轭环是华南理工大学自行研制开发的一种散堆填料,如图 6-13(g)所示。它兼具鞍形、环形填料的优点,结构更加对称紧凑。它相当于将阶梯环沿轴向对半剖开,然后将其中的一半倒转 180°连接而成,每个半圆形构件中间又有一个半环形肋片,除起加强筋的作用,还可增加传质表面积和防止填料相互重叠。共轭环的最大特点是其结构的对称性,在塔中,填料间或填料与塔壁间均为点接触,不会发生重叠套合现象而造成孔隙分布不均。散堆时会取定向排列,故又带有规整填料的一些特点,有较好的流体力学和传质性能。

此外,在相同传质单元高度及塔径下,制造共轭环填料所需金属和塑料用量比目前工业上使用的各种国产散堆填料的用量少。

二、规整填料

是一种在塔内按均匀几何图形排列,整齐堆砌的填料。该填料的特点是规定了气液流径,改善了填料层内气液分布状况,在很低的压降下,可以提供更多的比表面积,使得处理能力和传质性能均得到较大程度的提高。

规整填料种类很多,根据其几何结构可以分为波纹填料、格栅填料、脉冲填料等,现在介绍几种较为典型的规整填料。

1. 板波纹填料

板波纹填料(见图 6-13(h))是由若干波纹薄板组成的圆盘状填料,其直径略小于塔壳内径,波纹与水平方向成 45°倾角,相邻二板反向靠叠,使波纹倾斜方向互相垂直。圆盘的高度约 40~60mm,各盘垂直叠放于塔内,相邻的上下两盘之间,波纹半片排列方向互成 90°角。由于结构紧凑,具有很大的比表面积,且因相邻两盘间板片相互垂直,使流动阻力减小,从而空塔气速可以提高。波纹填料的缺点是不适于处理黏度大,易聚合或有悬浮物。此外,填料的装卸、清理较困难,造价高。

2. 网波纹填料

网波纹填料是由金属网波纹片排列组成的波纹填料(见图 6-13(i)),因丝网细密,故波纹网填料的空隙率很高,比表面积很大(可达 700 m^2/m^3),表面利用率很高,每米填料相当于 10 块理论板;压降小(每层理论板压降仅为 40~70Pa)。由于丝网独具的毛细作用,使表面具有很好的润湿性能,故分离效率很高。是一种高效整规填料,特别适用于精密精馏及真空精馏装置,对难分离物系,热敏性物系及高纯度产品的精馏提供了有效的分离手段。尽管造价昂贵,但优良的性能使网波纹填料在工业上的应用日趋广泛。

3. 格栅填料

栅格填料的几何机构主要由以条状单元机构为主;以大峰高板波纹单元为主或斜板状单元为主进行单元规则组合而成,因此结构变化颇多,但其基本用途相近。其中美国格里奇公司于 20 世纪 60 年代首先开发成功的格里奇栅格填料(见图 6-13(j)),最具有代表性。中国 20 世纪 90 年代研制的蜂窝状栅格填料也可达到同样的分离效果。栅格填料的比表面积较低,因此主要用于大负荷、防堵及要求低压降的场合。

4. 脉冲填料

脉冲填料是 1976 年由德国开发成功的一种由带缩颈的中空棱柱形单体,按一定方式拼装而成的规整填料,如图 6 - 13(k)所示。脉冲填料组装后,会形成带缩颈的多孔棱形通道,其纵面流道交替收缩和扩大,气液两相通过时产生强烈的湍动。在缩颈段,气速最高,湍动剧烈,从而强化传质。在扩大段,气速减到最小,实现两相的分离。流道收缩、扩大的交替重复,实现了"脉冲"传质过程。脉冲填料的特点是处理量大,压力降小,是真空精馏的理想填料。因其优良的液体分布性能使放大效应减少,故特别适用于大塔径的场合。

三、填料的几何特性

填料性能的优劣通常根据效率、通量及压降三要素衡量。在相同的操作条件下,填料的比表面积越大,气液分布越均匀,表面的润湿性能越优良,则传质效率越高;填料的空隙率越大,结构越开敞,则通量越大,压降亦越低。填料的几何特性是评价填料性能的基本参数,主要包括比表面积、空隙率、填料因子等。

1. 比表面积 a

a 是指单位体积的填料层所具有的填料表面积,单位为 m^2/m^3,在填料塔中液体沿表面流动与气体接触,被液体润湿的填料表面就是气、液两相的接触面。因此,比表面积是评价填料性能优劣的一个重要指标。

2. 空隙率 ε

ε 是指单位体积填料层所具有的空隙体积,单位为 m^3/m^3。填料的空隙率越大,气体通过的能力大且压降低。因此,空隙率是评价填料优劣的又一个重要指标。

3. 填料因子 a/ε^3

a/ε^3 填料的比表面积与空隙率三次方的比值称为填料因子,以 Φ 表示,其单位为 $1/m$。填料因子有干填料因子与湿填料因子之分,填料未被液体润湿时的 a/ε^3,称为干填料因子,它反映填料的几何特性;填料被液体润湿时,填料表面覆盖了一层液膜,此时的 a/ε^3 称为湿填料因子,它表示填料的流体力学性能,Φ 值越小,表明流动阻力越小。

6.3　分离过程的节能

混合物(原料)的分离过程是在内因和外因共同作用下发生的,内因是混合物分离的内在推动力,外因是相应形式分离剂(质量或能量)的加入,而需要以热和(或)功的形式加入能量,其能耗费用总是大于设备折旧费用。随着世界能源日趋紧张,化工节能问题日趋重要。因此,分离过程的节能研究有着重要意义。

过程优化的目标在很大程度上是使过程的物耗、能耗最小。在目前世界能源日趋紧张的情况下,研究分离过程影响能耗的因素,讨论降低能耗的因素,对化工单元操作的实现以及企业的经济利益有着至关重要的影响。

6.3.1　分离过程节能的基本概念

纯组分的混合是一个熵增的自发过程,而分离是混合的逆过程,必须消耗功或热才能把各组分分离出来,把一个混合物分离可假想用一个可逆的过程去执行,所需的功就是分离所需的最小功,根据热力学第二定律,这个最小功与所采取的过程无关,只与被分离混合物和产物的状态有关,但实际上化工分离过程所需的分离功的差别很大,在大多数情况下,实际分离过程所需能量是最小功的若干倍,最小功的大小标志着物质分离的难易程度,为了使实际的分离过程更为经济,要设法使能耗尽量接近最小功,同时能耗的大小也是评价分离过程优劣的一个重要指标。

1. 有效能(熵)衡算

考察图 6-15 所示的连续稳定分离过程,此系统中 e 股单相物流流入系统,设第 j 个进料物流的摩尔数为 n_{Fj},摩尔组成为 z_{Fj},摩尔焓为 H_{Fj},在无化学反应的情况下,分成 m 股单相物流产品,设第 j 个出料物流的摩尔数为 n_{Qj},摩尔组成为 z_{Qj},摩尔焓为 H_{Qj},与外界发生热量 Q_t、和功 W_t 的交换(规定从环境向系统传入热量和做功为正)。

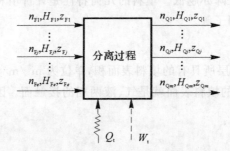

图 6-15　连续稳定分离系统

若忽略过程引起的动能、位能、表面能等的变化,由热力学第一定律,有

$$\sum_{j=1}^{e} n_{Fj}H_{Fj} + Q_t + W_t = \sum_{j=1}^{m} n_{Qj}H_{Qj} \qquad (6-2)$$

由热力学第二定律可得

$$\sum_{j=1}^{m} n_{Qj}S_{Qj} \geqslant \sum_{j=1}^{e} n_{Fj}S_{Fj} + \frac{Q_t}{T} \qquad (6-3)$$

式中,S 为物流的摩尔熵,假设分离过程等温进行,温度为 T_0,上式等号仅适用于可逆分离过程。如以 σ 表示系统的熵产生(可逆过程 $\sigma=0$),式(6-3)可改写为

$$\sum_{j=1}^{e} n_{Fj}S_{Fj} - \sum_{j=1}^{m} n_{Qj}S_{Qj} + \frac{Q_t}{T} + \sigma = 0 \qquad (6-4)$$

将式(6-4)各项乘以环境温度 T_0,并与式(6-2)相减后整理,得

$$\sum_{j=1}^{e} n_{Fj}(H_{Fj} - T_0 S_{Fj}) - \sum_{j=1}^{m} n_{Qj}(H_{Qj} - T_0 S_{Qj}) + Q_t(1 - \frac{T_0}{T}) + W_t = T_0\sigma \qquad (6-5)$$

已知温度为 T 的热能 Q_t 的有效能为

$$B_Q = (1 - \frac{T_0}{T})Q_t \qquad (6-6)$$

不计动能和位能时物流的物理有效能为

$$B_{ph} = (H - H_0) - T_0(S - S_0) \qquad (6-7)$$

不可逆过程的有效能损耗为

$$D = T_0 \sigma \qquad (6-8)$$

因此,定态连续分离过程的有效能衡算式为

$$\sum_{j=1}^{e} n_{Fj} B_{Fj} - \sum_{j=1}^{m} n_{Qj} B_{Qj} + B_Q + W_t = D \qquad (6-9)$$

上式可以推广应用到不发生化学反应的任何定态过程。

2. 分离最小功

分离最小功是分离过程必须消耗的功的下限,只有当分离过程完全可逆时,分离消耗的功才是分离最小功。因为过程可逆,有效能损耗 $D=0$,根据有效能衡算式(6-9)可得

$$W_{min} = W_t + B_Q = \sum_{j=1}^{m} n_{Qj} B_{Qj} - \sum_{j=1}^{e} n_{Fj} B_{Fj} \qquad (6-10)$$

分离最小功可以是外界提供的功或热能,它等于产物流的有效能与原料有效能之差。

代入物流的有效能定义式(6-7)得

$$W_{min} = \sum_{j=1}^{m} n_{Qj} (H_{Qj} - T_0 S_{Qj}) - \sum_{j=1}^{e} n_{Fj} (H_{Fj} - T_0 S_{Fj}) \qquad (6-11)$$

热力学定义的吉布斯自由焓 $G = H - TS$。当 $T = T_0$ 时,上式变为

$$W_{min} = \sum_{j=1}^{m} n_{Qj} G_{Qj} - \sum_{j=1}^{e} n_{Fj} G_{Fj} \qquad (6-12)$$

1 mol 混合物的吉布斯自由焓是各组分化学位(即偏摩尔自由焓)与摩尔分数乘积之和,即

$$G = \sum_{i=1}^{c} z_i \bar{G}_i = \sum_{i=1}^{c} z_i \mu_i \qquad (6-13)$$

c 为进料中的组分数。在温度 T_0 时,化学位 μ_i 为

$$\mu_i = \mu_i^0 + RT_0 (\ln \hat{f}_i - \ln f_i^0) \qquad (6-14)$$

式中,μ_i^0 和 f_i^0 分别是纯 i 组分在系统压力 p 和温度 T_0 下的标准态化学位和逸度。如果进料和产品都处于同一压力 p 下,对同一组分 i 的 μ_i^0 和 f_i^0 是唯一的。将式(6-13)、式(6-14)和式(6-12)结合整理,可得:

$$W_{min} = RT_0 \left[\sum_{j=1}^{m} n_{Qj} (\sum_{i=1}^{c} z_{Qi} \ln \hat{f}_{Qi}) - \sum_{j=1}^{e} n(\sum_{i=1}^{c} z_{Fi} \ln \hat{f}_{Fi}) \right] \qquad (6-15)$$

式(6-15)中 R 为气体常数。当物流是理想气体混合物时,有

$$\hat{f}_i = p z_i$$

以 p_i^s 表示 i 组分的饱和蒸气压,则当物流是理想溶液时,有

$$\hat{f}_i = p_i^s z_i$$

代入式(6-16),得

$$W_{min} = RT_0 \left[\sum_{j=1}^{m} n_{Qj} (\sum_{i=1}^{c} z_{Qi} \ln z_{Qi}) - \sum_{j=1}^{e} n(\sum_{i=1}^{c} z_{Fi} \ln z) \right] \qquad (6-16)$$

将 1 mol 组成为 z_{Fi} 的物料分离成纯组分产品时,所需的分离最小功为

$$W_{min} = -RT_0 \sum_{i=1}^{c} (z_{Fi} \ln z) \qquad (6-17)$$

当分离实际溶液时,有

$$\hat{f}_i = r_i z_i f_i^0$$

于是

$$W_{\min} = RT_0 \left\{ \sum_{j=1}^{m} n_{Qj} \left[\sum_{i=1}^{c} z_{Qi} (\ln r_{Qi} z_{Qi}) \right] - \sum_{j=1}^{e} n \left[\sum_{i=1}^{c} z_{Fi} (\ln r_{Fi} z) \right] \right\} \quad (6-18)$$

将 1 mol 实际溶液分离为纯组分时,有

$$W_{\min} = -RT_0 \left[\sum_{i=1}^{c} z_{Fi} (\ln r_{Fi} z_{Fi}) \right] \quad (6-19)$$

由式(6-16)和式(6-18)可见,分离最小功与分离过程的分离因子无关。比较式(6-17)和式(6-19)可见,等温分离正偏差溶液的最小功比分离理想溶液时所需的要小,对负偏差溶液的分离,情况恰巧相反。

6.3.2 热力学效率

分离最小功是分离过程必须消耗的有效能的下限,其值大小可用来比较具体分离任务的难易。实际分离过程的有效能消耗要比分离最小功大许多倍。为了分析和比较实际分离过程的能量利用情况,广泛采用热力学效率来衡量有效能的利用率。分离过程热力学效率 η 的定义为

$$\eta = \frac{W_{\min, T_0}}{W_n} \quad (6-20)$$

式中,W_n 为实际分离过程的有效能消耗,简称为净功耗。

对于精馏操作,分离消耗的是热能,而不是机械能,图 6-16 简要示意了此分离过程。精馏操作受温度 T_H 下向塔釜加入的热量 Q_B 驱动,同时在冷凝器中于温度 T_L 下取走热量 Q_D。两者的有效能之差为精馏操作的净功耗,即

$$W_n = Q_B \frac{T_H - T_0}{T_H} - Q_D \frac{T_L - T_0}{T_L} \quad (6-21)$$

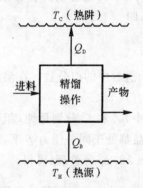

图 6-16　精馏过程示意图

6.3.3 分离过程中有效能损失的主要形式

为提高分离过程的热效率,必须减少有效能损失。分离过程中有效能损失主要有以下几种形式。

1. 由于流体流动阻力造成的有效能损失 $D_{\Delta p}$

在定态流动过程中,如果物系和环境间不发生热和功的交换,则根据热力学第一定律,有

$$dH = 0$$

等焓过程从热力学第一定律看,热效率为100%,但却有相当数量的有效能损耗掉。因为 $dH = TdS + Vdp$,所以熵变 dS 为

$$dS = -\frac{V}{T} dp \quad (6-22)$$

因此,有效能损耗为

$$\delta D_{\Delta p} = n T_0 dS = -n \frac{T_0 V}{T} dp \quad (6-23)$$

式中,n 为摩尔流率。可见阻力越大,有效能损失越多。

2. 节流膨胀过程的有效能损失

从本质上说,与上项损失类同。节流膨胀均引起物系熵增,损失有效能。节流过程的有效能损失 $D_{节}$ 可按阀前和阀后物流的状态计算,有

$$D_{节} = n(B_{前} - B_{后}) \tag{6-24}$$

式中,$B_{前}$ 和 $B_{后}$ 分别为 1 kmol 物流在阀前和阀后的有效能。

一般来说,在相同节流压降下,节流初始温度越低,熵增越小,有效能损失也越小。

3. 由于热交换过程中推动力温差存在造成的有效能损失 $D_{\Delta T}$

在塔顶冷凝器、塔底再沸器和其他一些辅助换热设备中,均需有一定的传热推动力温差存在。当 δQ 的热量从温度为 T_H 的热源传到温度为 T_L 的热阱时,其有效能损失为

$$\delta D_{\Delta T} = T_0 \left(\frac{\delta Q}{T_L} - \frac{\delta Q}{T_H} \right) = T_0 \left(\frac{T_H - T_L}{T_H T_L} \right) \delta Q \tag{6-25}$$

可见,有效能损失与传热温差成正比。

4. 由于非平衡的两相物流在传质设备中混合和接触传质造成的有效能损失 D_{mt}

以板式精馏塔为例,从下面上升进入某块板的汽相温度比上面板上流下来的液相温度要高些,而易挥发组分的含量则低于与下降液相浓度相平衡的浓度,两股物流在温度和组成上均不平衡,在塔板上发生的热量和质量传递过程均是不可逆的,必然造成有效能损失,这是精馏塔内有效能损失的主要部分。

当物质 dn 摩尔由化学位 μ_i^I 的相 Ⅰ 传到相 Ⅱ 时,产生的有效能损失分析于下:

由热力学可知,与环境有物质交换的开放系统,其总内能 $n\hat{U}$ 的微分式为

$$d(n\hat{U}) = T d(n\hat{S}) - p d(n\hat{V}) + \sum_i \mu_i dn_i \tag{6-26}$$

因此,当相 Ⅰ 和相 Ⅱ 间发生 dn 的质量传递时,熵产生量为

$$d\sigma = \left(\frac{1}{T^I} - \frac{1}{T^{II}} \right) d(n\hat{U}) + \left(\frac{p^I}{T^I} - \frac{p^{II}}{T^{II}} \right) d(n\hat{V}) - \sum_i \left(\frac{\mu_i^I}{T^I} - \frac{\mu_i^{II}}{T^{II}} \right) dn_i \tag{6-27}$$

当质量传递在等温等压下进行时,上式简化为

$$d\sigma = -\sum_i \left(\frac{\mu_i^I}{T^I} - \frac{\mu_i^{II}}{T^{II}} \right) dn_i = \sum_i (\mu_i^I - \mu_i^{II}) \frac{dn_i}{T} \tag{6-28}$$

于是有效能损耗为

$$d\sigma = T_0 \sigma = -T_0 \sum_i (\mu_i^I - \mu_i^{II}) dn_i \tag{6-29}$$

化学位是传质的推动力,正是由于两相间化学位有差异而导致传质过程,从而发生有效能损失。

根据上述讨论可见,减少每块板上传热和传质推动力,即使得操作线与平衡线尽量接近,过程趋于可逆,是降低塔内有效能损失的主要途径。

6.4　精馏节能技术

精馏过程是流程工业中应用最成熟和最广泛的分离技术。由于它技术成熟、可靠和有效,在工业上的应用远远超过其他任何一种分离技术,是大型流程工业中的首选通用分离技术,

在流程工业领域,特别是在化工以及石化、炼油等工业,在可预见的未来尚不可能被其他技术所替代。然而,精馏过程也是高能耗的过程,在大型流程工业中所占能耗比例可超过 40%。同时,精馏又在热力学上是低效的耗能过程,有极高的热力学不可逆性。精馏过程的节能主要有以下几种基本方式:提高塔的分离效率,降低能耗和提高产品回收率;采用多效精馏技术、热泵技术、热耦精馏技术、新塔型和高效填料等。

6.4.1 多股进料和侧线出料

1. 多股进料

当两种或多种组分相同、但浓度不同的料液进行分离时,例如,易挥发组分浓度分别为 x_{F1},x_{F2} 的 A,B 二组分体系混合液,流率分别为 F_1 和 F_2,要把这两种原料液精馏分离成 A,B 纯组分产品,可考虑以下三种方式,如图 6-17 所示。

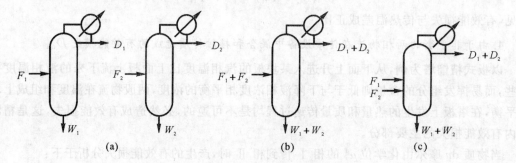

图 6-17　两种不同浓度进料的精馏流程
(a) 两塔式;(b) 进料液混合一塔式;(c) 两段进料一塔式

(1) 两塔方式:用两个常规的精馏塔分别处理两股原料液。

(2) 原料液混合进料一塔式:把浓度不同的 F_1,F_2 两种原料液混合,用一个常规的精馏塔分离。

(3) 两段进料一塔式:采用具有两个进料板的一个复杂塔,两股原料液分别在适当的位置加入塔内,即多股进料,进行精馏。

采用两塔式,虽然所需的热量未必比其他方式多,但由于需要两个塔,设备费用高于方式(3)。后两种方式都采用一个塔,但由图 6-18 可知,采用两段进料的复杂塔时,操作线较接近平衡线,不可逆损失降低,因而热能消耗降低。但该方式由于精馏段操作线斜率减小,回流比减小,所需塔板数增加。

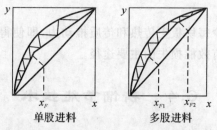

图 6-18　精馏塔的 McCabe-Thiele 图

2. 侧线出料

当需要组成不同的两种或多种产品时,可在塔内相应组成的塔板上安装侧线,抽出产品,即用一个复杂塔代替多个常规塔。侧线抽出的产品可为塔板上的泡点液体或饱和蒸气。这种方式既减少了塔数,也减少了所需热量,是一种节能的方法。

具有一股侧线出料的系统如图 6-19(a) 所示,图 6-19(b) 为侧线产物为组成 $x_{D'}$ 的饱和液体,图 6-19(c) 为侧线产物为侧线产物为 $y_{D'}$ 的蒸气。无论哪种情况,中间段操作线斜率必小于精馏段。在最小回流比下,恒浓区一般出现在 q 线与平衡线的交点处。

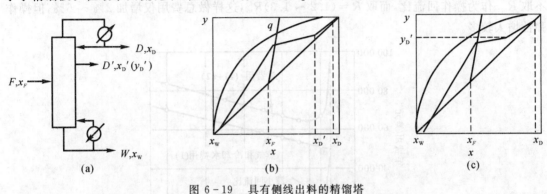

图 6-19　具有侧线出料的精馏塔
(a) 侧线出料精馏塔;(b) 液体出料操作线;(c) 蒸气出料操作线

在采用一个常规塔将 F_1(A,B) 分离成 A,B 二组分,另一个常规塔将 F_2(B,C) 分离成 B,C 二组分的情况下,如果两个精馏塔的处理量和内部回流比差别不大,就可以采用如图 6-20(a) 所示精馏工艺取而代之。不过这种情况是以塔内相对挥发度顺序不变为前提的,并应按沸点由低到高的次序自上而下进料。

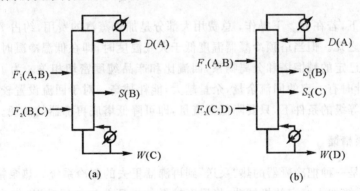

图 6-20　用侧线出料进行多组分精馏

在该工艺中,当原料液量 $F_1 \approx F_2$,进料组成 $x_{F_1B} \approx 0.5$,$x_{F_2B} \approx 0.5$ 时,与采用两个常规塔分离相比,所需热量只有两个常规塔的一半,而且设备投资也减少了(塔减少了一个)。当进料量 F_1 和 F_2 有很大差别时,如 $F_1 \gg F_2$ 时,应设置中间再沸器;如 $F_1 \ll F_2$,则把侧线馏分 S 以气态引出,一部分作为回流。

如果分离 A,B 和 C,D 的两个精馏塔的内部回流比大致相同,而 B~C 间的相对挥发度比 A~B 及 C~D 间的相对挥发度大的话,也可考虑图 6-20(b) 所示的工艺。

侧线出料必须严密地设定设计条件,且当侧线馏分要求纯度高时,要进行详细的设计计算。

6.4.2 适宜回流比

回流比越小,则净功耗越小。为此,应在可能条件下减小操作的回流比。塔径将随 R 的增加而加大。因此,最优回流比反映了设备费用与操作费用之间的最佳权衡。研究得到的苯–甲苯精馏各项费用与 R 的关系如图6–21所示,适宜的回流比应根据总费用最小来确定,由图6–21可知 $R_{opt}/R_m = 1.25/1.14 = 1.1$。由于总费用在适宜回流比 R_{opt} 附近变化缓慢,有时并不取 R_{opt} 作为操作回流比,而取 $R = (1.2 \sim 1.3)R_m$,这样做总费用仅增加 $2\% \sim 6\%$,但操作弹性增大较多。

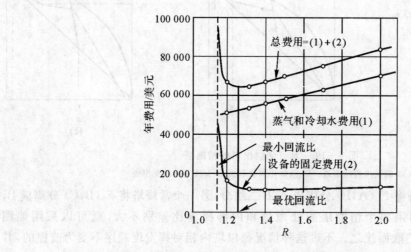

图 6–21 苯–甲苯精馏各项费用与 R 的关系

在一般情况下,若在 R_{opt} 下操作,总费用大部分是加热蒸汽的费用,约占 70%,而冷却水的费用只占百分之几。但当塔顶冷凝器温度低于大气温度时,即在低温冷凝时,冷冻费用便是主要的了。对于已定的精馏塔和分离物系,回流比和产品纯度密切相关。为了确保得到纯度合格的产品,设计时有一定的回流余量,余量越大,能耗越高。对于回流设置较大的精馏塔,在不降低产品质量等级的条件下,只要降低回流量,即可降低塔底再沸器的能耗。

6.4.3 热泵精馏

热泵实质上是一种把冷凝器的热"泵送"到再沸器里去的制冷系统。热泵精馏是依据热力学第二定律,给系统加入一定的机械功,将温度较低的塔顶蒸汽加压升温,作为高温塔釜的热源。热泵精馏的效果一般由性能系数 C.O.P. 来衡量,它表示消耗单位机械能可回收的热量。

根据热泵所消耗外界能量不同,热泵精馏的应用形式分类如图 6–22 所示。

图 6–23~图 6–28 为各种方式的热泵精馏具体流程图。

间接式热泵精馏见图 6–23。该流程利用单独封闭循环的工质(冷剂)工作,塔顶的能量传给工质,工质在塔底将能量释放出来,用于加热塔底物料。该形式可使用标准精馏系统,易于设计和控制,主要适用于精馏介质具有腐蚀性、对温度敏感的情况,或者是顶部压力低需要大型蒸汽再压缩设备的精馏塔。

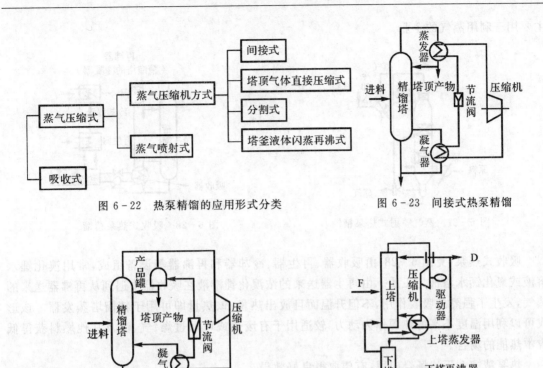

图 6-22　热泵精馏的应用形式分类

图 6-23　间接式热泵精馏

图 6-24　塔顶气体直接压缩式热泵精馏

图 6-25　分割式热泵精馏

塔顶气体直接压缩式热泵精馏(见图 6-24)是以塔顶气体作为工质的热泵,利用塔顶蒸汽经压缩机达到较高的温度,在再沸器中冷凝将热量传给塔底物料。这种形式系统简单、稳定可靠、所需的载热介质是现成的,只需要 1 个换热器(再沸器),所以压缩机的压缩比通常低于单独工质循环式的压缩比,适用于塔顶与塔底温差小,各组分间因沸点接近难以分离而需要采用较大回流比,消耗大量加热蒸汽或塔顶冷凝物需低温冷却的精馏系统。

分割式热泵精馏流程分为上、下两塔(见图 6-25),上塔类似于直接式热泵精馏,只不过多了 1 个进料口;下塔则类似于常规精馏的提馏段即蒸出塔,进料来自上塔的釜液,蒸汽则进入上塔塔底。其特点是通过控制分割点浓度来调节上塔温差从而选择合适的压缩机。该形式适用于分离低组分区相对挥发度大,而高组分区相对挥发度很小(或有可能存在恒沸点)的物系,如乙醇水溶液、异丙醇水溶液等。

闪蒸再沸式热泵精馏以釜液为工质(见图 6-26),与塔顶气体直接压缩式相似,它也比间接式少 1 个换热器,适用场合也基本相同。不过,闪蒸再沸在塔压高时有利,而塔顶气体直接压缩式在塔压低时更有利。

蒸气喷射式热泵精馏形式(见图 6-27)是专门提高低压蒸气压力,塔顶蒸气是稍含低沸点组成的水蒸气,其一部分用蒸气喷射泵加压升温,随驱动蒸气一起进入塔底作为加热蒸气,低压蒸汽的压力和温度都提高到工艺能使用的指标,从而达到节能的目的。该形式设备费用低、易维修、

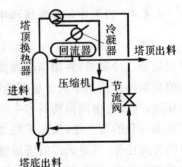

图 6-26 闪蒸再沸式热泵精馏

主要用于利用蒸气的企业。

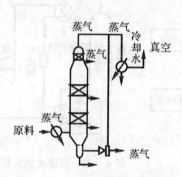

图 6-27 蒸气喷射式热泵精馏

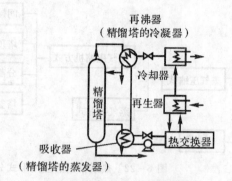

图 6-28 吸收式热泵精馏

吸收式热泵(见图6-28)由吸收器、再生器、冷却器和再沸器等设备组成,常用溴化锂水溶液或氯化钙水溶液为工质。由再生器送来的浓溴化锂溶液在吸收器中遇到从再沸器送来的蒸气,发生了强烈的吸收作用,不但升温而且放出热量,该热量即可用于精馏塔蒸发器。该形式可以利用温度不高的热源作为动力,较适用于有废热或可通过煤、气、油及其他燃料获得低成本热能的场合。

热泵精馏在下述场合应用,有望取得良好效果。

(1)塔顶和塔底温差较小,因为压缩机的功耗主要取决于温差,温差越大,压缩机的功耗越大。据国外文献报道,只要塔顶和塔底温差小于36℃,就可以获得较好的经济效果。

(2)沸点相近组分的分离,按常规方法,蒸馏塔需要较多的塔板及较大的回流比,才能得到合格的产品。而且加热用的蒸气或冷却用的循环水都比较多。若采用热泵技术,一般可取得较明显的经济效益。

(3)工厂蒸汽供应不足或价格偏高,有必要减少蒸气用量或取消再沸器时。

(4)冷却水不足或者冷却水温偏高、价格偏贵,需要采用制冷技术或其他方法解决冷却问题时。

(5)一般蒸馏塔塔顶温度在38~138℃之间,如果用热泵流程对缩短投资回收期有利就可以采用,但是如果有较便宜的低压蒸气和冷却介质来源,用热泵流程就不一定有利。

(6)蒸馏塔底再沸器温度在300℃以上,采用热泵流程往往是不合适的。以上只是对一般情况而言,对于某个具体工艺过程,还要进行全面的经济技术评定之后才能确定。

6.4.4 设置中间冷凝器和中间再沸器

如图6-29(a)所示的二级再沸和二级冷凝精馏塔,即在提馏段设置第二蒸馏釜,在精馏段设置第二冷凝器,则精馏段和提馏段各有两条操作线,如图6-29(b)所示。此时,靠近进料点的精馏操作线斜率大于更高的精馏操作线,靠近进料点的提馏操作线斜率小于更低的提馏操作线,与没有中间再沸器和中间冷凝器的精馏塔(如图6-29(b)中的虚线所示)相比,减小了蒸馏过程的可逆性,提高了热力学效率。然而,也正是由于操作线靠近平衡线,使得完成同样的分离任务,需要更多的塔板数。故中间换热器的节能是以塔板数增加为代价的,但塔板数的增加并不多,通常都在几块的范围内;并且操作费用的节省带来的效益远远大于设备费用的增加。因而只要有可能,增设中间换热器总是可以取得良好的经济效益。

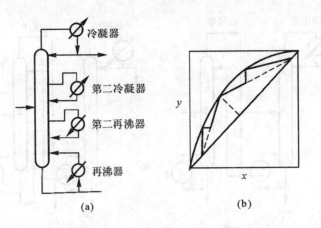

图 6 - 29 二级再沸和二级冷凝精馏

(a)二级再沸和二级冷凝流程;(b)二级再沸和二级冷凝 McCabe-Thiele 图

增设中间换热器是有条件的。首先要考虑有无适当的、可匹配的冷剂或热源。因而必须首先进行蒸馏塔的严格逐板计算,得到塔内逐板的温度剖面,作为添加中间换热器的基础温度数据。通常换热器的冷、热物料温差需要保持在 10℃ 以上,以便有足够的推动力,而对于 -100℃ 左右的低温换热,该温差可以小到 3℃ 左右。

设置中间冷凝器和中间再沸器后,原来的精馏塔没有变化,只不过增设的中间换热改变了操作线斜率,利用了低品位能源。即两个再沸器的热负荷之和与原来一个再沸器相同,两个冷凝器的热负荷之和与原来一个冷凝器相同。增设中间换热器的流程与原再沸器相比,在设置中间再沸器后,部分热量可以采用低于塔底再沸器的廉价的废热蒸气提供,塔的热能有效降级,这使得热效率提高。对于给定的精馏塔,通过合理设置和使用中间再沸器,可以提供最大的热效率、达到最大的节能效果。若与原冷凝器相比,第二冷凝器可以在较高温度下排出热量,也降低了能量的降级损失。

这种配置的另一个优点是,由于进料处上升气体流量大于塔顶,进料处下降液体流量大于塔底,与常规塔相比,塔两端气液流量减小,可以缩小相应段塔径,在设计新设备时,可以收到节省设备费用的效果。

6.4.5 多效精馏

多效精馏过程是以多塔代替单塔,各塔的能位级别不同,能位较高塔排出的能量用于能位较低的塔,从而达到节能目的。由于多效精馏要求后效的操作压强和溶液的沸点均较前效的为低,因此可引入前效的二次蒸汽作为后效的加热介质,即后效的再沸器为前效二次蒸汽的冷凝器,仅第一效需要消耗蒸汽;多效精馏中,随着效数的增加,单位蒸气的耗量减少,操作费用降低。多效精馏的节能效果 η 与效数 N 的关系为

$$\eta = \frac{N-1}{N} \times 100\% \qquad (6-30)$$

多效精馏按进料与操作压力梯度方向是否一致划分可归纳为并流(见图 6 - 30(a)和 6 - 30(b))、逆流(见图 6 - 30(c))和平流流程(见图 6 - 30(d))。但由于精馏过程可以是塔顶产品也可是塔底产品经各效精馏,多效流程有更多的选择。

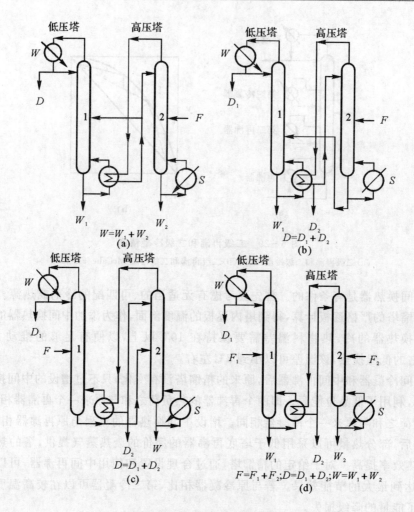

图 6-30　多效精馏的基本流程

(a)并流型(低沸成分<高沸成分);(b)并流型(低沸成分>高沸成分);

(c)逆流型(低沸成分>高沸成分);(d)平流型(低沸成分>高沸成分)

图 6-30(a)所示的串联并流装置是最常见的。此时,外界只向第 2 塔供热,塔 2 顶部气体的冷凝潜热供塔 1 塔底再沸用。在第 1 塔塔底处,其中间产品的沸点必然高于由第 2 塔塔顶引出的蒸气的露点。为了由第 2 塔向第 1 塔传热,第 2 塔必须工作在较高的压力下。

图 6-30(c)所示的双级逆流精馏操作中,物料从低压塔进料,低压塔的釜液作为高压塔的进料。加热蒸气从高压塔再沸器进入,产生的高压塔顶蒸气作为低压塔再沸器的热源。图 6-30(d)平流型流程中,原料被分成大致均匀的两股分别送入高、低压两塔中,其中以高压塔塔顶蒸汽向低压塔塔釜提供热量,两塔均从塔顶、塔釜采出产品。

多效精馏在应用中受许多因素的影响。首先,效数受投资的限制。效数增加,塔数相应增加,设备费增高;效数增加使得热交换器传热温差减小,传热面积增大,故热交换器的投资费用也增加。因此,初投资的增加与运行费用的降低相互矛盾,制约了多效装置的效数。其次,效数受到操作条件的限制。第 2 塔中允许的最高压力与温度,受系统临界压力和温度、源的最高温度以及热敏性物料的允许温度等限制;而操作压力最低的塔通常受塔顶冷凝器冷却水温度的限制。由于这些限制,一般多效精馏的效数为 2,个别也有用三效的。

从操作压力的组合,多效精馏各塔的压力有:①加压-常压;②加压-减压;③常压-减压;④减压-减压。不论采用哪种多效方式,其两效精馏操作所需热量与单塔精馏相比较,都可以减小 30%～40%。

6.4.6　热偶精馏

在单塔中,塔内两相流动要靠冷凝器提供液相回流和再沸器提供气相回流来实现。但在设计多个塔时,如果从某个塔内引出一股液相物流直接作为另一塔的塔顶回流,或引出气相物流直接作为另一塔的气相回流,则在某些塔中可避免使用冷凝器或再沸器,从而直接实现热量的偶合。所谓的热偶精馏就是这样一种通过气、液互逆流动接触来直接进行物料输送和能量传递的流程结构。

一、热偶精馏流程

热偶精馏流程主要用于 3 组分混合物的分离,同时也可用于 3 组分以上混合物的分离。为了提高能量利用率,Petlyuk 提出了热偶精馏塔的概念,在此概念下,发展了一系列的热偶精馏塔流程,主要分为以下几类。

1. 完全热偶精馏塔(FC)及其热力学等价塔

完全热偶精馏流程(FC)如图 6-31(a)所示。它由主塔和预分塔组成,预分塔的作用是将物料预分为 AB 和 BC 两组混合物,其中轻组分 A 从塔顶蒸出,重组分 C 全从塔釜分出,物料进入主塔后,进一步分离,塔顶得到产物 A ,塔底得到产物 C ,在塔中部 B 组分液相浓度达到最大,此处采出中间产物。对热偶精馏塔完全不存在组分再混合的问题。并且在预分塔塔顶和塔底 B 的组成完全和主塔这两股物料进料板上的组成相匹配。在热力学上与完全热偶精馏塔相同的还有分隔壁精馏塔(DWC),如图 6-31(b)所示。分隔壁精馏塔在精馏塔中部设一垂直壁,将精馏塔分成上段、下段、由隔板分开的精馏进料段及中间采出段 4 部分,这一结构可认为是 FC 的主塔和预分塔置于同一塔内。

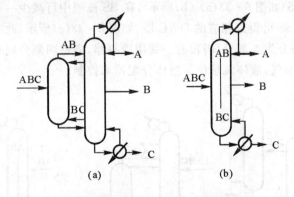

图 6-31 完全热偶精馏塔(a)及其热力学等价塔(b)
(a)完全热偶精馏塔(FC);(b)分隔壁精馏塔(DWC)

完全热偶精馏流程虽然比传统的二塔流程减少一个再沸器、一个冷凝器,但由于预分塔与主塔间的 4 股气液相流量难以控制,在工业上几乎没有使用价值,但与其热力学上完全相同的分隔壁精馏塔,它的工业前景却被看好。由于用分隔壁精馏分离3组分混合物时,得到纯的产物与传统的二塔常规流程相比只需要一个精馏塔、一个再沸器、一个冷凝器。不论是设备投资还是能耗都能节省至少30％,且可通过加入液体分配器来控制分隔壁两边的液体流量,通过分隔壁两边的填料高度或分隔壁的形状来控制气体流量,在当今技术条件下,这些控制手段都已成熟,故分隔壁精馏塔已开始工业应用。

2. 侧线蒸馏流程(SR)及其热力学等价塔

侧线蒸馏流程(SR)是不完全热偶精馏流程,如图6-32(a)(b)所示。在侧线蒸馏塔流程中,可减少一个再沸器,且关联两塔的气液相流量相对较易控制,由SR流程可得到具有工业应用价值的DWC塔,如图6-32(c)所示,此时,分隔壁从塔顶延伸到塔的下部,将塔分为3部分,塔顶两侧分别有冷凝器。在分隔壁两侧的气相流量可分别控制。液体流量仍通过液体分配器来控制。

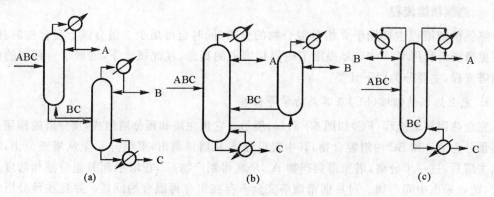

图6-32 侧线蒸馏流程(a)(b)及其热力学等价塔(c)
(a)侧线蒸馏流程(SR);(b)侧线蒸馏流程(SR);(c)分隔壁精塔(DWC)

3. 侧线提馏流程(SS)及其热力学等价塔

侧线提馏流程(SS)如图6-33(a)(b)所示,在SS流程中可减少一个冷凝器,且气液相流量较易控制,同样,由SS可得到相应的DWC塔,如图6-33(c)所示,此时,分隔壁从塔底向上延伸至塔的上部,将塔分为3部分,塔顶有一共用冷凝器,塔釜两侧分别有再沸器,能提供达到分离要求所需的上升蒸气,液体流量仍需液体分配器来控制。

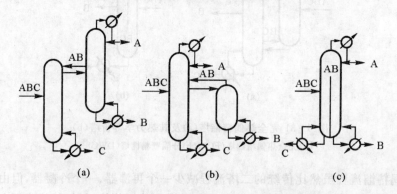

图6-33 侧线提馏流程(a)(b)及其热力学等价塔(c)
(a)侧线提馏流程(SS);(b)侧线提馏流程(SS);(c)分离壁精馏塔

二、热偶精馏流程的适用范围

热偶精馏流程尚未在工业生产中获得广泛的应用,这是由于主、副塔之间气液分配难以在操作中保持设计值;分离难度越大,其对气液分配偏离的灵敏度越大,操作难度难以稳定。热偶精馏流程对所分离物系的纯度、进料组成、相对挥发度及塔的操作压力都有一定的要求。

(1)产品纯度:热偶精馏流程所采出的中间产品的纯度比一般精馏塔侧线出料达到的纯度更大,因此,当希望得到高纯度的中间产品时,可考虑使用热偶精馏流程。如果对中间产品的纯度要求不高,则直接使用一般精馏塔侧线采出即可。

(2)进料组成:若分离 A,B,C 三个组分,且相对挥发度依次递增时,采用该类塔型时,进料混合物中组分 B 的量应最多,而组分 A 和 C 在量上应相当。

(3)相对挥发度:当组分 B 是进料中的主要组分时,只有当组分 A 的相对挥发度和组分 B 的相对挥发度的比值与组分 B 的相对挥发度和组分 C 的相对挥发度的比值相当时,采用热偶精馏具有的节能优势最明显。如果组分 A 和组分 B(与组分 B 和组分 C 相比)非常容易分离时,从节能角度来看就不如使用常规的两塔流程了。

(4)塔的操作压力:整个分离过程的压力不能改变。当需要改变压力时,则只能使用常规的双塔流程。

6.5　分离流程的优化

化工生产中通常包括有多组分混合物的分离操作,单从能耗来看,分离过程(蒸馏、干燥、蒸发等)在化工生产中约占 30%,而设备费用则占总投资的 50%～90%。所以改进分离过程的设计与操作非常重要,选择合理的分离方法,确定最优的分离序列,是分离流程优化的目的。

分离序列的确定,就是从可能的分离序列中找出在产品的技术经济指标上最优的流程方案。技术经济指标包括设备投资费、公用工程(水、电、气)的能源消耗、操作管理等各方面,这些指标又综合体现在产品的成本上。目前,确定分离序列的方法有三类,试探合成、调优合成和最优分离合成。最优分离合成属于非线性混合整数规划问题,既要对可能构成的序列做出离散决策,又要对每个分离器(塔)的设计变量做出连续决策;既要找出最优分离序列,又要找出其中每个分离器的设计变量最优值。对组分数较多的分离问题,利用最优分离合成确定分离序列至今尚未实现。本部分主要介绍选择分离方法时的试探法和确定分离序列时的试探合成法与调优合成法。

6.5.1　分离流程方案(序列)数

工业上广泛采用的精馏塔是一股进料和两股出料的简单分离塔,应用这种塔将组分数为 c 的物料分离为 c 个高纯度产品,需要 $c-1$ 座分离塔。分离 c 个组分料液的 $c-1$ 座塔可能排列的流程方案(序列)数 S_F 由下式计算:

$$S_F = \frac{[2(c-1)]!}{c!\ (c-1)!} \qquad (6-31)$$

独立分离塔数 S_c 由下式计算:

$$S_c = \frac{(c-1)(c+1)c}{6} \qquad (6-32)$$

独立物流股数 S_s 由下式计算：

$$S_s = \frac{c(c+1)}{2} \tag{6-33}$$

组分数为 $2 \sim 10$ 时的对应的 S_F, S_c 和 S_s 值见表 6-3。

表 6-3　不同组分数的 S_F, S_c 和 S_s 值

c	2	3	4	5	6	7	8	9	10
S_F	1	2	5	14	42	132	429	1 430	4 862
S_c	1	4	10	20	35	56	84	120	165
S_s	3	6	10	15	21	28	36	45	55

由表 6-3 可见,随组分数的增加,S_F 急剧增大,S_c 增大次之,而 S_s 增加较缓。

6.5.2　试探法

从上节可知,可能的分离方案数随着分离方法的增加而显著增加。因此,选择合适的分离方法,用所选分离方法合成分离序列非常重要。但目前选择分离方法尚无严格的规则可遵循,而是采用试探规则。这些试探规则是根据过去的经验和对研究对象的热力学性质进行定量分析所得到的结论。显然,根据试探规则得出的结论不一定是最佳方案,但是它能大量减少可能的方案数,以提高设计速度。

试探法能够帮助我们确定工艺条件和结构。部分试探法则可以列举如下:最佳回流比为最小回流比的 $1.2 \sim 1.4$ 倍;返回到冷却水塔的冷却水温度不应超过 $50\,^{\circ}\!\mathrm{C}$,热交换器中的最小温度差应以 $10\,^{\circ}\!\mathrm{C}$ 为限等。这些法则对于设计师来说是有用的,它有助于弥补所缺少的研究条件。假定我们面临的任务是要进行分离,采用试探法,便会大大缩小所研究过程的范围。选择分离方法的试探规则如下。

(1) 在选择分离方法时应首先考虑采用精馏,只有在精馏方案被否定后才考虑其他分离方案,因为精馏分离具有突出的优势:① 精馏是一个使用能量分离剂的平衡分离过程;② 系统内不含有固体物料,操作方便;③ 有成熟的理论和实践;④ 没有产品数量的限制,适合于不同规模的分离;⑤ 常常只需要能位等级很低的分离剂。但当关键组分间的相对挥发度 $\alpha \leqslant 1.05 \sim 1.1$ 时,则不宜采用普通精馏,而应考虑采用加入第三组分的分离方法。分离时,应优先采用常温常压操作。如果精馏塔塔顶冷凝器需用制冷剂,则应考虑以吸收或萃取代替精馏。如果精馏需用真空操作,可以考虑用萃取替代。

(2) 应优先选择平衡分离过程而不选择速度控制过程。速度控制过程例如电渗析、气体扩散过程,需要在每个分离级加入能量;而精馏、吸收、萃取等平衡分离过程,只需一次加入能量,分离剂在每一级重复使用。

(3) 选择具有较大分离因子的分离过程。具有较大分离因子的过程需要比较少的平衡级和分离剂,因而分离费用较少。表 6-1 为各种分子性质对分离因子的定性影响,可以根据混合物各组分分子性质的差异程度来选择有较大分离因子的分离过程。例如,若各组分的偶极矩或极性存在显著差异,采用以极性溶液为溶剂的萃取精馏可能是合适的。

(4) 当分离因子相同时,选择能量分离剂而不选择质量分离剂。当采用质量分离剂时,需

要后续流程增设一个分离器用于分离剂和产品再分离,因而增加了分离过程的费用。

(5) 如果一个分离过程需要极端的温度或压力,耐腐蚀的设备材料,或者高电场等条件,则可能使分离过程的费用高昂。若有其他可行的方案,应进行经济评价后决定其取舍。

虽然这些试探法在许多实际情况下是互相矛盾,它至少可以缩小所考虑过程的范围,并减少需要研究的过程数目。

6.5.3　分离序列法则

1. 通用的试探法则

在对产品进行分离时,应尽量采用以下通用法则。

(1) 尽快除去热稳定性差的和有腐蚀性组分。腐蚀性组分对设备有腐蚀作用,除去腐蚀性组分可以使后续的设备使用普通的材料,降低设备投资费用。

(2) 宜选用使料液对半分开的分离,即 $D \approx W$。当 D 与 W 接近时,两塔段中呈现等同情况,塔的总体可逆程度增大,有效能损耗得到减小。宜将高回收率的分离留到最后进行。因为此时要求有很多塔板,塔较高,如果这时还有其他非关键组分存在,塔中汽相流率将增大,塔径也将增大,又高又大的塔将增大投资。宜将原料中含量最多的组分首先分出,含量最多的组分分出后,就避免了这个组分在后继塔中的多次蒸发、冷凝,减小了后继塔的负荷,比较经济。

(3) 尽快除去反应性组分或单体。反应性组分会对分离问题产生影响,所以要尽快除去。单体会在再沸器中结垢,因此应该在真空条件下操作,以便降低塔顶和塔釜的温度,使聚合速率下降。而真空塔比加压塔的操作费用高。

(4) 避免采用真空蒸馏或冷冻等较为极度的操作方式。

2. 简单塔排序的推理法则

对于有一股塔顶产品物流和一股塔底物流的情况,其分离顺序如下。

(1) 进料中含量高的组分尽量提前分出。当进料中某一组分的含量很大,即使它的挥发度不是各组分中最大的,一般也应将它提前分出,这有利于减少后续各塔的直径和再沸器的负荷。

(2) 当产品是多元混合物时,能由分离塔直接得到产品是最好的。按照料液中各组分挥发度递减的次序,依次使各组分从塔顶分出最为经济,因为料液中的各组分仅需经受一次汽化和一次冷凝,耗能最少。

(3) 高收率的组分最后分离。达到高纯度或高回收率需要较多的理论板,但当达到一定纯度后,理论板数增加变缓。当有非关键组分存在时增大了级间流率,从而增大了塔径,对于板数多的塔,增大塔径将显著增加设备投资。因此,应先除去非关键组分,把回收率要求高的塔放在最后。

(4) 分离困难的组分放在最后,最容易的分离首先进行。当 α 接近 1 时,所需 R_m 很大,R 也必然很大,相应的再沸器和冷凝器的热负荷也大。如果此时还存在轻组分或(和)重组分,塔底和塔顶的温差将增大,由式(6-20)可得,精馏的净功耗加大,不经济。放到最后,才能节省净功耗。

(5) 进入低温分离系统的组分尽量少。对于各组分沸点相差很大的混合物,若有组分需在冷冻条件下进行分离,应使进入冷冻系统或冷冻等级更高的系统的组分数尽量减少。温度越低,制冷所耗的功越大,价格也越贵。

上述各条经验规则在实际中常常相互冲突。针对具体物系设计时需要对若干不同方案进行对比,以明确具体条件下的主要影响因素,缩小可选方案的范围,以利于选择合适的方案。

3.多级分离顺序

为了清晰分割一个三组分的混合物(无共沸物),既可以先回收最轻的组分,也可以先回收最重的组分,如图 6-34 所示。

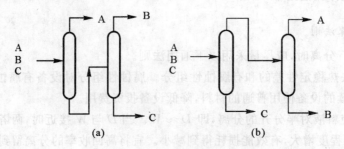

图 6-34 三元混合物蒸馏方案

(a) 正向方案;(b) 替代方案

当组分数增多时,替代方案的数量急剧上升,当有 4 个组分时,有 5 种替代方案。当有 5 个组分时,有 14 种替代方案。当有 6 个组分时,将有 42 种替代方案。图 6-35 是 5 种组分的一个分离方案。表 6-4 列出了分割 5 组分混合物时可以采用的 14 种替代方案。

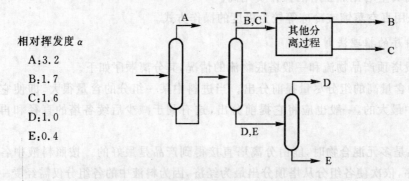

相对挥发度 α

A:3.2
B:1.7
C:1.6
D:1.0
E:0.4

图 6-35 5 组分混合物的一个蒸馏分离方案

表 6-4 5 股产品流的塔序

序号	塔1	塔2	塔3	塔4
1	A/BCDE	B/CDE	C/DE	D/E
2	A/BCDE	B/CDE	CD/E	C/D
3	A/BCDE	BC/DE	B/C	D/E
4	A/BCDE	BCD/E	B/CD	C/D
5	AB/CDE	BCD/E	BC/D	B/C
6	AB/CDE	A/B	C/DE	D/E

续 表

序号	塔 1	塔 2	塔 3	塔 4
7	ABC/DE	A/B	CD/E	C/D
8	ABC/DE	D/E	A/BC	B/C
9	ABCD/E	D/E	AB/C	A/B
10	ABCD/E	A/BCD	B/CD	C/D
11	ABCD/E	A/BCD	BC/D	B/C
12	ABCD/E	AB/CD	A/B	C/D
13	ABCD/E	ABC/D	A/BC	B/C
14	ABCD/E	ABC/D	AB/C	A/B

　　将一个 5 组分的混合物分离成为 5 股纯物流需要 4 个简单塔（顶部和底部都只有一股物流），但是，如果有相近沸点的两个组分留在同一股物流中，则 6 个组分的分离也只需 4 个塔。

6.5.4　调优合成法

　　调优合成法是以一个由试探法确定的初始流程为基础，对分离方案进行修正，使之接近于最优流程的方法。

　　1. 调优合成的步骤

　　(1) 确定一个初始流程：可取由试探法确定的流程；

　　(2) 根据调优规则来考虑初始流程可以允许的结构变化；

　　(3) 对各种可能改变的结构进行分析，确定改进方案；

　　(4) 以改进方案为基础，再进行分析，做进一步的改进。

　　2. 改变流程结构应具备的特性

　　(1) 有效性：根据调优规则拟定的分离顺序应当是可行的；

　　(2) 完整性：从任意初始流程开始，运用调优规则进行反复调优，能产生所有可能组合的分离流程；

　　(3) 直观合理性：根据调优规则产生的新流程应与原调优流程没有显著差别。

　　3. 调优规则

　　(1) 在调优时，可将一个分离任务移至所在分离序列的前一个位置。

　　(2) 在调优时，允许改变一个分离任务的分离方法。

　　【例 6-1】　有一个混合物中含有丙烷（A）、1-丁烯（B）、正丁烷（C）、反-2-丁烯（D）、顺-2-丁烯（E）和正戊烷（F）共 6 个组分。用调优合成法来寻找最优分离流程。

　　混合物组成：

物质	A	B	C	D	E	F
$x/(\%)$	1.48	14.76	50.28	15.64	11.94	5.9

进料条件：

进料摩尔流量 q_n	压 力	温 度
308.25 kmol·h⁻¹	1.03 MPa	40℃

对产品的分离要求：

(1)回收率；

(2)分离成 A,BDE,C,F4 个产品。

解：可采用的分离方法：①常规精馏；②以糠醛为溶剂的萃取精馏。

相邻组分的相对挥发度数据（在 60℃ 以下）：

对于方案 ①：$\alpha_{AB}=2.45$，$\alpha_{BC}=1.18$，$\alpha_{CD}=1.03$，$\alpha_{EF}=2.50$；

对于方案 ②：$\alpha_{CB}=1.70$，$\alpha_{CD}=1.17$。

按常规精馏时各组分的沸点的排列顺序为

$$A，\quad B，\quad C，\quad D，\quad E，\quad F$$

按萃取精馏时各组分在溶剂中的分配系数大小的排列顺序为

$$A，\quad C，\quad B，\quad D，\quad E，\quad F$$

(1) 根据试探规则拟定初始分离流程。

1) 组分 C 和 D 的相对挥发度 $\alpha_{CD}=1.03$，小于 1.05。应考虑常规精馏以外的分离方法，可采用萃取精馏；而其余组分的分离，则采用常规精馏。

2) 组分 A 和 B 与组分 E 和 F 的相对挥发度最大，它们分别为 $\alpha_{AB}=2.45$，$\alpha_{EF}=2.50$，可以考虑把它们的分离放在流程之前。

3) 分离了组分 A 和 F 后，剩余的 B,C,D,E 四组分混合物中，D 和 E 在同一产品的流股中，不需要分离，而需要分离的组分只有 B 和 C 以及 C 和 D。由于 $(\alpha_{BC})_{(1)}=1.18$，而 $(\alpha_{CD})_{(2)}=1.17$，两者的数据相近，但萃取精馏必须增加溶剂回收塔，因此第一步分离的组分应为 B 和 C，而最后分离的组分为 C 和 D。

根据以上分析，初步合成的分离顺序可用图 6-36 表示。

(2)调优合成。调优合成的步骤如下。

1)根据调优规则，可将 E 和 F 的分离移至 A 和 B 的分离前面，也可将 B 和 C 的分离移至 E 和 F 分离的前面。

若采用将 E 和 F 的分离移至 A 和 B 的分离前面，以后的分离顺序保持不变。这样的流程同样符合试探规则，但对整个

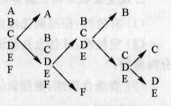

图 6-36 初步合成分离顺序

流程运行的费用不会带来变化。如果采用将 B 和 C 的分离移至 E 和 F 分离的前面，这一变动符合把轻组分先分离的顺序，可使混合物分成塔顶和塔釜内两股摩尔流量相接近的物料流股，不会因塔釜和提馏段蒸出量过大而降低热效率。显然这一移动有利于降低流程运行的费用。

以上是对初始流程的第一次调优，调优后确定的分离流程只在 B 和 C 的分离与 E 和 F 的分离序位上做了互换，其余组分分离则依初始流程顺序不变。如图 6-37 所示，

2)在第一次调优方案的基础上，再做第二次调优。根据调优规则，可以采用两种结构变化，即将 B 和 C 的分离移至 A 和 B 的分离前面，或者将 C 和 D 的分离移至 E 和 F 分离的前面。

如果采用 B 和 C 的分离移至 A 和 B 的前面的结构变化,由于混合物中含 B 量较高,则可以克服原来第一步分离 A 时塔顶物流量和塔釜物流量相差过于悬殊的缺陷;而把 C 和 D 的分离移至 E 和 F 的分离前面,虽然符合气液相平衡常数大小的顺序,但对于生产费用的降低作用不大,故调优流程可采用前者而舍弃后者,如图 6－38 所示。

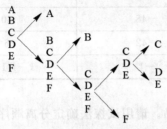
图 6-37　第一次调优后的分离顺序

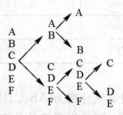
图 6-38　第二次调优后的分离顺序

由于在调优中考虑了精馏塔内上升物流量和下降物流量的平衡,使再沸器和冷凝器的负荷也相应平衡,能的利用比较合理。显然调优后的流程运行费用比调优前低。至此分离流程已无其他结构改变值得考虑,流程分离顺序也趋于合理。

思考题与习题

1. 分离过程有效能损失的形式有哪些?
2. 精馏过程的节能有哪些途径?
3. 试述热偶精馏的特点。
4. 将表 6－5 中的 5 组分混合物分离成单组分。

表 6－5　混合物组成和沸点

组分	$x/(\%)$	沸点/℃
A:己烷	0.25	69.0
B:庚烷	0.25	98.4
C:辛烷	0.30	125.7
D:乙基苯	0.10	136.2
E:C_9	0.10	165.2

请用试探法拟出精馏塔分离网络,并确定分离顺序。

5. 制取乙烯和丙烯的裂解气是一多组分混合物,见表 6－6。

表 6－6　多组分裂解气组分

组分	$x/(\%)$	沸点/℃	与上馏分温度差/℃
A:氢	18	－253	—
B:甲烷	5	－161	92

续 表

组分	$x/(\%)$	沸点/℃	与上馏分温度差/℃
C:乙烯	24	−104	57
D:乙烷	15	−88	16
E:丙烯	14	−48	40
F:丙烷	6	−42	6
G:重组分	8	−1	41

要求将裂解气分离为 AB,C,D,E,F 和 G 6 个产品。请用试探法确定分离顺序,若对分离顺序进行调优。可能出现几种分离网络? 它们各有何特点?

第 7 章　换热器及换热网络

换热器是化工、石油、能源等各工业中应用相当广泛的单元设备之一,可作为加热器、冷却器、冷凝器、蒸发器和再沸器。目前,大部分换热器已经标准化、系列化。进行换热器的设计,首先是根据工艺要求选用适当的类型。对于非标准换热器的设计,可参考有关设计手册。

7.1　换热器的分类

1.按作用原理和实现传热的方式分类

(1)混合式换热器。它是利用两种换热流体的直接接触与混合的作用来进行热量交换的。为了获得大的接触面积,可在设备中放置搁栅或填料,有时还把液体喷成细滴。

(2)蓄热式换热器。它是让两种温度不同的流体轮流通过同一种固体填料的表面,使填料相应的被加热和被冷却,而进行热流体和冷流体之间的热量传递。为了过程连续,这种换热器都是成对使用。生产中热、冷流体会有少量混合。

(3)间壁式换热器。它是利用一种固体壁面将进行热交换的两种流体隔开,使它们通过壁面进行传热。这类换热器使用最广泛。

2.按使用目的分类

(1)冷却器。冷却工艺物流的设备。一般冷却剂多采用水。若冷却温度较低时,可采用氨或氟利昂为冷却剂。

(2)加热器。加热工艺物流的设备。一般采用水蒸气、热水和烟道气等作为加热介质,当温度要求高时,可采用导热油、熔盐等作为加热介质。

(3)再沸器。用于蒸馏塔底汽化物料的设备。

(4)冷凝器。将气态物料冷凝变成液态物料的设备。

(5)过热器。对饱和蒸汽再加热升温的设备。

(6)废热锅炉。由高温物流或者废气中回收其热量而生产蒸汽的设备。

7.2　间壁式换热器的特性

间壁式换热器是换热器中使用最为普遍的一类换热器,因而最具代表性。间壁换热器包括以下类型:

间壁式换热器 {
管壳式(固定管板式、浮头式、填料函式、U 型管式)
板式(板翅式、螺旋板式、伞板式、波纹板式)
管式(空冷器、套管式、喷淋管式、箱管式)
液膜式(升降膜式、括板薄膜式、离心薄膜式)
其他型式(板壳式、热管)
}

各类间壁式换热器的特性见表 7-1。

表 7-1　间壁式换热器的分类与特性

分类	名　称	特性一览表	相对费用	耗用金属量/ $(kg \cdot m^{-2})$
管壳式	固定管板式	使用广泛,已系列化;壳程不易清洗,管壳两物流温差>60℃时应设置膨胀节,最大使用温差不应>120℃	1.0	30
	浮头式	壳程易清洗;壳管两物料温差可>120℃;内垫片易渗漏	1.22	46
	填料函式	优缺点同浮头式;造价高,不宜制造大直径设备	1.28	
	U 型管式	制造、安装方便,造价较低,管程耐高压;但结构不紧凑、管子不易更换和不易机械清洗	1.01	
板式	板翅式	紧凑、效率高,可多股物料同时热交换,使用温度≮150℃	0.6	16 50
	螺旋板式	制造简单、紧凑,可用于带颗粒物料,温位利用好;不易检修		
	伞板式	制造简单、紧凑、成本低、易清洗,使用压力≮1.18×10^6Pa,使用温度≮150℃		16
	波纹板式	紧凑、效率高、易清洗,使用温度≮150℃,使用压力≮1.47×10^6Pa		
管式	空冷器	投资和操作费用一般较水冷低,维修容易,但受周围空气温度影响大	0.8~1.8	
	套管式	制造方便、不易堵塞,耗金属多,使用面积不宜>20m²	0.8~1.4	150
	喷淋管式	制造方便,可用海水冷却,造价较套管式低,对周围环境有水雾腐蚀	0.8~1.1	60
	箱管式	制造简单,占地面积大,一般作为出料冷却	0.5~0.7	100
液膜式	升降膜式	接触时间短、效率高,无内压降,浓缩比≤5		
	括板薄膜式	接触时间短、适于高黏度、易结垢物料,浓缩比11~20		
	离心薄膜式	受热时间短、清洗方便,效率高,浓缩比≤15		
其他	板壳式	结构紧凑、传热好、成本低、压降小,较难制造		24
	热　管	高导热性和导温性,热流密度大,制造要求高		

7.3 换热器的设计与选型

7.3.1 换热器的系列化

化工设备的标准化是促进化学工业及化工机械制造工业发展的一项重要工作。有了统一的标准,可以根据其制定出标准的施工图,这可以大大减少设计部门的设计工作量,节约大量工作时间;而制造部门则可以组织厂际协作与专业分工,有可能进行成批生产,提高产品质量,降低生产成本。有了标准系列,设备零件的互换性能强,便于设备的检修和维护。

由于换热设备应用广泛,国家现在已将多种换热器包括管壳式、板式换热器和石墨换热器系列化,采用标准图纸进行系列化生产。各型号标准图纸可到有关设计单位购买,有的化工机械厂已有系列标准的各式换热器供应,这给换热器的选型带来了很多方便。已形成标准系列的换热器主要有以下几种。

1. 固定管板式换热器(系列号:JB/T4715-92)

固定管板式换热器的公称压力 PN 0.25~6.4 MPa,公称直径 DN 钢管制圆筒 159~325 mm,卷制圆筒 400~1 800 mm,换热管长度 $L=1$ 500~9 000 mm。换热管直径有 $\phi19$ 和 $\phi25$ 两种。换热面积 1~2 100 m^2。管程数有单管程,2,4,6 管程。安装形式有卧式、立式、卧式重叠式。

2. 立式热虹吸式重沸器(JB/T4716-92)

立式热虹吸式重沸器的公称压力 PN 0.25~1.6 MPa,公称直径 DN 卷制圆筒 400~1 800 mm,换热管长度 $L=1$ 500~3 000 mm。换热管直径有 $\phi25$ 和 $\phi38$ 两种,换热面积 8~400 m^2,管程数为单管程。

3. 钢制固定式薄管板换热器(HG21503-92)

固定式薄管板换热器公称压力 PN 0.6~2.5 MPa(真空按 1.0 MPa 级),公称直径 DN150~1 000 mm,设计温度-19~+350℃,公称换热面积 FN1.0~365 m^2。换热管直径:碳钢 $\phi25\times2.5$ 和 $\phi25\times2$,不锈钢 $\phi25\times2$ mm。换热管长度 L1 500~6 000 mm。

(1)主要材料包括壳体材料,碳钢 20,Q235-A,20R,16MnR,不锈钢 0Crl9Ni9,0Crl7Nil2Mo2。换热管材料,碳钢 20,不锈钢 0Crl8Ni9Ti,0Crl8Nil2Mo2Ti。

(2)结构形式有焊入式(管板焊于法兰面下方的筒体上),贴面式(管板贴于法兰密封面下)。安装形式有立式、卧式、重叠式。

4. 浮头式换热器和冷凝器(JB/T4714-92)

公称压力:浮头式换热器 1.0~6.4 MPa,浮头式冷凝器 1.0~4.0 MPa;公称直径:内导流式换热器,卷制圆筒 400~1 800 mm、钢管制圆筒 325 mm~426 mm;外导流式换热器,卷制圆筒 500~1 000 mm;冷凝器,卷制圆筒 400~1 800 mm、钢管制圆筒 426 mm。换热管种类有光管及螺纹管;换热器长度 3~9 m;安装形式有卧式、重叠式。

5.U 型管换热器(JB/T4717-92)

U 形管式换热器的公称压力:1.0~6.4 MPa;公称直径:卷制圆筒 400~1 200 mm、钢管制圆筒 325 mm,426 mm。换热管种类有光管及螺纹管;换热器长度 3.6 m;安装形式有卧式、重叠式。

6.螺旋板式换热器(JB/T4723-92)

螺旋板换热器是一种高效热交换器,其优点有:传热效率高,传热系数最高可达 3 838 W/(m² · K),比列管式热交换的换热效果高 1～3 倍;操作简便,流体压力降小,通道具有自洁能力,不易污塞;结构紧凑,具有体积小及用材料省等特点。其形式有不可拆及可拆式两种。不可拆式螺旋板热交换器其公称压力有 PN0.6,1.0,1.6 MPa(指单通道能承受的最大工作压力)。材质有碳钢与不锈钢,公称换热面积碳钢为 6～120 m²,不锈钢为 6～100 m²,公称直径为500～1 600 mm,不锈钢制为 300～1 600 mm。

7.板式换热器(GB16409—1996)

板式换热器为一种新型的换热设备。具有结构紧凑、占地面积小、传热效率高和操作方便等优点,并有处理微小温差的能力。公称压力 PN≤2.5 MPa,按垫片材料确定允许的使用温度。单板计算换热面积为垫片内侧参与传热部分的波纹展开面积,单板公称换热面积为圆整后的单板计算换热面积。

此外,还有空冷式换热器、石墨换热器、搪玻璃系列列管式换热器等。

在工程设计中,应尽量选用标准系列的换热器,这样做不仅给设计工作带来方便,对于工程进度和投资也是有利的。

7.3.2 管壳式换热器选择中应注意的问题

1.管程流体的选择

选择标准一般应考虑以下几方面。

(1)不清洁、黏度大的应在管内,以便于清洗。

(2)腐蚀性强的流体尽可能走管程,以免管束与壳体同时被腐蚀。

(3)具有压力的流体应在管内,以免制造较厚的壳体。

(4)流量大的流体走壳程,流量少的走管程。因壳程折流挡板的作用,在低 Re 下(Re＞100),壳程流体可达到湍流。

(5)饱和蒸汽宜走壳程,以利于冷凝液的排除。

(6)与外界温差大的流体宜通入管内,与外界温差小的宜通入管间。这样可减少温差效应,以减少管、壳间的相对伸长。两流体温差不大,而对流传热系数相差很大,则宜将对流传热系数大的流体走管程,因为在管外加翅或螺旋片比较方便。

2.补偿的选择

当壳体与管壁温差在50℃以上时,为避免温差效应而导致的结构变形或破坏,应考虑热补偿问题。通常采用的补偿方法有:补偿圈补偿、U 形管补偿、垫塞补偿、浮头补偿等,一般采用 U 形膨胀节。

3.管程数、壳程数的选择

(1)管程数:系指介质沿换热管长度方向往、返的次数。当管间为恒温时,管程数多有利。当管内走小流量时,适当增加管程数可达理想流速。按我国"钢制管壳式换热器"标准

(GB151—89),管程数分为1,2,4,6,8,10,12等7种。在分程中,应尽可能使各程的换热管数大致相等。

(2)壳程数:系指介质在壳程内沿壳体轴向往、返的次数。一般按纵向隔板分成的程数计算。仅有横向折流挡板者仍做单程。只有当壳方污垢热阻小于0.000 837 4 kJ/m·h·k时,才宜用纵向隔板。最多的壳程数可达6程以上。

4.管壳长径比的选择

管壳长径比在4～25之间。对卧式管壳式换热器,以6～10为最常见。加热管细长者,投资较省。在立式管壳换热器,从稳定性考虑,长径比以4～6为宜。

5.折流板的选择

折流板的常见形式有弓型和圆盘-圆环型两种。弓型折流板有单弓型、双弓型和三弓型3种。切去弓型的高度一般为圆筒内直径的20%～45%。无相变时切去面积通常为25%,蒸发切去45%左右,冷凝有时切去50%左右。为减少压降损失,应使缺口处的流量与折流板间的流道面积接近。

折流板间的间距应不小于圆筒内直径的1/5,且不小于50 mm。最大间距应不大于圆筒内直径,且应满足表7-2要求。板间距过小,不便制造及检修,阻力也增大;板间距过大,则流向与管轴之间的交角＜60°～70°,对传热不利。必要时,可采用不同的板间距。

表 7-2　折流板间距要求

换热管外径/mm	10	14	19	25	32	38	45	57
最大支撑跨距/mm	800	1 100	1 500	1 900	2 200	2 500	2 800	3 200

7.3.3　管壳式换热器设计中有关参数的确定

选用的换热器首要满足工艺及操作条件要求。在工艺条件下长期运转,安全可靠,不泄漏,维修清洗方便,满足工艺要求的传热面积,尽量有较高的传热效率,流体阻力尽量小,并且满足工艺布置的安装尺寸等。

1.壁温与温度

传热壁温是确定定性温度的依据,而定性温度则是在传热计算中确定物性的依据。

传热壁温过高,容易引起物料变质;过低,则会便物料凝固。在一般情况下,凝固层对传热不利(利用凝固层以减少器壁的腐蚀和热损失不在此列)。

传热壁(例如管子)和器壁(壳体)温差相差较大时,要根据其开车、清洗等作业中的最大温差去考虑膨胀节。

在高温(如电热)设备中,正确计算传热壁温,有助于选用较适宜的材料及操作条件,避免设备损坏。

冷却水的出口温度不宜高于60℃,以免结垢严重。高温端的温差不应小于20℃,低温端的温差不应小于5℃。当在两工艺物流之间进行换热时,低温端的温差不应小于20℃。

当采用多管程、单壳程的管壳式换热器,并用水作为冷却剂时,冷却水的出口温度不应高于工艺物流的出口温度。

在冷却或者冷凝工艺物流时,冷却剂的入口温度应高于工艺物流中易结冻组分的冰点,一般高 5℃。

在对反应物进行冷却时,为了控制反应,应维持反应物流和冷却剂之间的温差不应低于 10℃。

当冷凝带有惰性气体的工艺物料时,冷却剂的出口温度应低于工艺物料的露点,一般低 5℃。

换热器的设计温度应高于最大使用温度,一般高 15℃。

2.流速选择

在选择流速时,为有利于传热,宜采用较高流速。但是,加大流速将使压力降增加,动力消耗也随之增大,且易使管子产生振动。

对高密度流体,适当提高流速对传热有利;反之,对低密度流体,由于其传热系数低,而克服阻力所需的动力又较大,因此在考虑提高流速时,应注意合理性。

对黏度高的流体一般按滞流设计。

在传热计算中,一般参照换热器内常用流速范围选择(见表 7-3 和表 7-4)。

表 7-3 列管式换热器内常用的流速范围

流体种类	流速/$(m \cdot s^{-1})$	
	管　程	壳　程
一般液体	0.5~3	0.2~1.5
易结垢液体	>1	>0.5
气体	5~30	3~15

表 7-4 不同黏度液体的流速(以普通钢壁为例)

液体黏度/$(10^{-3}/Pa \cdot s)$	最大流速/$(m \cdot s^{-1})$
>1 500	0.6
1 500~500	0.75
500~100	1.1
100~35	1.5
35~1	1.8
<1	2.4

3.压力降

压力降一般考虑随操作压力不同而有一个大致的范围。压力降的影响因素较多,但通常希望换热器的压力降在表 7-5 所表示的参考范围内或附近。

表 7-5　允许的压力降范围

操作压力 p	压力降 Δp
真空(0~0.1 MPa 绝压)	$\Delta p = p/10$
0~0.07(MPa 表压,下同)	$\Delta p = p/2$
0.07~1	$\Delta p = 0.035$ MPa
1.0~3.0	$\Delta p = 0.035$~0.18 MPa
3.0~8.0	$\Delta p = 0.07$~0.25 MPa

4. 对流传热系数与总传热系数 K

传热面两侧的对流传热系数 α_1,α_2 如相差很大时,α 值较小的一侧将成为控制传热效果的主要因素,设计换热器时,应尽量增大 α 较小这一侧的对流传热系数,最好能使两侧的 α 值大体相等。计算传热面积时,常以 α 小的一侧为准。

增加 α 值的方法有以下 4 种。

(1) 缩小通道截面积,以增大流速;

(2) 增设挡板或促进产生湍流的插入物;

(3) 管壁上加翅片,提高湍流程度也增大了传热面积;

(4) 糙化传热表面,用沟槽或多孔表面,对于冷凝、沸腾等有相变化的传热过程来说,可获得大的对流传热系数。

除基本条件(如设备形式、物性、Re 等)相同时的总传热系数 K 值可直接应用外,应由对流传热系数及其他热阻计算的结果求得。但在实际设计中,往往先选定 K 值,再求得传热面积 A,而后选用合适的换热器,再根据此换热器所确定的工艺条件计算各流体的对流传热系数,通过求得 α 值去校核所选定的 K 值是否合适。最初选定 K 值时,可参考工厂同类型设备的 K 值,或选用 K 值的经验数据。

5. 传热面积 A

传热面积 A 为表示 K 的基准传热面积,通常以 α 值较小的一侧的传热面积为基准;当 α_i(内侧 α)和 α_0(外侧 α)相差不大时,即以平均面积 A_m 为基准。实际选用的面积通常比计算结果大 10%~20%,计算公式误差大或操作波动幅度大者,A 有时增大 30%。

6. 污垢热阻系数 R

传热过程,热阻是导致换热器传热能力急剧下降的主要因素,因此在生产操作中应尽可能将流体中所带杂质等在壁面上沉积形式的垢层清扫除去。此外,在生产中还可采取加强水质处理等净化流体的措施来降低污垢热阻,并在设计时除合理决定流体的流速和操作温度去确定污垢的热阻外,应尽可能引用经验数据。

7.3.4　管壳式换热器设计及选用

目前,管壳式换热器具有结构坚固、操作弹性大、可靠程度高、使用范围广等优点,所以在工程中仍得到普遍使用。尽管设计人员已能用专用软件 HTFS 进行设计计算,但为了使设计出来的换热器能更好地满足各种工况,仍然有下述方面的问题需在设计时充分加以考虑。

1. 分析设计任务

根据工艺衡算和工艺物料的要求、特性,掌握物料流量、温度、压力和介质的化学性质,物性参数等(可以从有关设计手册中查得),掌握物料衡算和热量衡算得出的有关设备的负荷、流程中的位置与流程中其他设备的关系等数据。根据换热设备的负荷和它在流程中的作用,明确设计任务。

2. 设计换热流程

换热器的位置,在工艺流程设计中已得到确定,在具体设计换热时,应将换热的工艺流程仔细探讨,以利于充分利用热量,充分利用热源。

(1)要设计换热流程时,应考虑到换热和发生蒸汽的关系,有时应采用余热锅炉,充分利用流程中的热量。

(2)换热中把冷却和预热相结合,如有的物料要预热,有的物料要冷却,将二者巧妙结合,可以节省热量。

(3)安排换热顺序,有些换热场所,可以采用二次换热,即不是将物料一次换热(冷却),而是先将热介质降低到一定的温度,再一次与另一介质换热,以充分利用热量。

(4)合理使用冷介质,化工厂常使用的冷介质一般是水、冷冻盐水和要求预热的冷物料,一般应尽量避免使用冷冻盐水,或减少冷冻盐水的换热负荷。

(5)合理安排管程和壳程的介质,以利于传热、减少压力损失、节约材料、安全运行、方便维修为原则。具体情况具体分析,力求达到最佳选择。

3. 选择换热器的材质

根据介质的腐蚀性能和其他有关性能,按照操作压力、温度,材料规格和制造价格,综合选择。除了碳钢(低合金钢)材料外,常见的有不锈钢,低温用钢(低于-20℃),有色金属如铜、铅。非金属换热器具有很强的耐腐蚀性能,常见的耐腐蚀换热器材料有玻璃、搪瓷、聚四氟乙烯、陶瓷和石墨,其中应用最多的是石墨换热器,国家已有多种系列,近年来聚四氟乙烯换热器也得到重视。此外,一些稀有金属如钛、钽、锆等也被人们重视,虽然价格昂贵,但其性能特殊,如钽能耐除氢氟酸和发烟硫酸以外的一切酸和碱。钛的资源丰富,强度好,质轻,对海水、含氯水、湿氯气、金属氯化物等都有很高的耐蚀性能,是不锈钢无法比拟的,虽然价格高,但用材少,造价也未必昂贵。

4. 选择换热器类型

根据热负荷和选用的换热器材料,选定某一种类型。

5. 确定换热器中介质的流向

根据热载体的性质、换热任务和换热器的结构,决定采用并流、逆流、错流、折流等。

6. 确定和计算平均温差 Δt_m

确定终端温差,算出平均温差。

7. 计算热负荷 Q、流体对流传热系数

估算管内和管间流体的对流传热系数 α_1,α_2。

8. 估计污垢热阻系数 R,并初算总传热系数 K

在许多设计工作中,K 常常取一些经验值,作为粗算或试算的依据,许多手册书籍中都罗列出各种条件下的 K 的经验值,但经验值所列的数据范围较宽,作为试算,并应与 K 值的计算公式结果参照比较。

9. 算出总传热面积 A

总传热面积 A 表示以 K 为基准的传热面积,但通常实际选用的面积比计算结果要适当放大。

10. 调整温度差,再次计算传热面积

在工艺的允许范围内,调整介质的进出口温度,或者考虑到生产的特殊情况,重新计算 Δt_{m},并重新计算 A 值。

11. 选用系列换热器的某一个型号

根据两次或三次改变温度算出的传热面积 A,并考虑 $10\%\sim25\%$ 的安全系数裕度,确定换热器的选用传热面积 A。根据国家标准系列换热器型号,选择符合工艺要求和车间布置(立或卧式、长度)的换热器,并确定设备的台件数。

12. 验算换热器的压力降

一般利用工艺算图或由摩擦系数通过公式计算,如果核算的压力降不在工艺允许范围之内,应重选设备。

13. 试算

如果不是选用系列换热器,则在计算出总传热面积时,按下列顺序反复试算。

(1)根据上述程序计算传热面积 A 或者简化计算,取一个 K 的经验值,计算出热负荷 Q 和平均温差 Δt_{m} 之后,试算出一个传热面积 A'。

(2)确定换热器基本尺寸和管长、管数。根据上条试算出的传热面积 A',确定换热管的规格和每根管的管长(有通用标准和手册可查),由 A' 算出管数。

(3)根据需要的管子数目,确定排列方法,从而可以确定实际的管数,按照实际管数可以计算出有效传热面积和管程、壳程的流体流速。

(4)计算设备的壳程、管程流体的对流传热系数(α_1 和 α_2)。

(5)根据经验选取污垢热阻。

(6)计算该设备的总传热系数。此时不再使用经验数据,而是用以下公式计算:

$$K=\frac{1}{\dfrac{1}{\alpha_1}+R_{\mathrm{d}1}+\dfrac{b}{\lambda}\cdot\dfrac{d_1}{d_{\mathrm{m}}}+R_{\mathrm{d}2}\cdot\dfrac{d_1}{d_2}+\dfrac{d_1}{\alpha_2 d_2}} \tag{7-1}$$

式中　$R_{\mathrm{d}1}$,$R_{\mathrm{d}2}$ —— 管内、管外污垢热阻;

　　　　b —— 管壁厚度;

　　　　λ —— 管壁材料热导率;

　　　　d_1,d_2,d_{m} —— 管内、管外传热面积和平均传热面积,$d_{\mathrm{m}}=(d_1+d_2)/2$。

(7)求实际所需传热面积。用计算出的 K 和热负荷 Q、平均温差 Δt_{m} 计算传热面积 $A_{\mathrm{计}}$,并在工艺设计允许范围内改变温度重新计算 Δt_{m} 和 $A_{\mathrm{计}}$。

(8)核对传热面积。将初步确定的换热器的实际传热面积与 $A_{\text{计}}$ 相比,实际传热面积比计算值大 $10\% \sim 25\%$ 则可靠,如若不然,则要重新确定换热器尺寸、管数,直到计算结果满意为止。

(9)确定换热器各部尺寸、验算压力降。如果压力降不符合工艺允许范围,亦应重新试确定,反复选择计算,直到完全合适时为止。

(10)画出换热器设备草图。工艺设计人员画出换热器设备草图,再由设备机械设计工程师完成换热器的详细部件设计。

在设计换热器时,应当尽量选用标准换热器形式。根据"管壳式换热器"(GB151—1999)规定,标准换热器形式分为固定管板式、浮头式、U 形管式和填料函式。这些换热器的主要部件的分类及代号见图 7-1。

标准换热器型号的表示方法:

$$\times\times\times\,DN - \frac{p_t}{p_s} - A - \frac{LN}{d} - \frac{N_t}{N_s}\,\text{I (或 II)}$$

式中　$\times\times\times$——由三个字母组成,第一个字母代表前端管箱形式;第二个字母代表管壳形式;第三个字母代表后端结构形式,详见图 7-1;

　　DN——公称直径,mm,对于釜式重沸器用分数表示,分子为管箱内直径,分母为圆筒内直径;

　　p_t/p_s——管/壳程设计压力,MPa,压力相等时,只写 p_t;

　　A——公称换热面积,m^2;

　　LN/d——LN 为公称长度,m;d 为换热管外径,mm;

　　N_t/N_s——管/壳程数,单壳程时只写 N_t;

　　I(或 II)——I 级换热器(或 II 级换热器)。

具体示例如下。

(1)浮头式换热器:平盖管箱,公称直径 500 mm,管程和壳程设计压力均为 1.6 MPa,公称换热面积为 54 m^2,较高级冷拔换热管外径 25 mm,管长 6 m,4 管程,单壳程的浮头式换热器。其型号:

$$AES500 - 1.6 - 54 - 6/25 - 4I$$

(2)固定管板式换热器:封头管箱,公称直径 700 mm,管程设计压力 2.5 MPa,壳程设计压力 1.6 MPa,公称换热面积 200 m^2,较高级冷拔换热管外径 25 mm,管长 9 m,4 管程,单壳程的固定管板式换热器。其型号:

$$BES700 - 2.5/1.6 - 200 - 9/25 - 4I$$

(3)U 形管式换热器:封头管箱,公称直径 500 mm,管程设计压力 4.0 MPa,壳程设计压力 1.6 MPa,公称换热面积 75 m^2,较高级冷拔换热管外径 19 mm,管长 6 m,2 管程,单壳程的 U 形管板式换热器。其型号:

$$BIU500 - 4.0/1.6 - 75 - 6/19 - 2I$$

(4)填料函式换热器:平盖管箱,公称直径 600 mm,管程和壳程设计压力均为 1.0 MPa,公称换热面积为 90 m^2,较高级冷拔换热管外径 25 mm,管长 6 m,2 管程,2 壳程的填料函式浮头换热器。其型号:

$$AFP600 - 1.0 - 90 - 6/25 - 2/2I$$

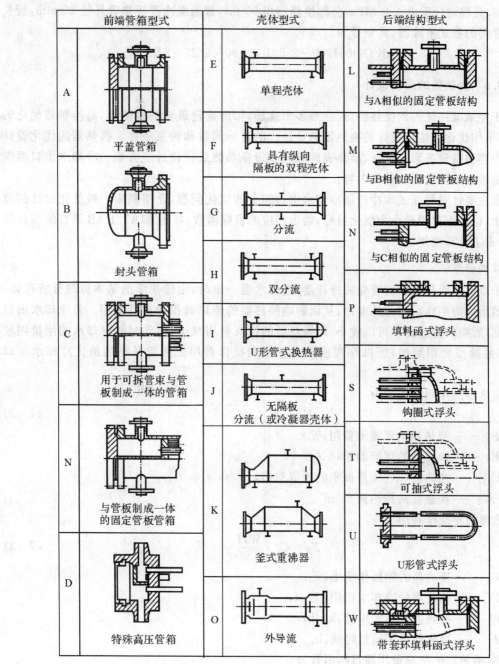

图 7-1　管壳式换热器的主要部的分类及代号

（5）浮头式冷凝器：封头管箱，公称直径 1 200 mm，管程设计压力 2.5 MPa，壳程设计压力 1.0 MPa，公称换热面积 610 m²，普通级冷拔换热管外径 25 mm，管长 9 m，4 管程，单壳程的浮头式冷凝器。其型号：

$$BJSl200-2.5/1.0-610-9/25-4 \text{ II}$$

（6）釜式重沸器：平盖管箱，管箱内直径 600 mm，圆筒内直径 1 200 mm，管程设计压力

2.5 MPa,壳程设计压力 1.0 MPa,公称换热面积 90 m²,普通级冷拔换热管外径 25 mm,管长 6 m,2 管程的釜式重沸器,其型号为

$$AKT600/1200 - 2.5/1.0 - 90 - 6/25 - 2 \text{II}$$

7.3.5 换热器的最优设计

对于完成某一任务的换热器,往往有多个选择,如何确定最佳的换热器,是换热器优化的问题,即采用优化方法使设计的换热器满足最优的目标函数和约束条件。换热器的优化设计的主要内容包括设备形式选择、换热表面确定和设备参数最佳设计三方面。冷却水出口温度的确定是参数最佳设计的重要内容。

本节主要针对管壳式水冷却器冷却水出口温度的优化问题,介绍利用一般优化设计的原理和方法,以操作费用最小为优化目标,给出相应的目标函数,并用 MAT LAB 语言编写计算程序,给出了计算实例。

1. 目标函数

对于以水为冷却介质的管壳式冷却器,进口水温一定时,由传热学的基本原理分析可知,冷却水的出口费用将影响传热温差,从而影响换热器的传热面积和投资费用。若冷却水出口温度较低,所需的传热面积可以较小,即换热器的投资费用减少;但此时的冷却水的用量则较大,所需的操作费用增加,所以存在使设备费用和操作费用之和为最小的最优冷却水出口温度。

设换热器的年固定费用为

$$F_A = K_F C_A A \tag{7-2}$$

式中　　F_A —— 换热器的年固定费用,元;

　　　　K_F —— 换热器的年折旧率,$1/y$;

　　　　C_A —— 换热器单位传热面积的投资费用,元$/m^2$;

　　　　A —— 换热器的传热面积,m^2。

换热器的年操作费用为

$$F_B = C_u \cdot \frac{W H_y}{1\ 000} \tag{7-3}$$

式中　　F_B —— 换热器的年操作费用,元;

　　　　C_u —— 单位质量冷却水费用,元$/t$;

　　　　W —— 换热器冷却水用量,kg/h;

　　　　H_y —— 换热器每年运行时间,h。

因此,换热器的年总费用即目标函数为

$$F = F_A + F_B = K_F C_A A + C_u \cdot \frac{W H_y}{1\ 000} \tag{7-4}$$

2. A 与 W 的数学模型 —— 热平衡方程

换热器的热负荷为

$$Q = G C_{pi}(T_1 - T_2) \tag{7-5}$$

式中　　Q —— 换热器的热负荷,kJ/h;

　　　　G —— 换热器热介质处理量,kg/h;

C_{pi}—— 热流体介质比热容，kJ/(kg · ℃);

T_1,T_2—— 热流体的进出口温度，℃。

当换热器操作采用逆流换热时，则热平衡方程为

$$Q = WC_{pw}(t_2 - t_1) = GC_{pi}(T_1 - T_2) = KA\Delta t_m \qquad (7-6)$$

式中　C_{pw}—— 冷却水比热容，kJ/(kg · ℃);

t_1,t_2—— 冷却水的进出口温度，℃;

Δt_m—— 对数平均温度差，℃;

K—— 总传热系数，kJ/(m^2 · h · ℃)

$$\Delta t_m = \frac{(T_1 - t_2) - (T_2 - t_1)}{\ln \dfrac{T_1 - t_2}{T_2 - t_1}} \qquad (7-7)$$

由此可得

$$W = \frac{Q}{C_{pw}(t_2 - t_1)} \qquad (7-8)$$

$$A = \frac{Q}{KA\Delta t_m} \qquad (7-9)$$

将式(7-5)和式(7-7)代入式(7-8)和式(7-9)，然后再代入式(7-4)，可得到最终的优化设计模型的目标函数。

一般来说，对于设计的换热器，G,T_1,T_2,t_1 及 H_y 均为定值；水的比热容 C_{pw} 和热介质的比热容 C_{pi} 变化不大，可取为常数，C_u,C_A,F_A 可由有关资料查得；总传热系数 K 通常也可由经验确定，所以换热器的年总费用 F 仅是冷却水出口温度 t_2 的函数。当 F 取最小值时，相应的 t_2 既为最优冷却水出口温度，进而可由式(7-8)、式(7-9)得到所需的冷却水量和最优的传热面积。

3. 程序设计

由上面分析可知，以上问题属于单变量最优化问题。对于此类问题求解可以用解析法、黄金分割法或函数逼近法等数值方法求解。采用 MATLAB 语言计算，用其工具箱中 Nelder-Mead 单纯形法函数 fminsearch 优化。以上分析尽管是针对管壳式水冷却器而得出的结果，由于分析方法和传热机理相似，对于其他介质的管壳式换热器只要在公式上稍作变形即可得出类似的结论。因此，对管壳式换热器问题的优化具有一定的普遍性，其求解结果可以作为设计管壳式换热器重要依据，从而可节约生产成本。

4. 设计实例

某石化公司需将处理量为 $G = 4 \times 10^4$ kg/h 的煤油产品从 $T_1 = 135℃$ 冷却到 $T_2 = 40℃$，冷却介质是水，初始温度 $t_1 = 30℃$。要求设计一台管壳式水冷却器(采用逆流操作)，使该冷却器的年度总费用最小。已知数据如下：冷却器单位面积的总投资费用 $C_A = 400$ 元 /m^2；冷却器年折旧率 $K_F = 15\%$；冷却器总传热系数 $K = 840$ kJ/(m^2 · h · ℃)；冷却器每年运行时间 7 900 h；冷却水单价 $C_u = 0.1$ 元 /t；冷却水比热容 $C_{pw} = 4.184$ kJ/(kg · ℃)；煤油比热容 $C_{pi} = 2.092$ kJ/(kg · ℃)。

按已知条件编制数据,启动优化设计程序,计算可得结果见表 7-6。

表 7-6   计算结果

最优出口温度 $t_2/℃$	最小年费用 $F/$元	传热面积 A/m^2	每小时用水量 $W/(kg \cdot h^{-1})$
93.19	49 289.98	425.624	30 066.5

7.4   夹点技术基础

许多过程工业中,一些物流需要加热,而另一些物流则需要冷却,合理地把这些换热物流匹配在一起组成换热器网络,充分利用热物流去加热冷物流,提高系统的热回收程度,尽可能地减少公用工程(如蒸汽、冷却水等)辅助加热和冷却负荷,对提高整个过程系统的能量利用率,降低企业能耗有重要意义。换热器网络综合就是要确定出具有较小或最小的设备投资费用和操作费用,并满足把每个过程物流由初始温度达到规定的目标温度的换热器网络。其中设备的投资费用主要与换热面积及换热设备的台数有关,而操作费用主要与公用工程消耗量有关。

近 30 年来,众多研究者提出了多种换热网络综合方法。根据综合方法的性质和侧重面的不同,大体上可分为启发式的经验规则法、以夹点技术为代表的热力学目标法、基于优化算法的数学规划法和以遗传算法为代表的人工智能法。这几种方法的划分并不是绝对的,常常是几种方法结合起来使用。换热器网络综合问题已成为过程系统综合的一个重要的研究分支。以夹点技术为代表的启发试探法,在工程上和学术上取得了重大的成就,但是由于它仅以夹点温差作为优化的决策变量,缺乏严格的模型、分步求解的特点,使其很难获得最优的换热网络。它的局限性还在于不能全面考虑换热过程传热系数、压力损失、换热器特性(如几何形状、材质和价格等)对换热网络的影响。尽管夹点技术存在一些局限性,但它仍然是目前常用的有效的方法,它的简洁和实用性在过程设计之前确定最优目标的思想在过程能量综合中具有重要的地位,是其他诸如数学规划法,乃至人工智能法的重要基础。本节将阐述夹点设计法的基本知识和基础理论。

夹点技术是英国 Bodo Linnhoff 教授等人于 20 世纪 70 年代末提出的换热网络优化设计方法,后来又逐步发展成为化工过程综合的方法论。夹点技术是从装置的热流分析入手,以热力学为基础,从宏观的角度分析系统中能量流沿温度的分布,从中发现系统用能的"瓶颈"所在。因为夹点技术具有简单、直观、实用和灵活等特点被广泛应用于新过程的设计和旧系统的改造。项目改造后老厂运行能耗平均降低 20% 以上,并且投资回收期平均少于 2 年。夹点技术现已成功地用于各种工业生产的连续和间歇工艺过程,应用领域十分广阔,在世界各地产生了巨大的经济效益。

7.4.1 T-H 图(温-焓图)

在 T-H 图(Temperature-Enthalpy Graph)上能够简单明了地描述过程系统中的工艺物流及公用工程物流的热特性。该图的纵轴为温度 T(单位为 K 或℃),横轴为焓 H(单位为

kW),这里的焓具热流量的单位,kW,这是因为在工艺过程中的物流都具有一定的质量流量,单位是 kg/s,所以这里 T-H 图中的焓相当于物理化学中的焓(单位是 kJ/kg)再乘以物流的质量流量,其单位是

$$kJ/kg \times kg/s = kJ/s = kW$$

物流在 T-H 图上可以用一线段(直线或曲线)来表示,当给出该物流的质量流量 W、状态、初始温度 T_s、目标(或终了)温度 T_t,就可以标绘在 T-H 图上。例如,一质量流量为 W 的冷物流由 T_s 升至 T_t 且没有发生相的变化,在该温度区间的平均比热容为 $C_p[kJ/(kg \cdot ℃)]$,则物流由 T_s 升至 T_t 所吸收的热量为 $Q = W \times C_p(T_t - T_s) = \Delta H$。该热量即为 T-H 图中的焓差 ΔH,该冷物流在 T-H 图上的标绘结果如图 7-2 所示中的线段 AB,并以箭头表示物流温度及焓变化。线段 AB 具有两个特征:一是 AB 的斜率为物流比热容流率(物流的质量流量乘以

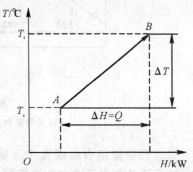

图 7-2　一无相变的冷物流
在 T-H 图上的标绘

比热容)的倒数,即 $\dfrac{\Delta T}{\Delta H} = \dfrac{T_t - T_s}{\Delta H} = \dfrac{1}{WC_p}$;另一特征是线段 AB 可以在 T-H 图中水平移动并不改变其对物流热特性的描述,这是因为线段 AB 在 T-H 图中水平移动时,并不改变物流的初始和目标温度以及 AB 在横轴上的投影长度,即热量 $Q = \Delta H$ 不变。实际上,对于横轴 H,我们关注的是焓差-热流量。在 T-H 图上能够简明地描述过程系统中的工艺物流及公用工程物流的热特性。

7.4.2　组合曲线与 T-H 图上的夹点

在一过程系统中,包含有多股热物流和冷物流,在 T-H 图上孤立地研究一个物流,是作为研究工作的基础,更重要的是应当把它们有机地组合在一起,同时考虑热、冷物流间的匹配换热问题,从而提出了在 T-H 图上构造热物流组合曲线和冷物流组合曲线及其应用问题。

在 T-H 图上,多个热物流和多个冷物流可分别用热组合曲线和冷组合曲线进行表达。如图 7-3(a) 所示,热过程物流 H_1 和 H_2 在 T-H 图上分别表示为线段 AB 和 CD。图 7-3(a) 所示为 H_1 和 H_2 两个热物流的组合曲线的构造过程。首先将线段 CD 水平移动到点 B 与点 C 在同一垂线上,即物流 H_1 和 H_2“首尾相接”,然后沿点 B、点 C 分别作水平线,交 CD 于点 F,交 AB 于点 E,这表明物流 H_1 的 EB 部分与物流 H_2 的 CF 部分位于同一温度间隔,则可以用一个虚拟物流,即线段 EF(对角线),表示该间隔的 H_1 和 H_2 两个物流的组合。因为 EF 的热负荷等于($EB + CF$)的热负荷,且在同一温度间隔。图 7-3(b)表示最终得到的热物流 H_1 和 H_2 的组合曲线 $AEFD$。

在 T-H 图上可以形象、直观地表达过程系统的夹点位置。为了确定过程系统的夹点,需要给出下列数据:所有过程物流的质量流量、组成、压力、初始温度、目标温度,以及选用的热、冷物流间匹配换热的最小允许传热温差 ΔT_{min}。用作图的方法在 T-H 图上确定夹点位置的步骤如下(见图 7-4)。

(1) 根据给出的热、冷物流数据,在 T-H 图上分别作出热物流组合曲线 AB 及冷物流组合曲线 CD。

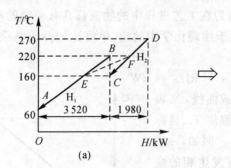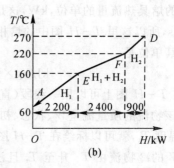

图 7-3　组合曲线的构造过程

(a) 热物流 H_1，H_2 在 T-H 图上的标绘；(b) H_1 和 H_2 曲线

（2）热物流组合曲线置于冷物流组合曲线上方，并且两者在水平方向相互靠拢，当两组合曲线在某处的垂直距离正好等于 ΔT_{min} 时（如图 7-4 中所示的 PQ），则该处即为夹点。

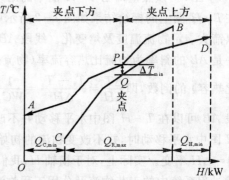

图 7-4　在 T-H 图上描述夹点

应当强调指出，凡是等于 P 点温度的热流体部位以及凡是等于 Q 点温度的冷流体部位都是夹点，即从温位来讲，热流体夹点的温度与冷流体夹点的温度刚好相差 ΔT_{min}。

过程系统的夹点位置确定之后，相应地在 T-H 图上可以得出下列信息。

（1）该过程系统所需的最小公用工程加热负荷 $Q_{H,min}$ 及最小公用工程冷却负荷 $Q_{C,min}$。

（2）该过程系统所能达到的最大热回收 $Q_{R,max}$。

（3）夹点 PQ 把过程系统分隔为两部分：一是夹点上方，包含夹点温度以上的热、冷工艺物流，称热端。热端只需要公用工程加热，故也称为热阱；另一是夹点下方，包含夹点温度以下的热、冷工艺物流，称冷端。冷端只需要公用工程冷却，故也称为热源。

由上可知，选用的热、冷物流间匹配换热的最小允许传热温差 ΔT_{min} 的大小，直接影响夹点的位置。

7.4.3　问题表格算法

上述 T-H 图法确定夹点温度的方法虽然直观，但不适用大规模换热器网络问题的夹点确定。确定多物流夹点位置的常用方法为"问题表格法"，其可以深刻地理解夹点的实质及特征，下面结合例题进行说明。

【例 7-1】　一过程系统含有两个热物流和两个冷物流，给定数据见表 7-7，并选热、冷物流间最小传热温差 $\Delta T_{min}=20℃$，试确定该过程的夹点位置。

表 7-7　例 7-1 的物流数据

物流标号	初始温度 T_s /℃	终了温度 T_t /℃	热负荷 Q/kW	热容流率 CP/(kW·℃$^{-1}$)
H_1	150	60	180.0	2.0
H_2	90	60	240.0	8.0

续 表

物流标号	初始温度 T_s/℃	终了温度 T_t/℃	热负荷 Q/kW	热容流率 CP/(kW·℃$^{-1}$)
C_1	20	125	262.5	2.5
C_2	25	100	225.0	3.0

　　根据例 7-1 中的物流的初温,终温和冷、热物流的最小传热温差 20℃,可以画出如表 7-8所示的问题表格。在表 7-8 中,本网络按照温位共被划分为 6 个子网格(SN),采用下式对网络进行逐个热衡算,有

$$O_k = I_k - D_k$$

$$D_k = \left(\sum CP_C - \sum CP_H\right)(T_k - T_{k+1}), \quad k = 1, 2, \cdots, k \qquad (7-10)$$

式中,D_k 为第 k 个子网络本身的赤字(Deficit),表示该网络为满足热平衡时所需外加的热量。D_k 值为正,表示需要由外部供热,D_k 值为负,表示该子网络有剩余热量可输出;I_k 为由外界或其他子网络供给第 k 个子网络的热量;O_k 为第 k 个子网络向外界或向其他子网络排出的热量;$\sum CP_C$ 为子网络 k 中包含的所有冷物流的热容流率之和;$\sum CP_H$ 为子网络 k 中包含的所有热物流的热容流率之和;k 为子网络数;$T_k - T_{k+1}$ 为子网络 k 的温度间隔,用该间隔的热物流温度之差或冷物流温度之差皆可。

表 7-8　例 7-1 问题的表格(1),$\Delta T_{min} = 20$℃

计算结果见表 7-9。

表 7-9　例 7-1 问题的表格(2),$\Delta T_{min} = 20$℃

子网络序号	赤字 D_k/kW	无外界输入热量 /kW		外界输入最小热量 /kW	
		I_k	O_k	I_k	O_k
SN_1	-10.0	0	10.0	107.5	117.5
SN_2	12.5	10.0	-2.5	117.5	105.0
SN_3	105.0	-2.5	-107.5	105.0	0
SN_4	-135.0	-107.5	27.5	0	135.0
SN_5	82.5	27.5	-55.0	135.0	52.5
SN_6	12.5	-55.0	-67.5	52.5	40.0

由上面计算结果可以看出,在某些子网络中出现了供给热量 I_k 及排出热量 O_k 为负值的现象,例如,$O_2 = -2.5$,又 $I_3 = O_2 = -2.5$,负值表明 2.5kW 的热量要由子网络 3 流向子网络 2,但这是不能实现的,因为子网络 3 的温位低于子网络 2 的温位。所以一旦出现某个子网络中排出热量 O_k 为负值的情况,说明系统中的热物流提供不出系统中冷物流达到终温所需的热量(在指定的允许的最小传热温差 $\Delta T_{\min}$ 前提下),也就是需要采用外部公用工程物流(如加热蒸汽或燃烧炉等)提供热量,使 O_k(或 I_k)消除负值。所需外界提供的最小热量就是应该使子网络中所有的 O_k 或 I_k 消除负值,即 O_k 或 I_k 负值最大者变成零。

该例题中,$I_4 = O_3 = -107.5\ \text{kW}$,为 O_k 或 I_k 中负值最大者,所以需从外部提供热量 107.5 kW,即向第一个子网络输入 $I_1 = 107.5\ \text{kW}$,使得 $I_4 = O_3 = 0$。

当 I_1 由零改为 107.5 kW 时,各子网络依次做热量衡算,结果列于表 7-9 中的第四列和第五列。实际上,该表中的第二列、第三列中各值分别加上 107.5,即得表中第四列、第五列的值。

由表 7-9 中数字的第四列、第五列可见,子网络 SN_3 输出的热量,即子网络 SN_4 输入的热量为零,其他子网络的输入、输出热量皆无负值,此时 SN_3 与 SN_4 之间的热流量为零,即为夹点,该处传热温差刚好为 $\Delta T_{\min}$。由表 7-8 知,夹点处热物流的温度为 90℃,冷物流的温度为 70℃,夹点温度可以用该界面的虚拟温度(90+70)/2=80℃ 来表示。表 7-9 中数字的第四列第一个元素为 107.5,即为系统所需的最小公用工程加热负荷 $Q_{H,\min}$。表 7-9 中数字的第五列最后的一个元素为 40,即子网络 SN_6 向外界输出的热量,也就是系统所需的最小公用工程冷却负荷 $Q_{C,\min}$。

现在再看一下选用不同的 $\Delta T_{\min}$ 值对计算结果有何影响。现选用 $\Delta T_{\min} = 15℃$,物流数据不变,计算过程如下。

(1) 按 $\Delta T_{\min} = 15℃$,得到问题见表 7-10。

表 7-10　例 7-1 问题的表格(1),$\Delta T_{\min} = 15℃$

子网络序号 k	冷物流及其温度 C₁　C₂	℃	热物流及其温度 H₁　H₂
SN_1		150	
SN_2		125—145	
SN_3		100—120	
SN_4		70—90	
SN_5		40—60	
SN_6		25	
		20	

(2) 按式(7-10)依次对每一个子网络做热量衡算,得出结果见表 7-11。

表 7-11　例 7-1 问题的表格(2),$\Delta T_{\min} = 15℃$

子网络序号	赤字 D_k/kW	无外界输入热量 /kW		外界输入最小热量 /kW	
		I_k	O_k	I_k	O_k
SN_1	-20.0	0	20.0	80	100.0
SN_2	12.5	20	7.5	100.0	87.5

续 表

子网络序号	赤字 D_k/kW	无外界输入热量 /kW		外界输入最小热量 /kW	
		I_k	O_k	I_k	O_k
SN$_3$	87.5	7.5	-80	87.5	0
SN$_4$	-135.0	-80	55	0	135.0
SN$_5$	110	55	-55.0	135.0	25.0
SN$_6$	12.5	-55	-67.5	25.0	12.5

从表 7-11 可以得出:夹点位置在第三与第四子网络的界面处,夹点的温度是:热物流 90℃,冷物流 75℃;最小公用工程加热负荷 $Q_{H,min}$=80 kW;最小公用工程冷却负荷 $Q_{C,min}$= 12.5 kW。

上述计算结果的对比见表 7-12。从中可见,ΔT_{min} 值对 $Q_{H,min}$,$Q_{C,min}$ 以及夹点位置均有 影响。从而可以看出一个特征,即当 ΔT_{min} 变化时,$Q_{H,min}$,$Q_{C,min}$ 在数值的变化上是相等的,即 该题中 107.5-80=40-12.5=27.5 kW,以此也可以检验当 ΔT_{min} 改变时的计算结果是 否有误。

表 7-12　选用不同 ΔT_{min} 值,例 7-1 的计算结果的比较

ΔT_{min}/℃	$Q_{H,min}$/kW	$Q_{C,min}$/kW	夹点位置 /℃	
			热物流	冷物流
20	107.5	40.0	90	70
15	80.0	12.5	90	75

上述计算结果表明 ΔT_{min} 值对 $Q_{H,min}$,$Q_{C,min}$ 以及夹点位置均有影响。ΔT_{min} 越小,热回收 量越多,则所需的加热和冷却公用工程量越少,即运行能量费用越少。但相应换热面积加大, 造成网络投资费用增大,因此需要确定最优的 ΔT_{min}。

7.4.4　夹点的意义

由上述确定夹点位置的方法可以看出,夹点具有两个特征:一是该处热、冷物流间的传热 温差最小,刚好等于 ΔT_{min};另一是该处(温位)过程系统的热流量为零。由这些特性,可理解 夹点有下述意义。

(1)夹点处热、冷物流间传热温差最小,等于 ΔT_{min},它限制了进一步回收过程系统的能 量,构成了系统用能的"瓶颈"所在,若想增大过程系统的能量回收,减小公用工程负荷,就需 要改善夹点,以解"瓶颈"。

(2)夹点处过程系统的热流量为零,从热流量的角度上(或从温位的角度上),它把过程系 统分为两个独立的子系统。为保证过程系统具有最大的能量回收,应该遵循三条基本原则:夹 点处不能有热流量穿过;夹点上方不能引入冷却公用工程;夹点下方不能引入加热公用工程。

现在进一步分析以下三种情况:夹点处有热流量通过;在热端(热阱)引入公用工程冷却 物流;在冷端(热源)引入公用工程加热物流。

1)结合例题 7-1,如图 7-5(b)所示,如果加入子网络 SN_1 的公用工程加热负荷,比最小所需值 107.5 kW 还多了 x kW,则按热级联逐级作热衡算可得到如图 7-6(a)所示的结果,即有 x kW 的热流量通过夹点,而且所需的公用工程冷却负荷也比最小的所需值 40 kW 增加了 x kW,所以,一旦有热流量通过夹点,这意味着该系统增大了公用工程加热及冷却负荷,即增加了操作费(加大了加热蒸汽或燃料及冷却介质用量),减少了系统的热回收量,这就说明应该尽量避免有热流量通过夹点,这是设计中的基本原则之一。

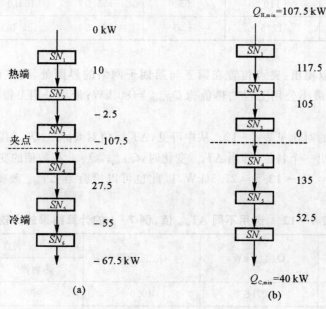

图 7-5　热级联图(每一子网格为一级)

(a)未加公用工程加热负荷(见表 7-9 数字第 2,3 列);

(b)加入最小公用工程加热负荷(见表 7-9 数字第 4,5 列)

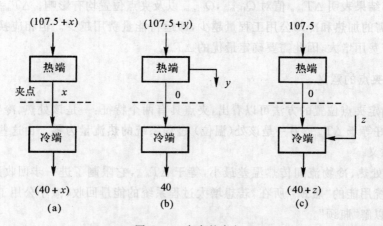

图 7-6　夹点的意义

(a)热流量通过夹点时的影响;(b)夹点上方有公用工程冷

却时的影响;(c)夹点下方有公用工程加热时的影响

2)如果在夹点上方(热端,即热阱)引入公用工程冷却负荷 y kW,见图 7-6(b),则由热端中各子网络的热衡算可知,加入热端第一个子网络的公用工程加热负荷也需增加 y kW,所以,此时增加了公用工程加热与冷却负荷,增大了操作费,因此,应当尽量避免在夹点上方引入公用工程冷却物流,这是设计中的第二个基本原则。

3)如果在夹点下方(冷端,即热源)引入公用工程加热负荷 z kW,见图 7-6(c),则由冷端中各子网络的热衡算可知,所需的公用工程冷却负荷也需增加 z kW。所以,应当尽量避免夹点下方引入公用工程加热物流,这是设计中的第三个基本原则。

综上所述,为得到最小公用工程加热及冷却负荷(或达到最大的热回收)的设计结果,应当遵循上述三条基本原则。

7.4.5　换热网络夹点位置的确定

从夹点的特征及其意义可知,夹点位置的确定是至关重要的,如果确定的夹点位置不准确,采用夹点分析得到的换热网络设计或改造方案就会出现偏差,难以达到预期的效果。夹点位置的确定可分为操作型夹点和设计型夹点两大类。操作型夹点就是确定现有过程系统中热流量沿温度的分布,热流量等于零处即为夹点。通常有两种方法来确定操作型夹点的位置:一种是全过程采用单一的 ΔT_{min} 来确定夹点的位置;另一种是采用实际过程系统中冷热物流间匹配换热的传热温差,此时的传热温差各不相同。

设计型夹点计算是改进各物流匹配换热的传热温差以及对物流工艺参数进行调优,得到合理的过程系统热流量沿温度的分布,从而减少公用工程的用量,达到节约能量的目的。在设计型夹点计算中,如何确定各物流的传热温差贡献值是设计型夹点计算的重要方面。当每一物流的传热温差贡献值确定后,可以按照操作型夹点计算方法和步骤进行计算,此时就能得到各物流具有适宜传热温差贡献值情况下过程系统中热流量沿温度的分布。

7.4.6　总组合曲线

在组合曲线的基础上,通过水平移动冷热物流热负荷线在某点处接触,该接触点为夹点。将冷热组合曲线的端点和折点作水平线,划分温度间隔,计算出(或在图上读出)各温度间隔界面处的热流量,亦即各温度界面上冷热两组合曲线水平线段差,将这些水平线段的左端点都水平移至与纵坐标轴相交,将移动后的所有水平线段的右端点相连接,构成冷热物流的总组合曲线。如图 7-7 所示,图中 C 点为夹点,夹点处的热流量为零,从能量流动角度来讲,夹点把过程系统分割成两个独立的子系统,即夹点上方的热端和夹点下方的冷端。在热端只需要公用工程加热,没有热量向系统外流出;在冷端只需要公用工程冷却,不需要从系统外吸收热量。总组合曲线的实质是在 T-H 图上描述出过程系统中热流沿温度的分布,它能从宏观上形象地描述过程系统中不同温位处的能量流,提供出在什么温位需要补充外加能量,以及在什么温位可以回收能量的定量信息。

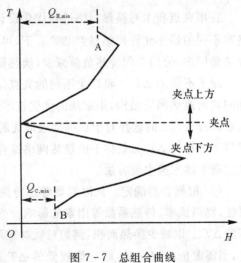

图 7-7　总组合曲线

7.5 夹点设计法

夹点设计是经过仅三十年来的发展而形成的一种分析、判断、筛选各种候选方案实用性很强的方法。夹点设计法以能量分析为基础,综合考虑了热力学可行性和经济上的合理性。图7-8所示为夹点分析法在能量回收系统设计中的步骤。

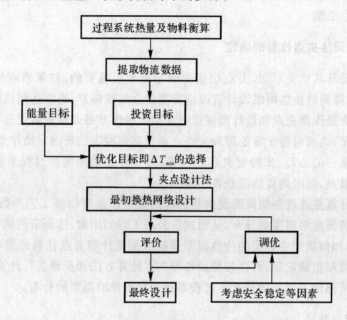

图 7-8 能量回收系统夹点设计法的步骤

7.5.1 预先确定换热网络的最优 $\Delta T_{\min}$

在用夹点技术对换热网络进行优化设计时,首先应确定换热网络的最优 $\Delta T_{\min}$。换热网络在不同的最小允许传热温差 $\Delta T_{\min}$ 下,可产生不同的经济效果。一般当 $\Delta T_{\min}$ 减小时,回收热量增多,公用工程冷热负荷减少,换热面积增加,投资增加,反之亦然。

对于不同的 $\Delta T_{\min}$ 将产生不同的夹点位置,因而产生不同的换热网络结构。如果始于不佳的初始换热网络结构,用常规的优化技术对换热网络进行调优则很难使它逼近最佳网络。这意味着 $\Delta T_{\min}$ 的选择对于获得接近最优的换热网络结构至关重要。如果选择不同的 $\Delta T_{\min}$,就需要对每一 $\Delta T_{\min}$ 条件下的换热网络综合一次,这样的工作量将会很大。一般最优夹点的确定有下述三类主要方法。

(1)根据经验确定。此时需要考虑冷热公用工程和换热器设备的价格、换热工质热物理属性、物流流率、传热系数等因素的影响。当换热器材质价格较高而能源价格较低时,可取较高的 $\Delta T_{\min}$ 以减少换热面积,例如对钛材或不锈钢换热系统,材质昂贵,可取 $\Delta T_{\min} = 50℃$。反之,当能源价格较高时,则应取较低的 $\Delta T_{\min}$,以减少对公用工程的需求,例如对冷冻换热系统,因冷冻公用工程的费用较高,此时取 $\Delta T_{\min} = 5 \sim 10℃$。

另外换热工质热物理属性与传热系数对 $\Delta T_{\min}$ 也有较大影响,当传热系数较大时,可取较

低的 $\Delta T_{\min}$，因为在相同的换热负荷下，换热面积反比于传热系数与传热温差的乘积。

（2）在不同的夹点温差下，综合出不同的换热网络，然后比较各网络的总费用，选取总费用最低的网络所对应的夹点温差。

（3）在网络综合之前，依据冷热物流的组合曲线，通过数学优化方法计算最优夹点温差。一般步骤如下：

1）输入物流和费用等数据，指定一个初始的 $\Delta T_{\min}$；

2）做出冷热组合曲线；

3）求出能量目标、换热单元数目和换热面积目标等，计算总费用目标；

4）判断是否达到最优，若是则输出结果；否则按一定的算法改变 $\Delta T_{\min}$，转到步骤2），重新进行计算，如此循环直至获得最优 $\Delta T_{\min}$。

第（1）和第（2）种方法经验性和随机性很强，所获得的 $\Delta T_{\min}$ 未必最优或接近最优。第（3）种方法热力学概念清晰，逻辑性强，借助数学优化法能够获得最优的 $\Delta T_{\min}$。

7.5.2　初始网络的设计

根据夹点的特性，夹点将换热网络分为相互独立的热端和冷端两个子网络，并各自形成相应的设计问题，即热端网络设计和冷端网络设计。由于在夹点处的传热温差处于最小允许传热温差 $\Delta T_{\min}$，匹配条件最为苛刻，如果不能满足该处的匹配条件就不能达到最低能耗的目的，而别处的条件就宽松多了。因此，夹点技术的匹配规则要求对夹点附近的匹配给予优先考虑，即首先从夹点开始匹配，并分别向两端展开。

为了使公用工程负荷消耗最小，设计时需遵循以下三个基本原则：一是尽量避免热量穿过夹点；二是在夹点上方（或称热端），尽量避免引入公用工程冷却介质；三是在夹点下方（或称冷端），尽量避免引入公用工程加热介质。这三条设计基本原则不只是局限用于换热网络系统，也同样适用于热-动力系统、换热-分离系统以及全流程系统的最优综合问题。

一、夹点匹配可行性规则

如果夹点附近的物流匹配不恰当，必将导致有热量从夹点处跨越，从而增加公用工程的消耗。一般采用如下可行性准则或规则来确定的物流匹配。

1. 夹点匹配可行性规则一

对于夹点上方（热端），热流体（包括其分支流体）数目 N_H 不大于冷流体（包括其分支流体）数目 N_C，即 $N_H \leqslant N_C$；对于夹点下方（冷端），可行性规则一可描述为热流体（包括其分支流体）数目 N_H 不小于冷流体（包括其分支流体）数目 N_C，即 $N_H \geqslant N_C$。可行性规则一可以理解为夹点上方不能引入公用工程冷负荷，夹点下方不能引入公用工程热负荷，否则会造成公用工程负荷冷、热的双重浪费。在夹点上方，当冷流体数目多于热流体数目时，若冷流体找不到与其匹配的热流体，可引入公用工程热负荷将其加热至目标温度；在夹点下方，当热流体数目多于冷流体数目时，若热流体找不到与其匹配的冷流体，可引入公用工程冷负荷将其冷却到目标温度，这是不违反可行性原则的。

2. 夹点匹配可行性规则二

对于夹点上方，每一夹点匹配中热流体（或其分支）的热容流率 CP_H 要小于或等于冷流体（或其分支）的热容流率 CP_C，即 $CP_H \leqslant CP_C$。对于夹点下方，和夹点上方情相反，即 $CP_H \geqslant$

CP_C。这一规则是为了保证夹点匹配的传热温差不小于允许的最小传温差 ΔT_{min},远离夹点后,流体间的传热温差都增大了,不必一定遵循该规则。

二、经验规则

以上的两个可行性规则对于夹点匹配来说是必须遵循的,但在满足这两个规则约的前提下还存在着多种匹配选择。基于热力学和传热学原理,从减少设备投资费用出发,还有下述一些经验规则具有一定的实用价值。

1. 经验规则一

选择每个换热器的热负荷等于该匹配的冷、热流体中的热负荷较小者,使之一次匹配换热可以使一个流体(即热负荷较小者)由初始温度达到目标温度。这样的匹配关系能使系统所需的换热设备数目减少小,降低了投资费用。

2. 经验规则二

在考虑经验规则一的前提下,如有可能,应尽量选择热容流率值相近的冷热流体进行匹配换热,这就使得所选的换热器在结构上相对简单,费用降低。同时,由于冷热流体热容流率接近,换热器两端传热温差也接近,所以在满足最小传热温差 ΔT_{min} 的前提下,传热过程的不可逆因素最小,相同热负荷情况传热过程的有效能损失最小。

在采用经验规则时,选用规则一优于规则二,并且还要兼顾换热系统的可操作性、安全性等因素。经验规则不仅适用于夹点匹配,而且适用于远离夹点的流体匹配换热。

三、设计要点

根据上述夹点特性及设计基本原则,夹点设计法初始网络设计的要点可归纳如下:

(1) 选定最优最小允许传热温差 ΔT_{min},确定夹点位置;

(2) 在夹点处把网络分隔开,形成的两个独立子系统(热端和冷端)分别处理;

(3) 对每个子系统,设计先从夹点开始进行,采用夹点匹配可行性规则及经验规则,选择冷热流体匹配,决定流体是否需要分支;

(4) 离开夹点后,约束条件减少,选择匹配流体自由度较大,可采用经验规则,允许设计者更灵活地选择换热方案。但在传热温差约束仍较紧张的场合(即某处传热温差比允许的 ΔT_{min} 大不了多少的情况),仍需遵循可行性规则;

(5) 设计时需要兼顾考虑系统的可操作性、安全性及生产工艺中有无特殊规定等。

(6) 将得到的两个子系统相加,即可形成具有最大能量回收的初始网络。

7.5.3 换热网络的调优

一、换热网络设计目标

1. 最小公用工程用量

在给定最小传热温差的情况下,采用夹点技术可以得到换热网络最小加热和最小冷却公用工程用量。公用工程用量随夹点温差而变,夹点温差增大,公用工程用量增大,反之,公用工程用量减少。

2. 最小换热单元数

一个换热网络的最小换热单元数可由欧拉定理描述为

$$N_{\min} = N_s + L - S \tag{7-11}$$

式中，$N_{\min}$ 为是换热单元数，包括加热器、冷却器；N_s 为物流数，包括工艺物流以及加热和冷却公用工程；L 是独立的热负荷数；S 是可能分解成不相关子系统的数目。

通常，系统往往没有可能分离成不相关子系统，故 $S=1$；一般希望尽量避免多余的换热单元，因此尽量消除回路，使 $L=0$，于是式(7-11)变为

$$N_{\min} = N_s - 1 \tag{7-12}$$

但由于最小公用工程换热网络的设计是分解为夹点之上和夹点之下两个子问题来设计的，在这样的条件下，整个网络的最小换热单元数应为夹点之上和夹点之下两个子系统的最小换热单元数之和，即

$$N_{\min} = (N_s - 1)_{上} + (N_s - 1)_{下} \tag{7-13}$$

【例 7-2】 对图 7-9 所示的过程，试计算换热网络所需的最小换热单元数。

解 图 7-9 中夹点把过程分成了两部分。夹点之上共有 5 个流股，其中 4 个工艺流股和一个蒸汽流股；夹点之下公用 4 个流股，其中 3 个工艺流股和一个冷却流股。应用公式(7-13)得

$$N_{\min} = (5-1)_{上} + (4-1)_{下} = 7$$

该问题的设计确实采用了 7 个换热单元，即最小换热单元数。

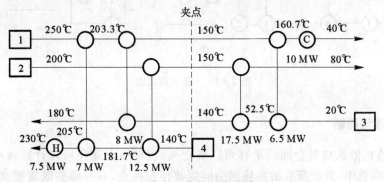

图 7-9　换热网络设计

二、热负荷回路与路径

根据上述方法得到的初始网络能量回收较多，但换热设备往往也较多，设备投资费用及操作费用较多，初始换热网络未必是最优的网络结构，还需要对整个网络进行调优，可以通过断开换热网络的某些热负荷回路来减少换热单元数目。

一级热负荷回路是指在换热网络中，如果两个换热单元的冷热流体分别相同，那么这两个换热单元及冷热流体构成一级热负荷回路(见图 7-10 中(a))。

二级热负荷回路是指在换热网络中，如果存在 4 个换热单元 1,2,3,4，它们存在如下关系：1 的冷流体与 2 的冷流体相同，2 的热流体与 3 的热流体相同，3 的冷流体与 4 的冷流体相同，4 的热流体与 1 的热流体相同，那么换热单元 1,2,3,4 及冷热流体构成二级热负荷回路(见图 7-10 中(b))。二级以上热负荷回路的定义与二级热负荷回路的定义类似。更为复杂换热网络中的热负荷回路可能会出现带有分支的热负荷回路的情况如图 7-10(c)所示。图 7-10(c)中换热单元 1,2,3,4 及它们之间的流体组成二级热负荷回路，和图 7-10(a)和(b)不同的是换热单元 1 和 2 下面的流体并不完全是同一流体，而是在同一流体的不同分支上。

一级热负荷回路的断开方法是将其中某一换热单元(一般选择热负荷较小者)的热负荷加到另一换热单元上。

二级以上的热负荷回路断开方法是将热负荷回路的各个换热单元按顺序依次进行奇、偶标注,若取消的某一换热单元(一般选择热负荷较小者)处于奇数位置,热负荷为 Q,按照偶数加上 Q,奇数减去 Q 的规则,分别改变热负荷回路各换热单元的热负荷。

热负荷回路的断开后,还应进行传热温差的检验,若所有传热温差大于给定的允许匹配温差,则热负荷回路断开调优成功;若某一传热温差小于给定的允许匹配温差,则该次调优失败,恢复本次调优前的网络流程,继续寻找其他热负荷回路;或者进行换热网络能量松弛以满足给定的传热温差要求。全部热负荷回路断开后,再改变 $\Delta T_{\min}$,并将其作为初始最小允许传热温差,重复 7.5.2 中夹点设计法初始网络设计的要点步骤(2),直到得出具有最小公用工程负荷和最小换热设备数目(或最小换热面积)的设计方案,亦即为总费用最小的最优设计方案。

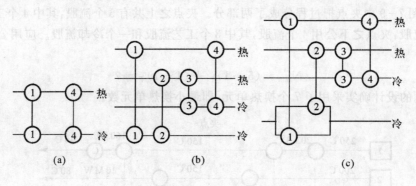

图 7-10 热负荷回路

7.5.4 阈值问题

利用冷、热物流温焓复合曲线平移可以确定夹点位置,由此还可以计算最小公用工程消耗。但在实际问题中,并非所有的换热网络问题都存在夹点,只有那些既需要加热公用工程,又需要冷却公用工程的换热网络问题才存在夹点。只需要一种公用工程的问题,称为阈值问题。

当冷、热复合曲线相距较远时,既需要加热公用工程,又需要冷却公用工程,问题属于夹点问题,如图 7-11(a)所示;当冷复合曲线向左平移,如图 7-11(b)所示,则冷却公用工程消失,只剩下加热公用工程,此时的最小传热温差称为阈值温差,记作 ΔT_{THR}。通过比较 ΔT_{THR} 和 $\Delta T_{\min}$ 的大小,判断换热网络系统属于阈值问题还是夹点问题。若 $\Delta T_{THR} < \Delta T_{\min}$,则属于夹点问题,因为不允许阈值温差小于系统给定的最小温差(夹点温差)。也就是说,冷复合曲线不可以进一步向左平移;反之,若 $\Delta T_{THR} \geqslant \Delta T_{\min}$,则属于阈值问题,因为此时冷复合曲线可以进一步向左平移,高端的蒸汽用量会继续减少,但在低端也出现了对蒸汽的需求,如图 7-11(c)所示,导致总的加热公用工程总量不变。

夹点问题的冷却和加热公用工程用量随最小传热温差的减小而减少,且呈线性关系,如图 7-12(a)所示。而阈值问题则不同,当最小温差大于阈值温差时,公用工程用量随最小传热温差的减小而减少;但当最小温差小于阈值温差时,减少最小传热温差已不能进一步降低公用工程用量,如图 7-12(b)所示。

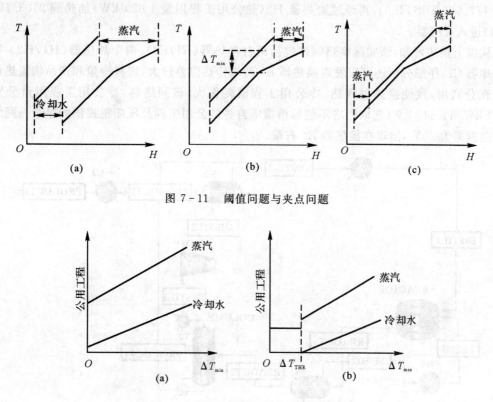

图 7 - 11　阈值问题与夹点问题

图 7 - 12　夹点与阈值问题的公用工程用量

7.5.5　实际换热网络改造

换热网络优化改造通常在现有网络的基础上权衡能量和投资费用,尽可能充分利用和分析现有换热设备和网络结构,在必要的情况下调整换热流程、增加换热设备或在现有换热设备上增加换热面积,以最大的限度降低投资和减少公用工程消耗量。换热网络优化改造相对于换热网络优化综合最大的差别为:需要充分的考虑并尽可能利用现有的网络结构以降低投资费用,同时考虑对现有设备的改造和新增设备问题,以获得最大的收益。

换热网络改造设计的基本步骤为:①分析现有换热网络结构;②收集冷热流股数据;③确定能量回收目标和计算节能潜力;④应用夹点分析、数学规划及两者结合优化方法进行改造。⑤估算投资回收期和提交改造方案。

【例 7 - 3】　运用夹点设计法对图 7 - 13 所示的实际换热网络的进行设计改造。

解 1　分析现有换热网络结构。温度为 50℃ 的某反应原料(FEED1)进入系统,在换热器 E1(热负荷 1980 kW)中被反应器出口物流(REAOUT1)加热到 149℃(FEED2),再经过加热器 H1(热公用工程用量 1220 kW)加热到 210℃(FEED3)进入反应器 REACTOR;反应器出口物流(REAOUT1)经过换热器 E1 被冷却到 160℃(REAOUT2)进入精馏塔 COLUMN。精馏塔底产品物流(PRODUCT1)温度 220℃,在换热器 E2(热负荷 880 kW)中被压缩机 COMP 出口物流(DISTIL2,160℃)冷却到 180℃(PRODUCT2),再经过冷却器 C1(冷公用工程用量为 2 640 kW)冷却到目标温度 60℃(PRODUCT3),压缩机 COMP 出口物流(DISTIL2)被加热到 177.6℃（DISTIL3），再经过加热器 H2（热公用工程用量 1 620 kW）加热到 210℃（DIS-TIL4）进入反应器。

从以上描述可知，该实际换热网络包括两台换热器（E1，E2）、两个加热器（H1，H2）和一个冷却器 C1；仔细分析还可以发现换热器 E1 两端传热温差过大，进料冷量和产品物流热量没有被充分利用，致使换热过程热、冷公用工程消耗偏大，该网络热、冷公用工程用量分别为 2 840 kW 和 2 640 kW（选取网络不包括精馏塔自身的公用工程及压缩机提供的热量）；网络最小传热温差为 20℃，出现在换热器 E2 右端。

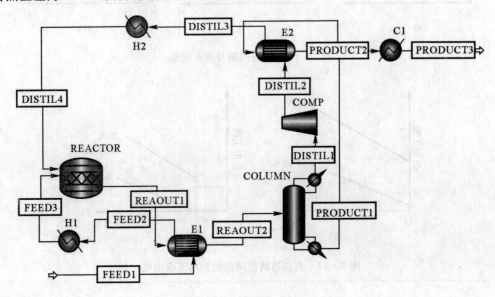

图 7-13　现有的实际换热网络

解 2　收集冷热流股数据。根据上面的分析，从原来实际换热网络中提取用于热集成的工艺物流，见表 7-13。

表 7-13　过程的物流数据

物流代号	物流名称	热容流率/ (kW·℃⁻¹)	起始温度/ ℃	目标温度/ ℃	热负荷/ kW
H1	产品流股	22	220	60	3 520
H2	反应器出口流股	18	270	160	1 980
C1	进料流股	20	50	210	3 200
C2	循环流股	50	160	210	2 500

解 3　确定能量回收目标。给定最小传热温差与原实际过程换热网络相同，为 20℃，采用问题表格法计算得到提取物流系统的夹点温位为 180℃（对热物流）和 160℃（对冷物流）、最小热、冷公用工程分别为 1 000 kW 和 800 kW。

解 4　应用夹点设计原则进行改造设计。根据得到的夹点温位和最小热、冷公用工程用量，遵循夹点匹配换热的可行性规则及经验规则，分别进行热端和冷端换热网络合成，用格子图表示的合成方案如图 7-14 和图 7-15 所示,整体方案如图 7-16 所示。

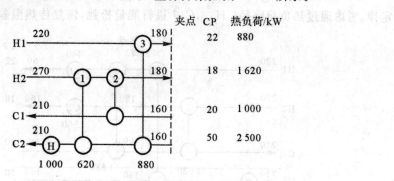

图 7-14　热端合成方案

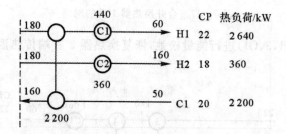

图 7-15　冷端合成方案

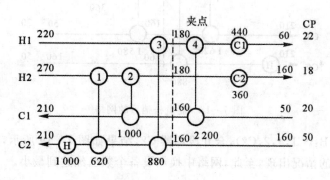

图 7-16　整体方案

图 7-16 所示的整体方案具有最大热回收和最小热和冷公用工程用量,但换热设备较多,共 7 个,因此有必要对该初始网路进行调优,再将调优后的方案与原实际换热网络比较,提出改造方案。

观察图 7-16,可以识别出三个第二级回路。即 A:(1,2,4,3),B:(C1,4,2,C2),C:(C1,3,1,C2),取 A,B 为独立回路,则 C 可由 A,B 消去公共节点 4,2 得到,所以不独立。按照式(7-11)计算得到图 7-16 初始网络换热器个数为

$$N_{min} = N_s + L - S = 6 + 2 - 1 = 7$$

式中,S 为独立的子网络数,取 1,与图 7-16 所示一致;若断开独立回路,使 $L=0$,$N_{min}=N_s-1=6-1=5$,可以合并掉 2 个换热设备,达到简化网络的目的。

若断开回路 A,合并换热器 1,则换热器 3 右端温度为 151.82℃,传热温差为 151.82-

160 =－8.18℃,如图 7－17 所示,换热器 3 右端违反最小传热温差限制,同时也违反热力学第二定律,考虑通过热负荷路径(H,3,C1)进行能量松弛,恢复传热温差至最小传热温差。

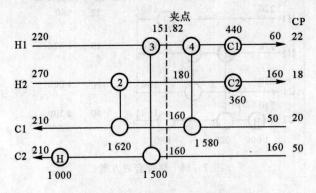

图 7－17　合并换热器 1 后的网络

利用热负荷路径(H,3,C1)进行能量松弛,恢复换热器 3 右端传热温差为 20℃,结果如图 7－18 所示。

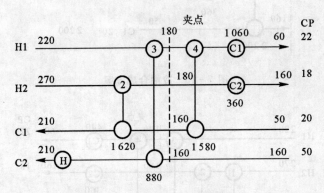

图 7－18　能量松弛后的网络

继续断开回路 B:(C1,4,2,C2),合并冷却器 C2,结果如图 7－19 所示,经检查,没有违反最小传热温差限制的情况出现,至此,网络中换热设备个数已经达到最小。

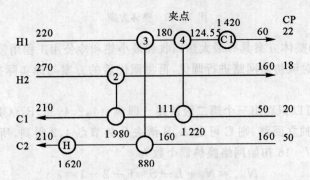

图 7－19　调优后的网络

作为对比,图 7－20 中给出了原实际网络的格子图,对比图 7－19 和图 7－20 可发现,调优后的网络增加了一台换热器 4,减少了一个加热器,且热、冷公用工程均减少 1 220 kW。

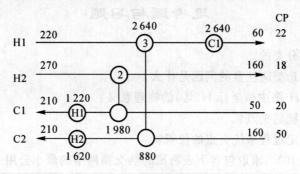

图 7-20　原实际网络

解 5　改造方案。比较图 7-19 与图 7-20、图 7-13 与图 7-21,对原实际网络的改造方案如下:保留原网络热负荷分别为 1 980 kW 和 880 kW 的两台换热器,增加一台热负荷 1 220 kW 的换热器,取消原网络中热负荷为 1 220 kW 的进料加热器,产品冷却器热负荷减少到 1 420 kW,具体网络结构见图 7-19 和图 7-21。

　　本题应用夹点设计法对一实际换热网络进行重新设计改造,重新设计的网络与原网络换热设备个数相同,但与原网络相比,新设计网络可以节约热、冷公用工程均为 1 220 kW;改造方案为保留原网络中两台换热器,取消一个热负荷为 1 220 kW 加热器,原冷却器热负荷减少 1 220 kW,增加一台热负荷为 1 220 kW 的换热器,具体网络如图 7-19 和图 7-21 所示。

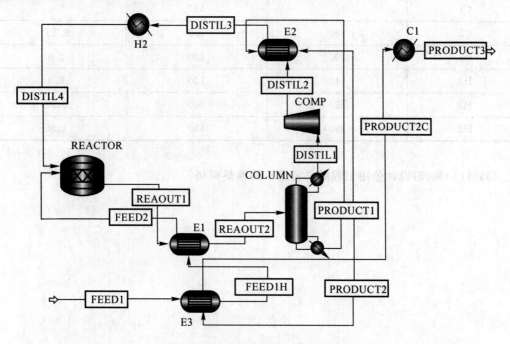

图 7-21　调优后的网络还原成流程

思考题与习题

1. 换热器是如何分类的？

2. 换热器设计与选型应注意的问题是什么？

3. 如何理解 T-H 图中横坐标 H(焓)的物理意义？

4. 什么是过程系统的夹点？

5. 如何准确地确定过程系统夹点的位置？

6. (1)对 $\Delta T_{\min}=10℃$，求取包含下表物流的热交换网络的最小公用工程需求量：

物 流	初始温度/℃	目标温度/℃	热容流率/(kW·℃$^{-1}$)
C1	60	180	3
C2	30	105	2.6
H1	180	40	2
H2	150	40	4

(2)对下表物流重做(1)：

物 流	初始温度/℃	目标温度/℃	热容流率/(kW·℃$^{-1}$)
C1	100	430	1.6
C2	180	350	3.27
C3	200	400	2.6
H1	440	150	2.8
H2	520	300	2.38
H3	390	150	3.36

(3)对(1)和(2)设计公用工程需求量最小的换热网络。

第8章 其他化工单元过程与设备的节能

化工过程以及化工设备涉及诸多节能问题,本章在前述各章的基础上,着重分析流体流动及流体输送、蒸发、反应及干燥单元操作中的各种不可逆因素引起损耗功的原因,薄弱环节和改进措施,提高能量利用率。

8.1 流体流动及泵的节能

8.1.1 流体输送过程的热力学分析

当流体流经管道和设备时,需克服摩擦阻力,使一部分机械能耗散为热能,导致了损耗功或有效能损失(即㶲损失)。对于有压差的流动过程,与外界无热功交换,一般流体流动时位能与动能变化不大,可忽略不计,则有

$$dH = TdS + Vdp \qquad (8-1)$$
$$dH = \delta Q - \delta W_s \qquad (8-2)$$

可解得

$$dS = -\frac{V}{T}dp \qquad (8-3)$$

设环境温度为 T_0,则此微元过程的有效能损失(即㶲损失)为

$$dE_L = T_0 dS = -\frac{T_0}{T}Vdp \qquad (8-4)$$

由上式积分,得

$$E_L = S_1^2 - \frac{T_0}{T}Vdp = \frac{T_0}{T}V(p_1 - p_2)$$

即

$$E_L = \frac{T_0}{T}V\Delta p \qquad (8-5)$$

式中,1,2 分别表示流体的进出口状态。

由上式可知,㶲损失与压力降成正比,与流体的绝对温度成反比。故应注意:

(1)当压差 Δp 一定时,E_L 与 T_0/T 成正比,在高温输送物料时,应注意保温;在低温输送物料时,应注意保冷。对于深冷工业,尤其要减少流体流动的损耗功。

(2)为减少沿程阻力损失与局部阻力损失,应尽可能减少阀门和管件的数量,适当降低流体的流速;对于长距离管道输送,可考虑添加减阻剂。

(3)工业上所输送的大多数流体其压力降与流速呈平方关系,故㶲损失亦与流速的平方为正比关系。降低流速,㶲损失降低,操作费用减小,但会使设计管径增加,设备费用提高,故应综合考虑设备费用与操作费用间的矛盾,选择合适的管径。

8.1.2 泵的节能

离心泵是一种通用的流体输送机械,被广泛应用于石油、化工、采矿、冶金、电力、市政及农林等行业。国内流体输送机械专业机构的研究表明,世界范围内水泵的电力消耗占整个工业设备总消耗的 25% 左右,其中离心泵约占所有水泵电力消耗的 50%。所以离心泵节能效果好坏,不仅直接影响到泵的使用者,而且对于国民经济的发展也起到十分重要的作用。但是在实际的使用中,绝大多数泵站因容量偏大,运行效率低,能源浪费现象十分严重,装置效率普遍低于 50%,远低于水利部颁布的 54.4%。无用功率达泵站装机容量的 30% ~ 50%。在能源问题日益突出、能源费用持续上涨的今天,在离心泵的设计和操作中开展节能研究,降低离心泵的电能消耗,提高系统运行效率,对于降低企业生产成本和全社会的节能减排具有重要意义。

离心泵在节能方面存在的主要问题有下述几类。

(1)设计水平与理念。现阶段国内离心泵的设计主要是沿袭传统的模型换算法和速度系数法,这两种设计方法主要是基于经验,没有在过去的设计水平上实现突破,效率上也无大的提升,且离心泵制造企业忽视离心泵的节能工作。

(2)节能理解不全面。节能不是简单的一个效率指标,而是包含着对离心泵的可靠性、维修性、保障性、安全性、环境适应性的改善,以及离心泵的稳定性、寿命、对材料的利用率的提高。再具体到离心泵的使用环境,也需要有针对性地进行节能设计,比如离心泵的密封性能、水力性能以及离心泵的耐磨、耐高温、耐腐蚀、耐汽蚀性能等,这些都要针对不同的环境、不用的用途进行设计。因此离心泵的节能要有一个全面整体的理解。

(3)选型的不合理。使用单位在采购离心泵时,往往将流量和扬程的余量都放得很大,以最大限度地满足自己的使用要求,直接造成了离心泵在使用过程中实际运行效率远低于设计的最高效率,甚至额定工况点都不在高效区,不能充分有效地利用驱动能源的功率。

(4)使用、管理不当。在使用过程中操作和养护不当、维修不及时,使离心泵在使用过程中经常出现故障。或存在管路系统布局不合理,系统阻力大的问题,增加了能源的消耗。

由于大多数类型的泵是比较成熟的机械,从设计角度出发提高泵效率 1% 都非常困难,而泵运行如果偏离设计的高效点,实际运行的效率远不止降低 1%。因此,本章主要从泵的选择与流量调节方法出发介绍泵的节能途径。

一、离心泵的高效工作范围

离心泵运行效率的高低取决于其运行工作点的位置。由于离心泵串联在管路中,所以泵的流量和扬程必须同时满足管路特性方程和泵的特性方程,即泵的工作点 M 为管路特性曲线 1 和泵特性曲线 2 的交点,如图 8-1 所示。

离心泵的工作点 M 如果对应的效率较高即能够满足经济性要求。要保证离心泵的工作点能够对应较高离心泵的效率,要求泵的工作范围以效率下降不大于 7% 为界限(一般为

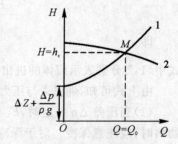

图 8-1 离心泵的工作点

5% ~ 8%)。离心泵的设计流量是按照最高效率点(设计点)确定的,因此当离心泵的实际流量偏离设计流量较多,则离心泵的效率下降较多。若离心泵的工作点不在高效率区,可以通过切割叶轮或改变转速来改变离心泵的特性曲线,使离心泵的工作点落在高效工作区。

图 8-2 中,曲线 1 表示表示叶轮未切割的扬程-流量(H-Q)线,曲线 2 表示表示叶轮在允许切割范围内,经切割(或改变转速后)的扬程-流量(H-Q)线,η_1 和 η_2 均为等效率曲线,四边形 $ABCD$ 所对应的流量与扬程范围就是泵的工作范围。泵在运行中是否经济,取决于泵的正常工作工况点是否接近设计点或在泵的工作范围内。

二、泵的选择

在泵的选择中,首先要确定泵的类型,然后确定其型号、转速以及配套电机的功率。各种类型泵的使用范围如图 8-3 所示。由图可见,离心泵的使用范围最广,流量在 $5 \sim 20\,000$ m³/h,扬程在 $8 \sim 2\,800$ m 的范围内。离心泵的选择一般有下述两种方法。

(1)利用"离心泵性能表"选择。按计算的流量与扬程值查"离心泵性能表",使其与表列出的代表性流量与扬程相一致(一般为中间一行)。或者虽不一致,但在上下两行的工作范围内。若找不到合适的型号,应尽量选择与设计值相接近的泵,通过变径、变速等调节措施使其符合生产要求。

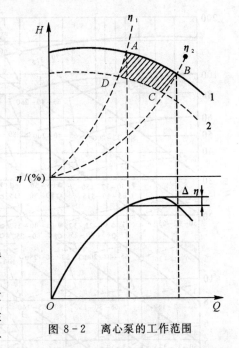

图 8-2　离心泵的工作范围

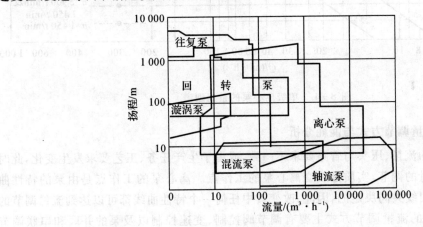

图 8-3　各种泵的使用范围

(2)利用"离心泵综合性能图"选择。将型号相同、规格不同的许多离心泵的工作范围表示在一张图上称为离心泵综合性能图,或称型谱。单级离心泵系列型谱如图 8-4 所示。在确定所选泵的类型后,在该型的"离心泵综合性能图"上,根据计算的流量与扬程值,选取合适型泵。

不论利用哪一种方式选择泵,在具体选定了泵的型号后,应从"水泵样本"中查出该泵的性能曲线,并标绘出系统中管路运行性能曲线,复查泵在系统中运行的工作情况,看在流量、扬程变化的范围内,泵是否处在最高效率区附近工作。如果效率变化幅度不太大,选择就此为止;若偏离最高效率区较大,最好另行选择,否则运行经济性较差。

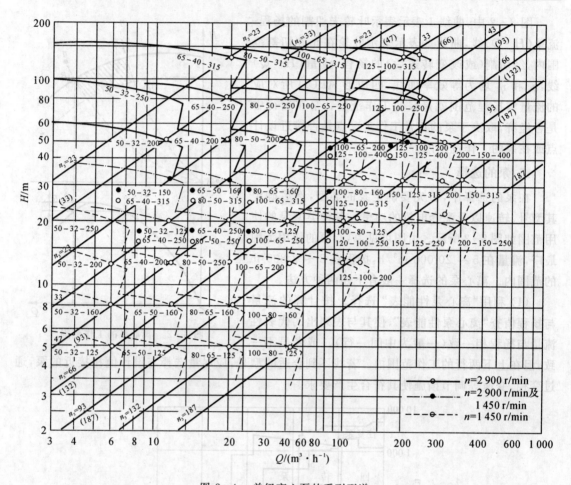

图 8-4　单级离心泵的系列型谱

三、离心泵的流量调节方式与能耗分析

当所选离心泵的流量、压头与管路要求不一致，或由于生产任务、工艺要求发生变化，此时都要求对泵进行流量的调节，实质是改变离心泵的工作点。离心泵的工作点是由泵的特性曲线和管路系统特性曲线共同决定的，因此，改变其中任何一个特性曲线都可以达到流量调节的目的。目前，离心泵的流量调节方式主要有调节阀控制、变速控制以及泵的并联和串联调节等。由于各种调节方式的原理不同，除有各自的优缺点外，其能量损耗也不一样，为了寻求最佳、能耗最小、最节能的流量调节方式，必须全面地了解离心泵的流量调节方式与能耗之间的关系。

1. 改变管路特性曲线 —— 改变出口阀门的开度

改变离心泵出口管路上调节阀门的开度，即可改变管路特性曲线。如当阀门关小时，管路的局部阻力加大，管路的特性曲线变陡，如图 8-5 所示，工作点由 A（管路阻力损失为 h_1）移至 B 点（增加的阻力损失为 hv），阀本身由于节流损失而多消耗的功率为

$$\Delta N = \frac{h_v Q_1 \rho}{102 \eta} \qquad (8-6)$$

2. 改变泵的特性曲线

(1)改变泵的转速,如图 8-6 所示。对同一台泵,由比例定律可知,流量 Q、扬程 H、功率 N 与转速 n 的关系分别为

$$\frac{Q}{Q_1}=\frac{n}{n'};\quad \frac{H}{H'}=\left(\frac{n}{n'}\right)^2;\quad \frac{N}{N'}=\left(\frac{n}{n'}\right)^3 \tag{8-7}$$

式(8-7)适用的条件是离心泵的转速变化不大于±20%,效率基本不变。用出口阀门调节时轴功率如图 8-6 中的 N_B,而采用转速调节所需轴功率为 N_C,且轴功率随着转速的三次方下降,节能效果显著。

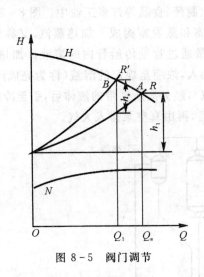
图 8-5　阀门调节

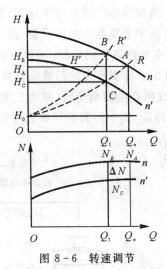
图 8-6　转速调节

(2)改变叶轮直径。在叶轮的最大切割余量允许的范围内,叶轮切割前后,由切割定律可知:

$$\frac{Q'}{Q}=\frac{D'_2}{D_2};\quad \frac{H'}{H}=\left(\frac{D'_2}{D_2}\right)^2;\quad \frac{N}{N}=\left(\frac{D'_2}{D_2}\right)^3 \tag{8-8}$$

随叶轮直径减小,其流量、扬程、功率减小,而且功率减小更多。因此切割叶轮或把原来的叶轮去掉而换上同类直径较小的叶轮是一种简便经济的措施,但这种调节方法的缺点是切割后若扬程低则无法恢复。式(8-8)适用的条件是泵的效率不变,在固定转速下,叶轮直径的车削不超过±20%。故该法对叶轮的切割量有一定的限度,如偏离设计状态较大,泵的效率就会改变,一般适用于调节幅度不大、时间较长的季节性调节中。

3. 串并联的调节方式

当单台离心泵不能满足输送任务时,可以采用离心泵的并联或串联操作。用两台相同型号的离心泵并联,虽然压头变化不大,但加大了总的输送流量,并联泵的总效率与单台泵的效率相同;离心泵串联时总的压头增大,流量变化不大,串联泵的总效率与单台泵效率相同。生产中采取何种组合方式才能够取得最佳经济效益,应视管路要求

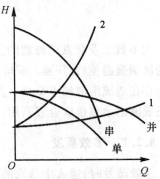
图 8-7　离心泵组合方式的选择

的压头和特性曲线形状而定。图8-7为离心泵组合方式的选择,其中的曲线1,2分别为低阻力与高阻力管路特性曲线,其余三条线分别为单泵、泵的串联及泵的并联特性曲线。

对于管路特性曲线较平坦的低阻型管路,采用并联组合方式可获得较串联组合为高的流量和压头;反之,对管路特性曲线较陡的高阻型管路,宜采用串联组合方式。

8.2 蒸 发

将含有不挥发溶质的溶液加热沸腾,使其中的挥发性溶剂部分汽化从而将溶液浓缩的过程称为蒸发。蒸发操作广泛应用于化工、轻工、制药、食品等许多工业中。图8-8所示为蒸发的基本流程。其中蒸发器为主体设备,由加热室和蒸发室构成。加热蒸汽,又称生蒸汽(一般为饱和蒸汽)在加热室管间冷凝,所放出的热量通过管壁传给管内的溶液。加热蒸汽的冷凝液由疏水器排出。需要蒸发的料液从蒸发室加入,浓缩至规定的溶液(称为完成液)由蒸发器底部排出,蒸发所产生溶剂蒸汽(称为二次蒸汽),经分离所夹带的液体后,引至冷凝器(或其他蒸发器)加以冷凝,其中不凝性气体先经分离器,再由真空泵排入大气。

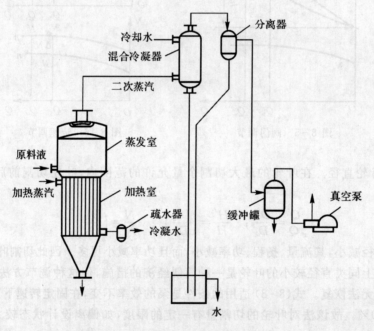

图8-8 蒸发的基本流程

大多数工业蒸发所处理的是水溶液,热源是加热蒸汽,产生的仍是水蒸气(二次蒸汽),二者的区别是温位(或压强)不同。导致二次温位降低的主要原因有两个:① 传热推动力;② 溶质的存在造成溶液沸点升高。蒸发操作的关键是二次蒸汽的利用。此外,温度较高的冷凝液和完成液的余热也应合理利用。

8.2.1 多效蒸发

多效蒸发时,通入生蒸汽的蒸发器为第一效,利用第一效的二次蒸汽作为加热蒸汽的蒸发器为第二效,以此类推串接成多效蒸发。在多效蒸发中,各效的操作压力依次降低,相应地,各

第8章 其他化工单元过程与设备的节能

效的加热蒸汽温度及溶液的沸点亦依次降低。因此，只有当提供的新鲜加热蒸汽的压力较高或末效采用真空的条件下，多效蒸发才是可行的。以三效蒸发为例，如果第一效的加热蒸汽为低压蒸汽（如常压），显然末效（第三效）应在真空下操作，才能使各效间都维持一定的压力差及温度差；反之，如果末效在常压下操作，则要求第一效的加热蒸汽有较高的压力。

多效蒸发流程。按溶液与蒸汽之间流向的不同，多效蒸发有三种基本的加料流程，现在以三效蒸发为例来说明。

1. 并流加料

这是工业上最常见的加料模式，图8-9所示为并流的典型流程。溶液与蒸汽的流动方向均由第一效顺序流至末效。

由于多效蒸发时，后一效的压力总是比前一效的低，所以，并流加料有以下特点。

（1）溶液的输送可以利用各效间的压力差进行，而不必另外用泵。

（2）后一效溶液的沸点也比前一效的低，所以当溶液由前一效进入后一效时，往往由于过热而自行蒸发，常称为自蒸发或闪蒸，这就使后一效可产生稍多一些的二次蒸汽。

（3）并流加料时，后一效溶液的浓度较前一效的为大，而沸点又低，溶液的黏度相应也较大，使得后一效蒸发器的传热系数常较前一效的为小，这在最末一、二效更为严重。因此，并流加料时，第一效的传热系数有可能比末效的大得多。

2. 逆流加料

逆流加料法的流程如图8-10所示。溶液的流向与蒸汽的流向相反，即加热蒸汽由第一效进入，而料液由末效进入，由第一效排出。

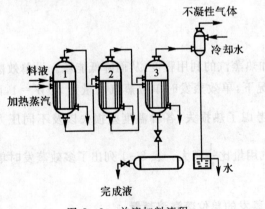

图8-9 并流加料流程

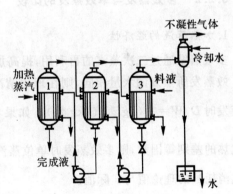

图8-10 逆流加料流程

逆流加料时，各效之间溶液的输送需要泵。由于多效蒸发时，前一效溶液的沸点总是比后一效的高，所以，当溶液由后一效逆流进入前一效时，不仅没有自蒸发，还需多消耗部分热量将溶液加热至沸点。另外，在逆流加料时虽然前一效蒸发器的浓度比后一效的大，但其温度也较后一效的高，所以，各效溶液的黏度比较接近，从而各效的传热系数不会像并流加料时那样相差较大。当完成液由第一效排出时，其温度也较其余各效的高。

逆流加料适用于黏度随浓度和温度变化较大的溶液，而不适用于热敏性物料的蒸发。

3. 平流加料

平流加料指料液平行加入各效，完成液亦分别自各效排出。蒸汽的流向仍由第一效流向

167

末效。如图8-11为平流加料的三效蒸发流程。

此流程适合于处理蒸发过程中有结晶析出的溶液。例如某些无机盐溶液的蒸发,由于过程中析出结晶而不便于在效间输送,宜采用平流加料。除以上三种基本操作流程外,工业生产中有时还有一些其他的流程。例如,在一个多效蒸发流程中,加料方式可既有并流又有逆流,称为错流法。以三效蒸发为例,溶液的流向可以是3→1→2,亦可以是2→3→1。此法的目的是利用两者的优点而避免或减轻其缺点。但错流法操作较为复杂。

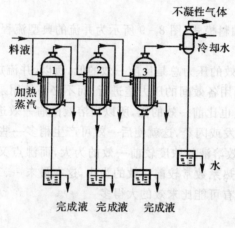

图8-11　平流加料流程

8.2.2　多效蒸发与单效蒸发的比较

1.加热蒸汽的经济性

多效蒸发通过二次蒸汽的再利用,提高加热蒸汽的利用程度,从而降低能耗。设单效蒸发与n效蒸发所蒸发的水量相同,则在理想情况下,单效蒸发时单位蒸汽用量为$D/W=1$,而n效蒸发时$D/W=\dfrac{1}{n}$(kg蒸汽/kg水)。如果考虑了热损失、各种温度差损失以及不同压力下汽化热的差别等因素,则多效蒸发时单位蒸汽用量比$\dfrac{1}{n}$稍大。表8-1列出了多效蒸发时单位蒸汽消耗量的理论值与实际值。

表8-1　不同效数蒸发的单位蒸汽消耗量

效　　数		单效	双效	三效	四效	五效
D/W	理论值	1	0.5	0.33	0.25	0.2
	实际值	1.1	0.57	0.4	0.3	0.27

由于多效蒸发时生蒸汽利用的经济性较高,所以在蒸发大量水分时广泛采用多效蒸发。但表8-1也说明,当效数增加时,W/D值虽然增加,但并不和效数成正比。

2.溶液的温度差损失

若多效和单效蒸发的操作条件相同,即第一效(或单效)的加热蒸汽压强和冷凝器的操作压强各自相同,则理论传热温度差为加热蒸汽与冷凝器中二次蒸汽的温度差。即理论传热温差与效数无关,多效蒸发只是将上述传热温度差按某种规律分配至各效。

　　单效、双效和三效蒸发装置中温度差损失如图 8-12 所示,三种情况均具有相同的操作条件。图形总高度代表加热蒸汽(生蒸汽)温度和冷凝器中蒸汽温度间的总温度差(即 130-50=80℃),阴影部分代表由于各种原因所引起的温度差损失,空白部分代表有效温度差,即传热推动力。由图 8-12 可见,多效蒸发较单效蒸发的温度差损失要大,且效数越多,温度差损失也越大。

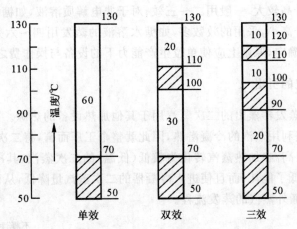

图 8-12　单效、双效、三效蒸发装置中的温度差

3.蒸发器的生产能力和生产强度

　　蒸发器的生产能力是指单位时间内蒸发的水分量,即蒸发量。通常可以认为蒸发量是与蒸发器的传热速率成正比。假设有一单效蒸发器,其操作条件与上述三效蒸发器相同,并具有与一个效相同的传热面积 A,由传热速率方程式可知:

单效:　$Q = KA\Delta t$

三效:　$Q_1 = K_1 A_1 \Delta t_1$;　$Q_2 = K_2 A_2 \Delta t_2$;　$Q_3 = K_3 A_3 \Delta t_3$

若各效的总传热系数取平均值 K,且各效的传热面积相等,则三效的总传热速率为

$$Q = Q_1 + Q_2 + Q_3 \approx KA(\Delta t_1 + \Delta t_2 + \Delta t_3) = KA \sum \Delta t$$

　　当蒸发操作中没有温度差损失时,由上式可知,三效蒸发和单效蒸发的传热速率基本上相同,因此,生产能力也大致相同。显然,两者的生产强度是不相同的,即三效蒸发时的生产强度(单位传热面积的蒸发量)约为单效蒸发时的1/3。实际上,由于多效蒸发时的温度差损失较单效蒸发时为大,因此多效蒸发时的生产能力和生产强度均较单效时为小。可见,采用多效蒸发虽然可提高经济效益(即提高加热蒸汽的利用率),但降低了生产强度,两者是相互矛盾的。多效蒸发的效数应权衡确定。

8.2.3　多效蒸发中效数的限制和选择

　　随着多效蒸发效数的增加,温度差损失加大。某些溶液的蒸发还可能出现总温度差损失大于或等于总温度差的极端情况,此时蒸发操作则无法进行。因此多效蒸发的效数是有一定限制的。

一方面,随着效数的增加,单位蒸汽的消耗量减小,操作费用降低;而另一方面,效数越多,设备投资费用也越大。而且由表 8-1 可以看出,尽管 D/W 随效数的增加而降低,但降低的幅度越来越小。例如,由单效改为双效,可节省的生蒸汽约为 50%,而由四效改为五效,可节省的生蒸汽量仅约为 10%。因此,蒸发的适宜效数应根据设备费与操作费之和为最小的原则权衡确定。

通常,工业多效蒸发操作的效数取决于被蒸发溶液的性质和温度差损失的大小等各种因素,每效蒸发器的有效温度差最小为 5~7℃。对于电解质溶液,如 NaOH,NH$_4$NO$_3$ 等水溶液的蒸发,由于其沸点升高较大,一般用二~三效;对于非电解质溶液,如糖的水溶液或其他有机溶液的蒸发,其沸点升高小,采用的效数多,如糖水溶液的蒸发用四~六效。适宜效数的选择需要通过经济效益来确定,原则上应使单位生产能力下的设备与操作费之和为最小。

8.2.4 额外蒸汽的引出

额外蒸汽是指将蒸发器蒸出的二次蒸汽用于其他加热设备的热源。由于用饱和水蒸气作为加热介质时,主要是利用蒸汽的冷凝潜热,因此就整个工厂而言,将二次蒸汽引出作为他用,蒸发器只是将高品位(高温)加热蒸汽转化为较低(低温)的二次蒸汽,其冷凝潜热仍可完全利用。这样不仅大大降低了能耗,而且使进入冷凝器的二次蒸汽量降低,从而减少了冷凝器的负荷。图 8-13 为引出额外蒸汽的蒸发流程。

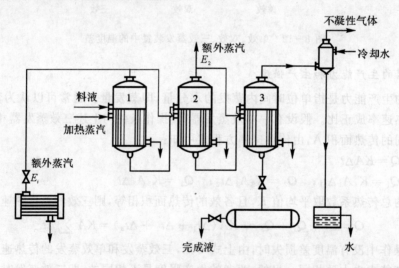

图 8-13 引出额外蒸汽的蒸发流程

若要在某一效(第 i 效)中引入数量为 E_i 的额外蒸汽,在相同的蒸发任务下,必须要向第一效多提供一部分加热蒸汽。如果加热蒸汽的补加量与额外蒸汽引出量相等,则额外蒸汽的引出并无经济效益。但是,从第 i 效引出的额外蒸汽量实际上在前几效已被反复作为加热蒸汽利用。因此,补加蒸汽量必小于引出蒸汽量,从总体上看,加热蒸汽的利用率得到提高。

如不考虑不同压力下蒸发潜热的差别、自蒸发的影响和热损失等因素,并假定沸点进料,则可认为每 1 kg 蒸汽能蒸发 1 kg 水,以三效蒸发器为例,可得以下近似关系:

$$W_1 = D$$
$$W_2 = W_1 - E_1 = D - E_1$$

$$W_3 = W_2 - E_2 = D - E_1 - E_2$$

水的蒸发总量

$$W = W_1 + W_2 + W_3 = 3D - 2E_1 - E_2$$

或

$$D = W/3 + 2E_1/3 + E_2/3$$

推广至 n 效,则有

$$D = W/n + (n-1)E_1/n + (n-2)E_2/n + \cdots + E_{n-1}/n \qquad (8-9)$$

由上式可知:

(1) 当无额外蒸气引出时,加热蒸气的消耗量为 $D = W/n$,单效蒸发时 $D = W$,双效蒸发时 $D = W/2$,依次类推。

(2) 只要二次蒸汽的温度能够满足其他加热设备的需要,引出额外蒸汽的效数越往后移,引出等量的额外蒸汽所需补加的加热蒸汽量就越少,蒸汽的利用率越高。按理用最后一效的二次蒸气作为额外蒸气时最为经济,因为这部分蒸气对于整个设备来说算是废气,但在大多数情况下,由于最后一效二次蒸气的压力很低,因而冷凝时的饱和温度也很低,将它作为额外蒸气时其用途有限。

8.2.5　冷凝水显热的利用

在蒸发过程中,每一个蒸发器的加热时都会排出大量的冷凝水,如果直接排放,会浪费大量的热能。充分利用冷凝水的热能,主要是对冷凝水的热量和水进行回收利用。回收蒸汽系统排出的高温冷凝水,可以节约燃料,将冷凝水中的热量进行最大限度地利用。由于生产领域的不同,冷凝水的利用方法也不同,冷凝水的回收利用途径主要归纳为 3 种:直接利用、间接利用、闪蒸蒸汽利用。直接利用一般是将冷凝水供给到锅炉中,或者将其输入到水罐中供后续工段使用。对冷凝水直接利用之前,需要分析水质,保证水质质量满足锅炉给水或工艺要求,否则需要进行净化处理,再考虑利用冷凝水的显热。冷凝水的间接利用,主要可用来预热原料液或加热其他物料。除了冷凝水被污染采用间接利用外,当冷凝水与最终使用距离较远时,可以设置相应的热量回收工程。冷凝水的闪蒸或称蒸发,是将温度较高的液体减压使其处于过热状态,从而利用自身的热量使其蒸发的操作,如图 8-14 所示。将上一效的冷凝水通过闪蒸减压至下一效加热室的压力,其中部分冷凝水将闪蒸为蒸汽,将它和上一效的二次蒸汽一起作为下一效的加热蒸汽,提高了蒸汽的经济性。闪蒸蒸汽的产生与冷凝水量有关,也与闪蒸前后的压力差有关。在利用闪蒸蒸汽之前,必须对回收效益和计划费用进行核算,再充分考虑回收方法。

8.2.6　热泵蒸发

热泵蒸发(二次蒸汽再压缩)装置是将蒸汽压缩机与蒸发器联合起来的一种节能装置。它将二次蒸汽通过压缩机的压缩,提高了工质的压力、温度和焓。然后把压缩后的蒸汽回送到蒸发器的加热室中,作为加热蒸汽去蒸发料液,被加热的料液吸收潜热又转化为蒸汽。采用热泵蒸发只需在蒸发器开车阶段工艺加热蒸汽,当操作达到稳定后就不再需要加热蒸汽,只需提供二次蒸汽升压所需压缩机动力,因而可节省大量的加热蒸汽。这样,以少量的高质能(电能、机械功等)通过热泵蒸发装置把大量的低温热能转化为有用的高温热能加以利用,达到了节能的目的。

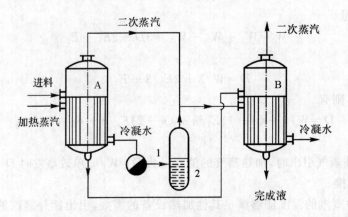

图 8-14　冷凝水的闪蒸

A,B—蒸发器;1—冷凝水;2—冷凝水闪蒸器

　　二次蒸汽再压缩的方法包括机械压缩(见图8-15(a))和蒸汽动力压缩(见图8-15(b))。蒸汽动力压缩利用少量的高压工作蒸汽从喷嘴中喷出,在喷射过程中,蒸汽的静压能转变为动能,产生低压,从蒸发器二次蒸汽出口吸入二次蒸汽,二者混合后在扩压管中增压,并一起进入加热室作为加热剂使用。

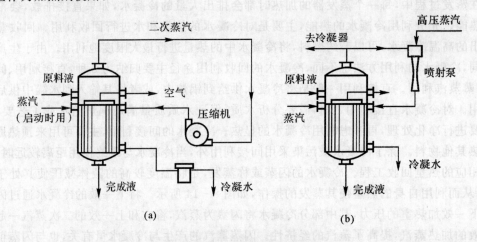

图 8-15　二次蒸汽再蒸发流程

　　实践证明,设计合理的蒸汽再压缩蒸发器的能量利用率相当于3~5效的多效蒸发装置。其节能效果与加热室温度和蒸发时的温度差有关。蒸发过程中传热温差和压差大小一般与处理料液的热敏性有关,高热敏性料液适宜于小温差条件下多梯度分阶段进行。因此,热泵蒸发系统的工艺流程也设计成单效蒸发和多效蒸发。

　　单效蒸发系统的流程简单,操作较方便,适合于水分蒸发量大,物料的热敏性较弱,允许大温差传热,只需蒸发一次就可达到浓缩要求的溶液。目前,国内已有学者在对麻黄素废液的处理过程中设计采用了机械蒸汽再压缩系统的单效蒸发方案。制盐工艺也适合采用单效蒸发的方式。含盐卤水同样具有需去除的水量大,且热敏物性弱的特点,因此选择单效蒸发的经济性更合理。虽然系统由于大温差传热可能导致热平衡稳定性差、需不断补充新蒸汽的问题,不过,单效蒸发情况下采用增大换热器面积以适当减小传热温差的方式,可在一定程度上解决上述问题,同时系统效率有所提升。图 8-16 所示为制盐工艺上采用的热泵单效蒸发系统。

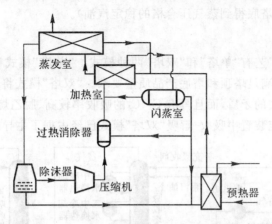

图 8-16　制盐工艺用热泵单效蒸发系统

　　热泵多效蒸发方式适合于处理热敏性较强,不宜进行大温差传热的溶液蒸发,同时其也可用于蒸发量较大的工艺场合。据统计,目前世界上的乳品工业界共约 100 台热泵多效蒸发系统在运行。图 8-17 所示为热泵的多效蒸发流程工艺。

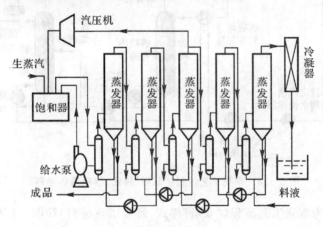

图 8-17　热泵多效蒸发系统

8.3　气　体　吸　收

　　气体吸收是气体中的一个或多个组分溶解于液体(溶剂)中的过程,其节能措施一般包括以下几方面:①选择合适的溶剂,溶解度大,则所需的溶剂循环量小;溶解度对温度的变化敏感,所需解吸温升小,溶剂再生的能耗小。②组织合适的流程,采用逆流、分段、分级等手段,减少功耗。本节在某炼厂 0.8 Mt/a 催化裂化装置流程分析的基础上,介绍吸收稳定系统节能型工艺流程,并综合比较各工艺流程的处理效果。

　　吸收稳定系统是催化裂化等装置的后处理过程,主要由吸收塔、解吸塔、再吸收塔、稳定塔及相应换热器等辅助设备组成。它的主要任务是利用吸收和精馏的方法加工来自主分馏塔塔顶油气分离器的粗汽油和富气,分离得到干气(C₂ 及 C₂ 以下)、液化气(C₃ 和 C₄)和蒸气压合格的稳定汽油(C₄ 及以下的轻含量过高导致汽油蒸气压不合格,稳定塔将该汽油中过量轻烃脱除,塔顶得到液化气,塔底得到蒸气压合格的稳定汽油)。

1.常规工艺流程

传统的吸收-解吸工艺有"单塔"和"双塔"两种模式。"单塔"模式设备简单,操作方便,但很难在同一个塔内同时满足塔顶和塔底产品质量要求。"双塔"模式将吸收和解吸在两个塔内进行,解决了"单塔"模式的矛盾,而且具有 C₃,C₄ 的吸收率较高、脱乙烷汽油中 C₂ 含量较低的优点。迄今,在吸收稳定装置中吸收-解吸"双塔"模式已经占据了主导地位。

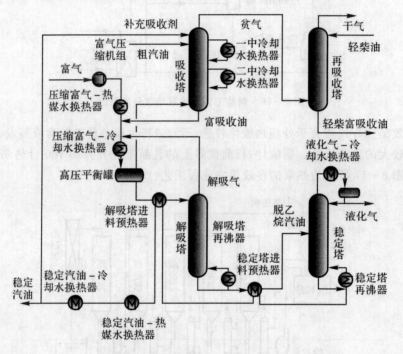

图 8-18 常规工艺流程("双塔"模式、解吸塔热进料)

图 8-18 所示为常规工艺流程("双塔"模式、解吸塔热进料)简图。压缩富气与富吸收油和解吸气混合后,冷却到 40 ℃左右进入气液平衡罐进行气液平衡操作,气体进入吸收塔底部,液体与稳定汽油换热后进入解吸塔顶部。吸收塔塔顶出贫气,由于含有少量汽油组分,经再吸收塔用轻柴油作为吸收剂回收汽油组分。再吸收塔塔顶得到干气,而塔底的富吸收油返回主分馏塔。解吸塔塔底脱乙烷汽油与稳定汽油换热后打到稳定塔中部。稳定塔塔底有再沸器供热,将脱乙烷汽油中 C₄ 以下轻组分蒸出,塔顶得到以 C₃,C₄ 为主的液化气;塔底产品为蒸气压合格的稳定汽油,先后与脱乙烷汽油、解吸塔进料油换热后再冷却到 40 ℃,一部分打回吸收塔塔顶作补充吸收剂,另一部分作为产品出装置。

吸收稳定装置"双塔"模式克服了"单塔"模式的不足,但是仍然存在以下缺点:系统分离效率低,干气含有过多液化气组分,造成丙烯等重要化工原料的损失;液化气以及稳定汽油的收率有待提高;解吸塔过度解吸,吸收塔及解吸塔之间大量液化气及轻稳定汽油组分循环,造成过程能耗增大。为了克服"双塔"模式所存在的以上缺点,可在常规工艺流程的基础上提出以下三种改进流程。

2.吸收塔预平衡流程

在图 8-18 所示的常规工艺流程的基础上,在吸收塔塔顶新增预平衡系统,如图 8-19 所示,该流程称为吸收塔预平衡流程。吸收塔塔顶气体及稳定汽油补充吸收剂混合冷却至 40℃ 后进入预平衡罐,在预平衡罐内完成预平衡及气液分离操作,预平衡罐出口贫气进入再吸收塔进一步处理,液相则返回吸收塔塔顶作为吸收剂。该流程与常规工艺流程相比,在同样进料和产品质量等条件下,可以有效减少补充吸收剂的需要量,从而缓解解吸塔再沸器、稳定塔再沸器、稳定塔液化气冷凝罐及压缩机机后冷却器等负荷,干气流率下降,液化气及稳定汽油收率提高,综合能耗下降,具有明显经济效益。

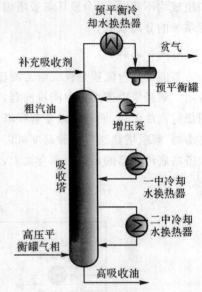

图 8-19　预平衡流程简图(部分)

3.二级冷凝流程

图 8-20 所示为二级冷凝流程(部分)简图。该流程的特点为,压缩富气经第一次冷凝冷却,然后与来自吸收塔底部的富吸收油和来自解吸塔顶部的解吸气混合(调节压缩富气-热媒水换热器的冷却负荷使得该混合后流股温度维持在 60~70℃,温度过低会增加解吸塔塔底再沸器负荷)后进入一级平衡罐,其凝缩油直接作为热进料进入解吸塔的中上部,气相进行二级冷凝冷却;经第二次冷凝冷却后所得的凝缩油作为冷进料进入解吸塔顶部,气相作为吸收塔塔底进料。

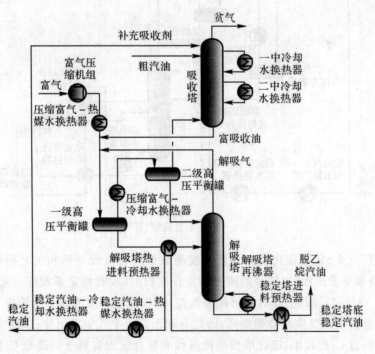

图 8-20　二级冷凝流程(部分)

二级冷凝流程具有解吸塔冷热双股进料(所谓解吸塔冷热双股进料,是指气液平衡罐凝缩油分为两股,一股与稳定汽油换热后进入解吸塔中上部,另一股冷进料直接进入解吸塔顶部)的特点。同时该流程与单级冷凝冷热双股进料流程相比,二级冷凝流程冷热两股进料的温度和组成均不相同,不会破坏解吸塔内浓度分布,有效避免解吸塔内返混问题,从而提高吸收稳定系统的分离效率。

4.复合流程

节能型复合流程是在二级冷凝流程的基础上,在解吸塔中部增设中间再沸器,如图 8-21 所示。解吸塔中部增设中间再沸器,中间再沸器的热量是与稳定汽油换热获得,不仅可充分利用稳定汽油余热,而且可以使解吸塔底部再沸器负荷大幅度降低。由于解吸塔中部设置中间再沸器,解吸塔热进料流股温度可以适度降低,从而可以减少解吸气量和解吸塔负荷,这样解吸塔塔底再沸器的负荷也不会太大,从而更加充分利用稳定汽油余热。

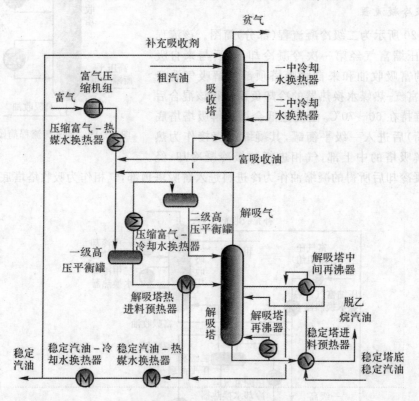

图 8-21 复合流程(部分)

基于某炼厂 0.8 Mt/a 催化裂化装置的现场数据进行流程分析和工艺模拟,计算结果表明,采用吸收塔预平衡流程、二级冷凝流程和复合流程后,吸收稳定系统综合能耗每年分别减少 4.55%,11.79%,17.82%,具有显著经济效益;吸收塔预平衡流程干气流率得到降低,二级冷凝流程及复合流程干气质量得到提高,因此有利于回收干气中重组分;二级冷凝流程和复合流程有利于提高总 C_3 回收率,吸收塔预平衡流程和复合流程有利于提高总 C_4 回收率;吸收塔预平衡流程有利于提高液化气和稳定汽油收率,二级冷凝流程液化气流率略微降低,稳定汽油收率略微增加。

8.4 化学反应

反应工序是化工生产的核心,直接影响化工产品的技术经济指标。在反应工序中,能耗水平在很大程度上决定了这个生产过程的经济性。如何有效地利用化学反应过程的能量是提高经济效益的重要课题。

8.4.1 化学反应热的有效利用

化学反应进行时,大多数情况下都伴有热量的吸入或放出。如何有效地供给或利用反应热是化学反应过程节能的重要方面。对于吸热反应,应合理供热。吸热反应的温度应尽可能低,以便采用过程余热或汽轮机抽气供热,节省高品质的燃料。对于放热反应,应尽可能将排出的反应热转变成优质热(高温、高压),以回收较高品质的热量。例如,利用乙烯装置裂解气急冷锅炉产生的 8～14 MPa 的高压蒸汽驱动汽轮机,可使每吨乙烯消耗的电力由 2 000～3 000 kW/h降到 50～100 kW/h,大大提高了乙烯装置的经济性。不论是吸热反应还是放热反应,均应尽量减少惰性稀释组分。因为对吸热反应,惰性组分要多吸收外加热量;而对放热反应,要多消耗反应热。

本节结合甲醛银催化法生产的工艺流程和生产特点,对某甲醛装置进行各个环节的能量平衡分析和㶲分析,找出过程用能的薄弱环节,并提出了相应的改进措施。

工业甲醛的生产90％以上都是以甲醇为原料,采用银或铁-钼复合氧化物为催化剂通过空气直接氧化生产。铁—钼法操作时空气过量,在空气、甲醇混合气体中,甲醇浓度低于爆炸下限,甲醇几乎全部转化,得到低浓度甲醛产品;银法操作时控制甲醇过量,原料混合气体中甲醇浓度高于爆炸上限,在甲醇过量和较高温度下操作,得到甲醛产品。银催化法是我国工业生产甲醛的主要方法,是利用甲醛在银催化剂上的氧化和脱氢反应进行的。工艺中一般采用甲醇过量,反应温度一般控制在 600～700℃,甲醛产率约86％～90％。典型的银法甲醛生产工艺流程如图 8-22 所示。

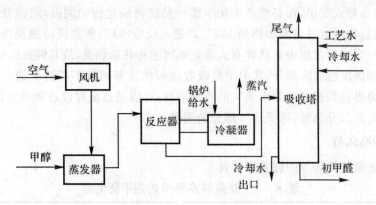

图 8-22　银催化法甲醛生产装置工艺流程简图

甲醇用空气鼓泡的方式在蒸发器中蒸发配置成二元混合气体,再同水蒸气混合配置成甲醇-空气-水(蒸汽)三元混合气。三元混合气经过热器加热至 100～140℃,进入过滤器,除去羰基铁等杂质,然后进入氧化反应器。甲醇经氧化、脱氢反应生成甲醛,产物在一个带有蒸汽发生装置的急冷段被迅速冷却到 220℃ 左右,之后经过热回收或水冷器进一步冷却到 80~90℃,再进入吸收塔底部,甲醇蒸汽气甲醛在塔底被冷凝和吸收。吸收塔顶排出的尾气或者经尾气锅炉产生蒸气或者放空,吸收塔底部为粗甲醛产品,生产浓度为 37%~55% 甲醛水溶液。

一、能量利用环节

能量的工艺利用环节包括甲醛生产工艺中反应器、吸收塔以及精馏塔等;转换环节包括蒸发器、过热器、鼓风机和机泵设备等;回收环节主要包括系统内的各种换热设备、蒸汽发生器等。能量利用环节中最主要的设备是反应器,甲醛生产中反应器需要加入配料蒸汽,控制反应床层的温度,抑制副反应。反应器的能量平衡见表 8-2。

表 8-2 反应器热量核算表

项 目	热 量/kW
物料输入热量	433.9
配料蒸汽输入热量	626.4
空气输入热量	55.1
反应放出热量	835
水蒸气输出热量	1 288.8
其他气体输出热量	606.4
热量损耗	4.1
过程㶲损耗	456.6

见表 8-2 可以看出,配料蒸气带入的热量为 626.4 kW,占了工艺总用能的 60% 左右;而且其能量的 80% 以上是冷凝潜热,工艺过程中这些热量只能在产物较低的露点温度释放,从而给这部分能量的回收带来困难。

反应器的㶲损耗主要由两部分构成:一是放热过程的自由焓变化,此部分能量以反应温度(650℃)下的热能形式放出,而必然产生化学能-热能转换过程的㶲损,此部分的损耗是不可避免的;二是反应物经过过热器加热到 126℃ 后进入反应床层,依靠反应热加热到氧化反应所必需的温度(650℃),此过程中必然伴有大温差不可逆传热的㶲损,故其㶲损也是难以避免的。

吸收塔内的㶲损包括两部分,其中甲醛吸收过程的溶解热是不可避免的。另一部分是甲醛从露点温度降温过程的显热和水蒸气的冷凝潜热,可以通过流程改进和单元设备强化,通过循环吸收液带走此部分热量,降低这一部分的㶲损。

二、能量转换环节

甲醛装置能量转换环节的㶲平衡见表 8-3。

表 8-3 能量转换环节的㶲平衡汇总

总供入/kW	过程㶲损耗/kW	散热/kW	排弃/kW	㶲效率/(%)
439.4	155.3	1.9	5.3	63

整个环节的㶲效率为 63%,能量利用效率较高。过程㶲损耗为 155.3 kW,其中很大一部

分发生在蒸发器中。这是由于在蒸发器中采用过热蒸汽(0.4 MPa,161℃)加热较低温度(46℃)的反应混合气体,其中大部分过热蒸气大幅度降压节流,用于脱过热(161~98℃)和冷凝过冷(98~47℃),㶲效率较低。可以考虑利用适当的低温热源,提高效率,具有较大的改进潜力。

三、能量的回收环节

生产流程中尾气包含很大一部分的化学能,通过尾气锅炉产生蒸气。转换环节的㶲平衡见表 8-4。

表 8-4 热量回收环节的㶲平衡汇总

项　目		热量/kW
回收输出	输出热	129.2
排弃㶲损耗	冷却排弃	49.1
	散热	22.3
过程㶲损耗	急冷器	366.3
	循环液等	75
热效率/(%)		61.4
㶲效率/(%)		62

由表 8-4 可知,整个回收环节的热效率为 61.4%,㶲效率为 62%,这是由于反应产物的露点温度为 78℃,过大的换热温差造成过程㶲损很大,热能利用不合理,能量的利用效率不理想。特别是在急冷器中,由于必须将反应产物(650℃)骤冷,一般采取发生 0.4 MPa 低压蒸汽的方式回收能量,温差偏大,造成过程㶲损耗非常大。尽管循环吸收液冷却器温差不是很大,但由于温位较低,消耗的循环冷却水量很大。

四、用能改进

由于甲醇氧化脱氢生成甲醛过程总的是一个放热反应,在反应前需要先将混合气体过热以达到反应所需温度,而反应后又必须使反应产物骤冷以防止甲酸的生成,因此如何减少配料蒸气的用量、以及高效利用反应热产生更多蒸气,成为整个装置节能降耗的重点。

1. 工艺优化改进

在反应器中为了减少配料蒸气的引入带来的过程能耗和㶲损耗,可以考虑采用尾气循环的方法。吸收后的尾气部分循环至反应器作热稳定剂,将部分反应热量由循环气带走,在没有蒸馏的情况下可以生产 37%~55% 高浓度甲醛,可以提高甲醇转化率和甲醛产率,降低甲醇单耗。为减少设备投资带来的费用,也可以采取甲醇循环法新工艺。该工艺不用另设甲醇蒸馏塔,而是通过设备复合强化,在吸收中利用反应热和甲醛溶解热脱醇脱水,利用此工艺可以降低甲醇单耗,减少系统能耗。

2. 能量转换环节优化改进

蒸发器中尽量利用反应气体冷凝潜热和吸收过程放热来蒸发部分甲醇,将来自过热器出口的反应产物在进入蒸发器前先喷射部分甲醇,使得反应产物在进入蒸发器时达到露点温度,以提高传热系数。在工艺许可条件下,适当降低过热温度,降低过热器的出口温度,减少配料蒸气的用量。同时也可以考虑采用复合式甲醇蒸发器,降低生产阻力,提高了生产中未反应的甲醇的回收率,降低了甲醇单耗。

3. 能量回收环节优化改进

改造反应急冷段,采用"高温高用,梯级利用"的原则将急冷段分为三段。首先反应气体产生 0.4 MPa 以上的饱和蒸气,第二段用来预热软水,第三段为原料甲醇蒸发和二元反应气预热段。反应后 650℃ 的气体先经过骤冷到 220℃,产生 0.4 MPa 的蒸气,然后与软化水换热,温度降至 150℃,此温度下的气体再用来蒸发甲醇原料和预热二元气,在露点温度(78℃)后进入吸收塔。经过改造后的反应器急冷段的㶲效率有了明显改善。

回收利用蒸气冷凝水用于余热锅炉和尾气锅炉给水,既节省能耗也减少了甲醛生产过程所需的软化水量,同时也使余热锅炉或尾气锅炉减少结垢。通过回收尾气,不但可以净化环境,还可以产生蒸气,实现部分蒸汽外供,达到装置节能降耗的目的。

该实例通过对银催化法甲醛生产工艺进行的三环节用能分析表明,应尽量减少配料蒸汽的加入,采取能量梯级利用等方法降低反应器的㶲损耗,提高反应热的利用效率,同时考虑利用反应热和甲醛溶解热的甲醇循环法新工艺,减少过程物耗和能耗,达到好的节能效果。

8.4.2 新型高效反应器

化学反应器是指为实现特定工艺性能所设计或选定的、并能将各种不同性能的设备有机结合而成的整体系统。化学反应器是整个化工产品生产过程的核心,反应过程一般都伴随着流体流动、传热或传质等过程,同时也存在过程阻力。如何改进反应装置、减少阻力、降低能耗以及有效地将能量加以综合利用,是提高经济效益的重要课题。本节围绕着新型高效反应器及反应装置的改进两方面论述该问题。

1. 新型反应器

在新型反应器设计中应注意以下问题。

(1)传热温差的优化。反应的不可逆性导致的㶲损是一小部分,大部分㶲耗是在反应器中由于不可逆传热引起的。以氨合成塔为例,应进行反应器传热温差、传热面积和催化剂装填面积(投资)、净氨值(转化率)的三者优化设计。

(2)传热方式的优化。由于直接传热速率高,所需空间小,但传热温差及㶲损大,而间接传热㶲损较小。如邻二甲苯制苯酐的生产,从列管式固定床反应器中取热,产生的 10 MPa 高压蒸汽用于发电,实现了装置用电自给,并可外输蒸汽。

(3)减少反应器中压降,反应床压降的降低是减少压缩功耗的有力手段。

(4)能量自给平衡的化工反应器。反应离不开加热和冷却,放热系统和加热系统的结合是化工节能的有效途径。目前已有能量自给平衡的反应器用于顺丁橡胶生产,聚合放出的热量用于精制工序,可减少能耗 4/5。天然气制合成氨中将工艺系统与动力系统有机结合,可实现装置的单系列化和系统能量自我平衡,达到节能目的。

　　2. 改进反应装置

　　为了防止能量损失,在反应过程中可以考虑改进反应装置内流体的流动状态,高效保温,选用高效搅拌机等有效措施。如凯洛格(kellogg)公司的合成氨厂从降低单位氨产量所必需的催化剂容积、减少由催化剂床层引起的压力损失、提高一次转化率及简化反应装置的结构方面出发,开发了新型反应装置,完成了水平型反应装置的研制工作。新反应器为骤冷式反应器,催化剂呈平板状,反应气体从垂直方向穿过催化剂层。表 8-5 为日产 1 500 t 的合成氨厂的新型水平反应器与原轴向流动型反应装置各项指标的比较,其中的压力损失明显降低。

表 8-5　氨合成反应器

项　目	轴向立式	径向卧式	项　目	轴向立式	径向卧式
催化剂粒径/mm			反应器直径/mm	2 100	2 100
第一段	3～6	3～6	催化剂体积/m³	46.1	46.1
第二段	1.5～3	1.5～3	压力损失/kPa	4 100	62
第三段	1.5～3	1.5～3			

8.4.3　化学反应催化剂

　　催化剂是化学工艺中的关键物质,不但能加快反应速度,还可以缓和反应条件,使反应在较低的温度和压力下进行,使许多重要的化学反应和化工产品得以实现工业化生产。如甲醇合成由高压法(30 MPa,350 ℃)转向 ICI 和 Lurgi 中低压法,其能耗大幅度降低。

　　催化剂不会改变反应热,故采用催化剂后,反应热值变化不大,基本不降低可回收利用的反应热量。而且常因反应温度降低,可以采用较低品位的热能预热反应物,更利于回收较低品位的反应热量。因此,从热量综合利用的角庭来看,催化剂也确能起到节能降耗的作用。

　　利用和提高催化剂的选择性,可抑制副反应的发生,能够使原料尽可能多地转化为希望的产品,降低了原料的单耗,提高了原料的利用率,节约了原料和开发生产原料的能耗。此外,优良的选择性可以减少反应产物的后处理工序,使设备投资和生产费用降低,同样能减少目的产物的分离和原料回收利用的能耗。Lummus 公司用新催化剂使乙苯脱氢制苯乙烯转化率达 70%,苯乙烯选择性达 95%,能耗降低 64%。由于转化率的提高,使再循环能耗大幅下降。另外,由于"三废"减少,使处理"三废"所需的能量也减少。故催化剂的选择性有利降低单位质量产品的平均能耗与生产成本。

　　氨合成催化剂是工艺技术进步和节能减排的核心和关键。我国研究开发成功的 A301 (ZA-5)型催化剂是一种国内外领先的新型氨合成催化剂,A301 型催化剂是我国独创的世界上第一个 $Fe_{1-x}O$ 基催化剂,A301 型和 ZA-5 型催化剂已在全国合成氨企业中广泛应用,使我国氨合成催化剂跃居国际先进水平。表 8-6 为 A301 型催化剂与传统催化剂基本特征的比较。

表 8-6　A301 型催化剂与传统催化剂基本特征的比较

	项　目	传统催化剂		A301
		A110-2	Fe-Co(ICI74-1)	
化学组成	分子式	Fe_3O_4		FeO
	结构式	Fe_3O_4		$Fe_{1-x}O$
	理论含氧质量分数/(%)	27.6		22.3
	Fe^{2+}/Fe^{3+}	0.5～0.6		5～8
晶体结构	晶相	磁铁矿		维氏体
	晶型	(反)尖晶石(立方)		岩盐(立方)
物理性质	磁性	铁磁性		非铁磁性
	熔点/℃	1 597(Fe_3O_4)		1 377(FeO)
	堆比重/(t·m^{-3})	2.8～2.9		3.2～3.3
催化性能	还原性能	易	较易	特易
	还原温度(最快)/℃	530	516	480
	还原温度(最终)/℃	619	569	516
	还原速率(相对)	1.0	1.6	3.3
	活性温度/℃	465±5	460±5	440±5
	温域/℃	360～520	360～520	325～520
	活性(以 NH_3 净值体积分数计)/(%)	15(100.0)	16(106.7)	17.5(116.7)
	耐热性	好	好	好

由表 8-6 可知,$Fe_{1-x}O$ 基低温低压氨合成催化剂的化学组成、晶体结构、物化性质及制备原理都与传统催化剂有很大区别。根据数百家中、小型合成氨企业工业应用和跟踪调查表明,A301 型和 ZA-5 型催化剂的工业应用效果突出,取得了显著的经济效益和节能效果,还原时间可缩短 1～2 d;操作压力可降低 1～2 MPa;操作温度可降低 10～20 ℃;提高氨净值 0.6%～2.0%(体积分数);提高氨产量 5%～15%;吨氨综合能耗平均降 10～50 kg 标煤;气体净化好、管理水平高的企业,吨氨催化剂单耗平均在 80～100 g,与国外先进水平相近。因此,研究开发新型高效催化剂,可以导致新的反应和生产方法的产生,建立起高效率的生产工艺过程,有利提高生产能力,原料转化率和反应热的综合利用率,使综合节能作用显著。

8.4.4　反应及其与其他过程的组合

将所要进行的反应与其他过程(也包括其他反应过程)组合起来,可望改变反应过程进行的条件,或提高反应转化率,而达到节能的目的。

1. 反应耦合——三元重整

电厂排出的大量烟气中的主要成分为 CO_2，O_2，H_2O，它们均可与 CH_4 进行重整：

$$CH_4 + CO_2 \longrightarrow 2CO + 2H_2 \qquad \Delta H_0 = 247.3 \text{ kJ/mol} \qquad (1)$$

$$CH_4 + H_2O \longrightarrow CO + 3H_2 \qquad \Delta H_0 = 206.3 \text{ kJ/mol} \qquad (2)$$

$$CH_4 + \frac{1}{2}O_2 \longrightarrow CO + 2H_2 \qquad \Delta H_0 = -35.6 \text{ kJ/mol} \qquad (3)$$

$$CH_4 + 2O_2 \longrightarrow CO_2 + 2H_2O \qquad \Delta H_0 = -880 \text{ kJ/mol} \qquad (4)$$

美国宾夕法尼亚州立大学首次提出了具有重大创新的三元重整概念，利用烟道气和电厂废热对 CH_4 进行重整，达到合成 CH_3OH，HAc、二甲氧基乙烷(DME)、液体燃料等下游产品和生产电能的目的。三元重整概念见图 8-23。

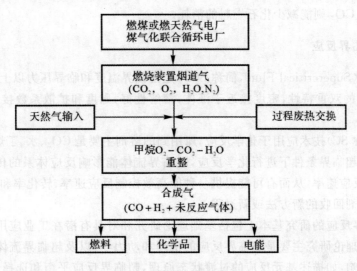

图 8-23 CH_4 的催化重整

该工艺优点主要为：CO_2 不用分离纯化，成本低；减少了温室气体排放，作为新碳源可实现资源的循环利用；将强吸热反应与放热反应耦合；CO_2-RM(甲烷干重整)易积碳，与蒸汽重整、甲烷催化部分氧化(POM)组合可消除积碳，也可克服单一 POM 中产生过热与热点生成的缺陷。由此可见，三元重整不仅节能而且节省资源。

2. 化学反应与吸收耦合

传统蒸汽重整在高温高压条件下进行，经高变低变反应器进行变换，最后用胺吸收或变压吸附脱除 CO_2 制氢。Balasubranim 详细研究了一步制氢法，在蒸汽重整反应器中同时装入 NiO/Al_2O_3 和 CO_2 吸收剂，使重整、变换、脱碳在同一绝热流态化反应器中进行，2.5 MPa 下 CO 平衡转化率为 100%，平衡 H_2 体积分数为 95% 以上，CH_4 转化率为 88%。该法不用变换催化反应器，因而运行成本和设备投资将大幅下降，既节能又省投资，是天然气制氢技术重要进展之一。

3. 开发新的合成工艺，缩短工艺流程

(1)减少反应步骤。每一步反应均需能量且导致物质损失，为使下一步反应的进行还需分离与纯化过程。减少反应步骤则可以大大降低能耗和副产品带来的物耗。目前，甲醇生产为两步法：由天然气或煤制合成气，再由合成气制甲醇。造气工段占整个甲醇生产能耗的60％～70％，投资较大。最理想的方法是由天然气直接一步制甲醇，但 CH_4 分子稳定，活化温度高，而高温又会使甲醇深度氧化。为此，正在研发酶催化氧化、光催化氧化、超临界氧化、膜催化氧化、冷等离子体氧化、过渡金属催化氧化和 CO_2 催化加氢等新方法，已取得了令人可喜的成果。

（2）利用绿色化学技术。开发原子利用率高的合成反应，采用手性合成、生物催化仿生合成等技术。

（3）利用少溶剂或无溶剂合成。反应工艺用能有一大部分用于溶剂升温、升压，并且需从反应物中分离溶剂。用少溶剂或无溶剂工艺可达到很好的节能效果。

（4）CO_2 加氢合成甲醇。传统甲醇合成主要为 CO 加氢反应，CO 来自化石燃料，而改用既价廉又丰富的 CO_2 则能减少化石燃料的消耗。

8.4.5 超临界反应

超临界流体（Supercritical Fluid，简称 SCF）是指临界温度和临界压力以上的高密度流体，兼具气体和液体的双重特性，密度接近于液体，溶解性好，黏度和扩散系数接近于气体，渗透性好。

超临界（简称 SC）技术应用于化学反应，所用到的溶剂主要是 CO_2、水、丁烷、戊烷、己烷等低分子烃类。在超临界条件下进行化学反应，超临界流体能影响反应体系的传质、传热、选择性、平衡收率和反应速率，从而有可能提供一种能高效控制反应速率、转化率和选择性，并有利于产物分离与溶剂回收的新方法或新过程。

当前，超临界反应的研究基本上包括基础理论研究和对具有潜在工业应用前景的反应过程的探索。基础理论研究主要是超临界反应的机理和动力学，以及超临界流体的特殊性质对反应动力学的影响，如描述基元反应的过渡状态原理，超临界反应平衡和选择性，活化体积和压力的动力学关联，介电常数动力学关联，以及溶剂相互作用理论和分子间相互作用理论等。

1. 过渡状态原理

通常认为，超临界流体在反应过程中不像液体体积基本不变，也不同于气相（密度比气相大得多）。超临界流体的性质随压力可调性较大，因此传统的液体反应动力学方程中忽略压力影响的假设已难以适应，但如何将压力或其他超临界流体的性质引入动力学方程，成了超临界反应研究的一大难题。过渡状态理论是一个既方便又适应性强的基元反应理论，许多学者利用它描述了超临界反应速率常数和压力、活化体积等因素的关系。并认为活化体积由两类贡献组成：一类是物质分子的力学结构信息，如键长和键角；另一类是电伸缩和其他溶剂效应。研究者认为超临界流体的介电常数、扩散、静电相互作用和超临界流体的可压缩性和相行为在近临界点时变化较大，均可认为是表观活化体积的贡献。液相反应的典型活化体积一般不大于 $30cm^3/mol$，但近临界点反应的表观活化体积可达 $1\ 000\ cm^3/mol$ 的数量级。表观活化体积在一定程度上反映了物质在近临界点时的反应特性，但由于它是一个多因素的综合结果，难以分清究竟是哪些因素起主要作用。

2. 溶剂效应

利用过渡状态原理和分子热力学理论可以建立超临界反应速率常数和活度系数及溶解度

参数 δ 的关系。利用溶剂溶解度参数表征溶剂效应,得到了超临界反应速率常数与溶剂溶解度参数呈线性关系的结果,并在超临界水下的热解反应中得到了证实。而溶解度参数随密度变化,因此可以用密度来调节超临界反应。有些研究表明,溶剂的介电常数 ε 与偶极矩 μ 同超临界反应存在一定的关系,尤其对含极性反应物的超临界反应。溶剂极性大有利于过渡态产物极性大于反应物极性的反应,因此加盐可改变超临界反应。

3. 超临界流体反应的物理和化学现象

近临界现象是目前学术界研究的主要对象之一。首先是近临界点"异常"现象问题。有关研究表明,在近临界区时,反应平衡和动力学有显著变化,温度影响也增强。也有学者却提出了某些反应的反应速率会在接近临界点时下降。有研究者提出对稀溶液,近临界点区域内的反应活化体积较大,高浓度,远离临界点的区域内较小。Chialvo 对此进行了分子动力学模拟,提出了溶剂和溶质的"吸引"和"排斥"对活化体积的影响理论:"分子簇"理论和"笼子效应",认为由于"分子簇"形成的局部浓度提高和"笼子效应"均会对超临界反应过程发生作用,但对扩散控制的反应例外。这种影响的强弱取决于化学反应的"时间尺度"和"分子簇"的"时间尺度"的相对大小。

4. 超临界条件下的反应选择性

超临界条件下压力和黏度可以影响某些邻-对位反应的选择性,或某些分解反应的途径。超临界流体的溶剂效应可以影响异构化反应的机理,还可对某些反应的中间态发生作用(稳定或促进)。研究表明,超临界流体可以改变化学反应的立体选择性和配位选择性,并认为是由于压力引起的溶剂极性变化所致。还有许多作者利用激光热解双分子反应、电子顺磁共振谱和分子动力学对"分子簇"的作用和分子碰撞模型的内在机理做了大量的工作。此外,还有工作涉及用压力调节极性,改变氢键;溶解度与反应平衡常数的关联;以及超临界反应平衡和相平衡方程联立求解等问题的研究。

超临界流体反应的应用探索则包括超临界下的均相和非均相催化与非催化反应、聚合反应、废物处理、煤和生物高分子转化为燃料和化学品、超临界流体的燃烧、材料加工与合成以及酶催化反应和电化学反应等。超临界反应研究发展迅速,涉及领域广泛,是由超临界流体的独特性质所决定的。超临界流体的压力可调变性,以及加盐对它的电性质的影响,为在超临界反应过程中改变超临界流体性质,实现调控反应的目的奠定了基础,亦为开发超临界反应新技术带来了机遇和挑战。

超临界流体对反应的作用主要体现在下述几方面:①可选用环境友好的溶剂,有利于环境污染的控制;②高压下较高的反应物浓度有利于提高反应速率;③利用溶剂性质在临界点附近与温度、压力的敏感关系和超临界条件下的簇团现象,微调反应的微观环境,提高反应选择性和转化率;④超临界流体与液体相比具有较大的扩散系数,能消除多相反应体系的相界面,减小传质对反应速率的限制;⑤与气体相比具有较大的传热系数,能消除因传热不良而造成的局部反应温度失控;⑥有效萃取催化剂表面吸附的中间物种和使催化剂中毒的结焦前体,抑制催化剂失活,延长催化剂寿命;⑦通过反应-分离一体化,克服热力学限制等,使反应条件易于控制,有效提高反应选择性和转化率。

总之,若把超临界流体用作反应物时,它的物理化学性质,如密度、黏度、扩散系数、介电常数以及化学平衡和反应速率常数等可用改变操作条件的方法进行调节。充分运用超临界流体的特点,可使传统的气相或液相反应转变成一种完全新的化学反应过程,而大大提高其效率。超临界反应技术特殊的条件及性质对目前传统条件下的诸多化学反应产生革命性的影响,以超临界反应技术为核心的化学反应将替代诸多传统化学反应工艺,在能耗、原子经济性及工艺成本上取得显著效益。

8.4.6 反应精馏

反应精馏是一种将反应过程和精馏过程结合在一起,且在同一个设备(蒸馏塔)内进行的耦合过程。它可以替代某些传统工艺过程如醚化、加氢、芳烃烷基化、酯化等反应,在工业上得到了一定的重视。依据反应体系及采用催化剂的不同,反应精馏可分为均相反应精馏(包括催化和非催化反应精馏工艺)和非均相催化反应精馏(即通常所称的催化蒸馏)。目前,反应精馏已在多种产品的生产上得到了应用,但由于应用条件的限制以及工艺本身的复杂性,大都停留在研究阶段,仅有少数研究成果得到了工业化应用。

1. 反应精馏工艺及流程

以常温常压下典型的液相可逆反应 $A+B \rightleftharpoons C+D$ 为例,对反应精馏的工艺流程做一介绍。A,B,C,D 四种物质的挥发度由大到小的顺序为 C,A,B,D,其中目标产物为 D。传统工艺和反应精馏工艺流程的主要部分分别见图 8-24(a)(b)。

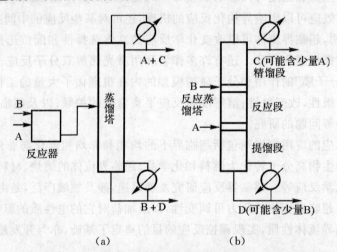

(a)   (b)

图 8-24　传统工艺和反应精馏工艺流程的主要部分

由图 8-24(a)可见,传统的工艺是将 A 和 B 在反应器内反应完毕后再进入蒸馏塔中进行分离,由于反应平衡的限制,进入蒸馏塔的混合物中反应物含量还是较高,这样在分离时可能得不到较纯的产物,而且若不回收未反应的 A 和 B,将会造成原料的浪费,因此,在蒸馏塔后一般还有回收装置。由图 8-24(b)可见,采用反应精馏技术,原料 A 和 B 分别从反应段的下方和上方进入反应蒸馏塔,在反应段充分接触反应,且产物和反应物得到了及时的分离。由于反应和分离相互促进,能得到传统工艺需耗费大量能量和时间才能获得的高转化率和分离效率。

反应精馏技术有下述特点。

(1)反应和精馏在同一设备中进行,简化了流程,使设备费和操作费同时下降。

（2）对于放热反应过程，反应热全部或部分提供精馏过程所需热量，节省了能耗。

（3）对于可逆反应，由于产物的不断分离，可使系统远离平衡状态，增大过程的转化率。可使最终转化率大大超过平衡转化率，减轻后续分离工序的负荷。

（4）对于目的产物具有二次副反应的情形，通过某一反应物的不断分离，从而抑制了副反应，提高了选择性。

（5）在反应精馏塔内，各反应物的浓度不同于进料浓度。因此，进料可按反应配比要求，而塔板上造成某种反应物的过量，可使反应后期的反应速度大大提高、同时又达到完全反应；或造成主副反应速率的差异，达到较高的选择性。这样，对于传统工艺中某些反应物过量从而需要分离回收的情况，能使原料消耗和能量消耗得到较大节省。

（6）在反应精馏塔内，各组分的浓度分布主要由相对挥发度决定，与进料组成关系不大，因而反应精馏塔可采用低纯度的原料作为进料。这一特点可使某些系统内循环物流不经分离提纯直接得到利用。

（7）有时反应物的存在能改变系统各组分的相对挥发度，或避开其共沸组成，实现沸点相近或具有恒沸组成的混合物之间的完全分离。

2. 反应精馏的稳态模拟数学模型

目前在反应精馏稳态模拟的数学模型中，最为简捷，便于计算的是平衡级模型。该模型基于三个主要假设：①假设离开一个理论级的气液相混合物处于相平衡状态。②假设每一级上的混合物完全混合均匀。③反应仅发生在液相当中。基于这个模型，计算时在精馏塔严格计算的平衡级模型的 MESH 方程组的基础上，增加了一个反应动力学方程（R 方程）。然而，在使用平衡级模型对反应精馏塔进行计算时，平衡级模型并未考虑到反应精馏过程中的板效率，这使得平衡级模型在实际用于工业计算时准确度不高。由于平衡级模型的这些局限性，1985年有研究者提出了以双膜传递理论为基础的非平衡级速率模型。由于引入了反应速率这一变量，该模型比平衡级模型要实际一些，但仍存在着诸如板上气液相全混、板上物料组成和温度均匀等理想化假设，并且方程组的非线性程度增加，导致计算的难度加大。上述的两个模型中，分别存在着"平衡级"和"全混级"这些不合理的假设，由于这些假设的不合理性，传统精馏模拟中的非平衡级混合池模型就也被引入到反应精馏模拟当中。该模型能够较为准确地模拟出实际的反应精馏过程，是对平衡级模型的提高与进一步的完善。

除上述三种主要反应精馏稳态数学模型之外，还有统计模型、微分模型等诸多数学模型，多种数学模型的研究标志着对于均相反应的反应精馏的稳态过程模拟研究已经比较成熟。

3. 反应精馏的设计算法

反应精馏塔的设计方面的研究目前仍未形成系统的理论体系。这是因为该过程是一个反应与精馏的耦合过程，反应过程与精馏过程在同一个容器中，二者相互影响，使原来进料位置、副产物浓度、传热、速率、停留时间、板数、催化剂以及反应物进料配比等参数的很小变化，都可能对反应精馏过程产生较大影响，所以对该集成过程的研究比二者单独研究要困难得多。基于上述原因，反应精馏的设计研究在 20 世纪 80 年代下半叶才逐渐增多，到目前为止，主要的反应精馏塔设计方法主要有直观推断法、图示目标法、图解设计法、数学模拟法、混合整数非线性规划法等。

基于转换变量的概念，有研究者将塔板组成线法应用到了反应精馏塔设计当中。这种设计理念改变了原有的图解法设计反应精馏塔的思路,塔板组成线法使得设计者可以同时获得大量的可行设计方案。研究表明,塔板组成线法对反应精馏塔的设计较为系统,复杂程度小,迭代快,计算时间短,多组可行性方案可同时获得,使得该方法对于已有设备的改造与优化更为便利。

综上所述,在反应精馏这一领域中,反应精馏塔的设计是在稳态模拟数学模型成熟之后才开始逐渐增多,由于起步相对较晚,尚未形成系统的理论体系,研究前景相对广阔。由于反应精馏塔的复杂性,使得其设计方法入手点较多,但这些方法大都只能应用于理想体系,在非理想体系的设计方向上,尚存在着广阔的研究空间。

8.4.7 膜反应器

膜反应器是将反应与膜分离两个单独的过程相耦合,在实现高效反应的同时,实现物质的原位分离,使反应分离一体化,简化工艺流程,提高生产效率,是化工、石油化工等领域重要的发展方向。有机膜材料在化工与石油化工苛刻环境下难以长期使用,主要用于生物膜反应器和酶膜反应器中等条件温和的生物反应过程中。具有优异的热、化学和结构稳定性的无机膜,特别是陶瓷膜的出现,使膜反应器在化工与石油化工主流程中的规模化应用成为可能。膜反应器可相应地分为大孔膜反应器、微孔膜反应器和致密膜反应器三类。

与通常的反应器相比,膜反应过程具有以下优点。

(1)反应转化率高。可逆反应的转化率受到反应平衡的限制,而膜反应过程中,由于反应产物不断被分离除去,使反应平衡右移,并趋向完全。反应转化率几乎可不受平衡反应的控制,从而得到最大限度的提高。

(2)选择性好。在连串反应中,当中间反应产物为目的产品时,由于反应中生成的中间产物通过膜被连续分离除去,避免进一步发生连串反应,从而使选择性和反应收率得到提高。

(3)反应过程中,妨碍反应的有害物质被连续分离除去,从而使反应速度得到提高。

(4)两种反应物可在膜的两侧流动,并通过膜进行反应。

由于上述特点,在实际的反应操作中,可望取得以下效果。

(1)反应可在低压下进行,并且可在低的反应温度条件下得到高的反应转化率;

(2)可以全部或部分省除对反应生成物的分离和未反应物料的循环;

(3)因能在低温、低压条件下进行操作,可以取得显著的节能效果。

1. 大孔膜反应器

大孔膜的孔径在 2 nm 以上,主要涵盖微滤、超滤等分离过程,面向悬浮胶体、颗粒脱除、蛋白等物质的分离与纯化、水质净化和污水处理等众多领域。大孔膜反应器主要应用领域是基于大孔膜如微滤、超滤等实现超细催化剂的循环使用以及反应物的分散强化传质过程等。

催化剂的超细化是催化领域的发展方向,将超细催化与大孔膜耦合构成大孔膜反应器,基于大孔膜的筛分机理,能够有效实现超细催化剂的原位分离,使过程连续化。目前,这方面的研究主要集中在光催化与催化反应领域。在光催化领域,主要是采用悬浮态的光催化剂如二氧化钛等进行有机物的降解,然后使用大孔膜实现光催化剂的循环使用,研究主要集中在膜反应器构型设计、过程参数优化、膜污染控制等方面。在催化反应领域,主要是针对加氢、氧化等反应体系,研制膜材料及膜反应器,探索反应过程与膜分离过程的匹配规律,建立过程优化控制方法等。

图8-25所示为使用两种陶瓷膜组成膜反应器,其中一种陶瓷膜作为分布器控制反应原料的输入方式及输入浓度,强化物料的传质速率与效果,使反应物料均匀分布,避免反应原料局部浓度过高而引起副反应,提高反应选择性;另一种陶瓷膜作为分离器控制固体催化剂与产品的分离,实现催化剂的原位分离与循环使用,使反应和分离连续进行,强化过程效率。使用膜分散物料,可强化传质,提高反应效果,在实验中已得到证实,如何在理论上解释膜的强化分散效果及指导膜的优化设计还是一个挑战。另外,基于大孔膜如均孔膜的发展,可依据均孔膜的孔道规整特性,提高液滴或气泡大小的均匀性,增强反应效果。

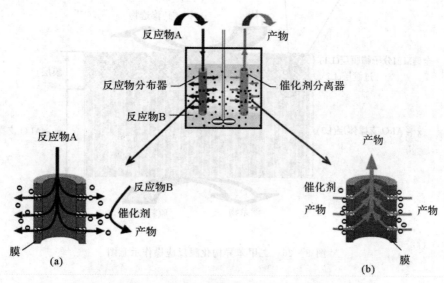

图8-25　双管式陶瓷膜反应器示意图
(a)膜分布器;(b)膜分离器

2.微孔膜反应器

微孔膜的孔径在2 nm以下,主要涵盖纳滤、反渗透、渗透汽化和气体分离等多个分离过程,实现分子级别的分离功能。微孔膜反应器主要是基于微孔膜将反应产物从反应体系中分离出来,提高反应的转化率和选择性。此类膜反应器中,微孔膜既有分离作用又可实现催化作用。如二甲苯异构化反应、水汽变换反应等均可用微孔膜反应器来提高反应效率。

ZSM-5分子筛膜同时具有分离和催化的双重功能,其结构示意图如图8-26所示。磺酸功能化的全硅MFI分子筛膜,在450℃下获得原料(MX)转化率52%和对二甲苯(PX)产率为32%;H-MFI分子筛膜反应器获得90%以上的对二甲苯选择性。

3.致密膜反应器

致密膜是以目前的表征手段无法检测到孔道,其分离过程也不依赖于孔道的作用。致密膜反应器主要有混合导体氧渗透膜反应器、钯膜反应器等,主要利用膜对某种气体100%选择性而进行的反应过程。

(1)混合导体氧渗透膜反应器。混合导体氧渗透膜对氧具有绝对选择性,以其材料构建的混合导体氧渗透膜反应器可用于甲烷部分氧化(POM)、二氧化碳分解、水分解、氮氧化物分解以及制氢等,在能源环境相关领域具有良好的应用前景。图8-27所示为混合导体氧渗透膜反应器,用于甲烷部分氧化反应具有很多潜在的优势,通过膜表面缓和供应氧气能够有效地提高反应的产率和选择性。

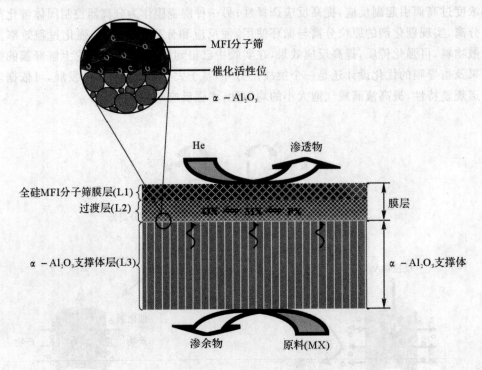

图 8-26 二甲苯异构化膜反应操作示意图

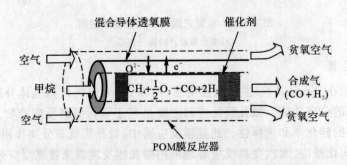

图 8-27 甲烷部分氧化制合成气膜反应器原理示意图

（2）钯膜反应器。钯膜反应器主要用于加氢反应或脱氢过程,利用钯膜选择性透氢特性,提供反应所需的高纯氢气或移出反应生成的氢气,从而提高反应效率。钯膜反应器还可用于脱氢、加氢的耦合反应,用于 CO 转化为甲烷的反应和 CO 加 H_2O 脱氢反应中,由于膜的作用,变化反应进行彻底,已超过平衡转化率,且在反应器出口得到了高达 44% 的干气甲烷浓度。尽管钯膜反应器在一些化学反应中已显示其优越性,但还处于探索研究阶段,离真正实现工业化还有很长一段距离,膜反应器传热传质及放大、反应过程中膜失效机制及控制等是该方向的研究重点。

4.膜反应器设计方程构建及过程优化

针对膜反应器由反应过程与膜分离过程协同控制的特征,建立数学模型可以更好地理解膜反应器行为,优化设计膜反应器参数,为操作提供有效的理论依据,指导反应器的放大。此类模型通常以间歇反应得到的动力学方程为基础,根据质量守恒原理构建膜反应器设计方程,并优化过程控制参数。对于连续的膜反应器系统,进料流速和进料浓度是影响产率的两个重要因素,可通过模型计算选择合适的进料流速和进料浓度,同时需考虑反应物的溶解度以及产品的纯化。

在报道的一些膜反应器模型中,采用改进的动力学常数替代间歇反应得到的动力学常数,从而使模型能更好地描述膜反应器行为。有研究者使用间歇反应所得到动力学常数的 1/2 进行模拟计算,也有学者以间歇反应所得到动力学常数的 1/10 进行模拟计算,也有研究人员直接采用间歇反应得到的动力学常数进行模拟计算。张秀伟等以负载纳米 TiO_2 的电催化膜为阳极,辅助电极为阴极,构成电催化膜反应器用于含油废水处理。考察了电极间距、电解质浓度、电流密度、空时速率、pH 和温度对电催化膜反应器降解效果即含油废水化学需氧量(COD)去除率的影响。根据单因素实验分析结果,采用响应面法对电极间距、电解质浓度、pH 和温度 4 个参数进行优化,得出最佳参数为:电极间距 43.1 mm,电解质浓度 14.3 g/L,pH=6.3,温度 32.5℃。在电流密度 0.312 mA/cm^2,空时速率 15.8 h^{-1} 的条件下,电催化膜反应器处理 200 mg/L 含油废水,COD 去除率为 97.54%,能耗为 0.75 kW·h/m³。

8.5　干　　燥

干燥是工业系统各部门中应用最为广泛的重要单元操作之一,同时也是能耗较大的过程。在某些工业发达国家,干燥消耗的能量约占全国总能耗的 13%~20%,而在我国,干燥消耗的能量约占总能耗的 10%。因此,干燥过程的节能是一个需要关注的重要问题。

干燥目的是从湿物料中去除湿分。工业上最常遇到的湿分是水,为了保证干燥操作的顺利进行,有以下两个条件必须同时满足:

(1)湿分在物料表面的蒸气压必须大于干燥介质
(通常是空气)中湿分的蒸气压;

(2)湿分汽化时必须不断地供给热量。

干燥操作按传热方式可分为传导干燥、对流干燥、辐射干燥和介电干燥。目前,在工业上应用最普遍的

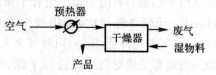

图 8-28　典型的干燥流程

是以热空气作为干燥介质的对流干燥。典型的对流干燥的流程如图 8-28 所示,空气经预热器加热至适当温度后,进入干燥器,在干燥器内,气流与湿物料直接接触,使物料温度上升以及湿分蒸发,出口时气体温度降低,湿含量增加,废气自干燥器另一端的出口排出。

干燥过程是传热与传质过程的综合。干燥系统的热效率定义为

$$\eta = \frac{蒸发水分所需的热量}{向干燥系统输入的总热量} \times 100\% \qquad (8-10)$$

向干燥系统输入的总热量主要包括水分蒸发所需要的热量、物料升温所需要的热量以及热损失 3 部分。干燥器的热平衡统计数据分析表明,供给干燥器热量的 20%~60% 用于水分蒸发,5%~25% 用于加热物料,15%~40% 为废气排空损失,3%~10% 作为热损失散失到大

气中,5%～20%为其他损失。基于以上分析可知,干燥系统的节能实际上就是要求:①减少干燥过程的热量;②回收废气带走的热量;③尽可能地减少热损失。

8.5.1 减少干燥过程的热量

1.原料预处理

干燥过程是通过向物料供热使其所含水分或溶剂汽化而达到干燥的目的。因此,为减少汽化水分的热负荷,在对流干燥前,采用机械方法先脱除一部分游离水。如挤压脱水,或利用细胞型物料或液态物料的渗透压变化特征,先做渗透脱水等。

2.改善干燥介质的状态

(1)提高进气温度。提高进气温度,单位质量干空气携带的热量增加,干燥过程所需要的空气用量减少,废气带走的热量相应减少,热效率增加。目前,国内一般应用的进气温度为120～130 ℃左右。但是,空气的进口温度应以不影响物料性质为限。对一些热敏性物料,为防止温度过高,在干燥器内设置一个或多个中间加热器,也可提高热效率。

(2)降低干燥介质的出口温度。降低干燥介质的温度,提高其湿度温度,可以节省干燥介质的消耗量,提高干燥操作的热效率;但实际操作中,为防止干燥产品返潮,以及设备的堵塞和设备材料的腐蚀,离开干燥器的气体需高于进入干燥器时的绝热饱和温度的20～50℃。

3.干燥系统保温、防漏

通常情况下,干燥设备的热损失不会超10%,大中型生产装置若要保温适宜,热损失约为5%,因此要做好干燥系统的保温工作。为了防止干燥系统的渗漏,一般在干燥系统中采用引风机和送风机串联使用,并合理调整使干燥系统处于零压状态操作,这样可以避免对流干燥器因干燥介质的漏入或漏出而造成的干燥系统热效率的下降。

4.组合干燥

组合干燥也称多级干燥,就是把两种或两种以上的干燥形式组合起来。组合干燥可以较好地控制整个干燥过程,达到单一干燥形式所不能达到的目的和效果,同时又可节约能源,尤其适用于热敏物料的干燥。组合干燥的节能效果明显,例如,高效气流-旋流组合干燥与传统Hoechst 干燥系统相比,在相同生产能力的情况下,设备投资减少 12%,总动力消耗降低17%,空气消耗降低 26%,同时可大大提高干燥效率。再如采用转鼓-盘式组合干燥替代传统的一级喷雾干燥对白炭黑进行干燥,在相同处理量的情况下,投资减少 58%,占地面积减少75%,功率消耗降低 86%,单位产品煤耗下降 15%,节能效果十分显著。

8.5.2 排气的再循环

具有部分排气再循环的干燥系统如图 8-29 所示。此时,一部分排气和新鲜空气混合后一并送至预热器中,加热到同样温度后再送入干燥器中作为干燥介质。显然,由于排气温度高于新鲜空气温度,回收了部分排气余热,因此,干燥热效率将得到提高。目前,一般的废气循环量控制在 20%～30%。

应该指出,当干燥器排气温度高而且较干燥时,上述方法适宜。但排气再循环会使干燥过程中介质总体湿度增加,干燥过程传质推动力减小,干燥速度减慢。因此,要想保持相同的排气温度,必须或者强化干燥过程中物料的对流传热传质,或者增大干燥设备的尺寸,两者都会使干燥系统投资增大,故应经综合分析比较确定节能方案。

8.5.3 回收排气余热

由于排气热损失较大,如果能回收其中的部分余热,则可有效地提高干燥热效率,因此,可采用图 8-30 所示的具有排气余热回收的干燥系统。在此系统中,在排气进入环境之前先利用其余热使干燥介质预热至一定温度,然后再将介质送入加热器中加热,这样可减少相同条件下加热器中的加热量,提高干燥热效率。

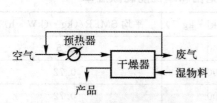
图 8-29 干燥过程排气的再循环

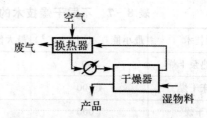
图 8-30 干燥过程中的排气余热回收

由此可知,回收排气余热同样可有效地提高干燥热效率。但由于预热器中的换热过程属于小温差气-气式换热过程,因此,设计出传热性能好、结构紧凑、成本低的换热器就成为一个亟待解决的问题。

8.5.4 采用热泵技术

因废气温度低于干燥器进气温度,原则上,用废气加热新鲜空气是达不到进气温度要求的,采用热泵可以解决这一问题。热泵是利用液态工作介质(氨、氟利昂、水等)在蒸发器中减压蒸发,从较低温度的干燥废气中吸收余热,而气态工作介质经压缩机后进入冷凝器,在较高温度下冷凝放出潜热预热新鲜空气。热泵的工作原理如图 8-31 所示。

由图 8-31 可见,热泵干燥装置由两个子系统组成:热泵工质循环子系统 1-2-3-4-1 和空气循环子系统 5-6-7-5 组成。热泵子系统是由压缩机、冷凝器、节流阀、蒸发器等组成的封闭回路,热泵工质在其中循环流动,其功能是在蒸发器中将循环空气中的水分除去,之后又在冷凝器中将其加热到合适的温度进入干燥室吸收物料水分;空气循环子系统由干燥室、蒸发器(空气侧)、冷凝器(空气侧)等组成,空气在其中循环流动,其功能是通过循环将干燥室中湿物料的水分带走,流经蒸发器时将水分凝结排出。热泵干燥有下述特点。

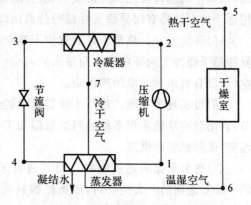
图 8-31 热泵干燥装置的工作原理

(1)可实现低温空气封闭循环干燥,物料干燥质量好。通过控制热泵干燥装置的工况,使进干燥室的热干空气的温度在 20~80℃ 之间,可满足大多数热敏物料的高质量干燥要求;干燥介质的封闭循环,可避免与外界气体交换所可能对物料带来的杂质污染,对食品、药品或生物制品尤其重要。此外,当物料对空气中的氧气敏感(易氧化或燃烧爆炸)时,还可采用惰性介质代替空气作为干燥介质,实现无氧干燥。

(2)高效节能。由于热泵干燥装置中加热空气的热量主要来自回收干燥室排出的温湿空气中所含的显热和潜热,需要输入的能量只有热泵压缩机的耗功,而热泵又有消耗少量功即可制取大量热量的优势,因此热泵干燥装置 SMER(消耗单位能量所除去湿物料中的水分量)通常为 $1.0 \sim 4.0$ kg/(kW·h),而传统对流干燥器的 SMER 值约为 $0.2 \sim 0.6$ kg/(kW·h)。空气源热泵干燥技术和传统干燥技术的能耗范围和单位能耗除湿率 SMER 的对比见表 8-7。

表 8-7 不同干燥技术的能耗范围和单位能耗除湿率

干燥技术	最小能耗/(kJ·kg^{-1})	最大能耗/(kJ·kg^{-1})	平均 SMER/(kg·(kW·h)$^{-1}$)
空气源热泵干燥	800	2 000	2.5
流化床干燥	4 000	6 000	0.72
网带干燥	4 000	6 000	0.72
喷雾干燥	4 500	11 500	0.45
转筒干燥	4 600	9 200	0.52
隧道干燥	5 500	6 000	0.63
真空冷冻干燥	45 000	115 000	0.08

(3)温度、湿度调控方便。当物料对进干燥室空气的温度、湿度均有较高要求时,可通过调整蒸发器、冷凝器中热泵工质的蒸发温度、冷凝温度,满足物料对质构、外观等方面的要求。

(4)可回收物料中的有用易挥发成分。某些物料含有用易挥发性成分,利用热泵干燥时,干燥室内的易挥发性成分和水分一同气化进入空气,含易挥发性成分的空气经过蒸发器被冷却时,其中的易挥发性成分也被液化,并随凝结水一同排出,收集含易挥发性成分的凝结水,并用适当的方法将有用易挥发性成分分离出即可。

(5)环境友好。热泵干燥装置中干燥介质在其中封闭循环,没有物料粉尘、挥发性物质及异味随干燥废气向环境排放而带来的污染;干燥室排气中的余热直接被热泵回收来加热冷干空气,没有机组对环境的热污染。

(6)可实现多功能。热泵干燥装置中的热泵同时也具有制冷功能,可在干燥任务较少的季节,利用制冷功能实现多种物料的低温加工,也可拓展热泵的制热功能在寒冷季节为种植(如温室)或养殖场所供热。

(7)热泵干燥的适用物料广泛。适宜采用热泵干燥的物料主要为干燥过程耐受温度在 $20 \sim 80$℃之间的一大类物料,或虽然物料可耐受温度较高、但利用热泵干燥较节能或安全的物料。

(8)与其他低温(进干燥室空气温度<40 ℃)干燥装置(如微波干燥、真空干燥、冷冻干燥)相比,由于设备初投资小,运行费用低,热泵干燥装置具有明显的经济性。热泵干燥装置的设备成本主要是热泵部分和干燥室部分,其中干燥室部分与普通对流干燥室要求相同,无特别的气密性和承压性要求。

(9)与普通干燥装置(进干燥室空气温度>40 ℃)相比,由于热泵的初投资一般高于空气电加热装置、燃气或燃煤热风炉,因此热泵干燥装置的初投资一般高于普通干燥装置,但热泵干燥装置的能源效率高,运行费用低,其综合经济性仍有一定优势。

但热泵干燥技术在实际应用过程中还存在干燥中后期物料含水量下降,干燥速度变慢,干燥时间延长,能耗增加等问题,应结合现代测试技术、传感技术以及计算机控制技术,实现对物料干燥过程的全自动人工智能实时控制,以降低干燥成本并提高干燥品质,使热泵干燥技术的应用更加安全、稳定与高效。

8.5.5　合理选择干燥器

化工生产中需干燥的物料种类繁多,对产品质量的要求各不相同,因此,选择合适的干燥器非常重要。若选择不当,将导致热量利用率低,动力消耗高,浪费能源,甚至所生产的产品质量不达要求。对干燥器的选择,应该考虑以下几方面的问题。

(1)干燥器要能满足生产的工艺要求。工艺要求主要是指:达到规定的干燥程度,干燥均匀,保证产品具有一定的形状和大小等。由于不同物料的物理、化学性质(如黏附性、热敏性等)、外观形状以及含水量等差异很大,对于干燥设备的要求也就各不相同。所以干燥器必须根据物料的不同特征来选定。

(2)生产能力要适度。干燥器的生产能力取决于物料达到规定干燥程度所需的时间,干燥速率越快,所需干燥时间就越短,设备的生产能力就越大。一般来说,间歇式干燥器的生产能力小,连续操作的干燥器生产能力大。因此,物料的处理量小时,宜采用间歇式干燥器,物料的处理量大时,应采用连续操作的干燥器。

(3)热效率要高。干燥器的热效率是干燥设备的主要经济指标。不同类型的干燥器,其热效率也不同。选择干燥器时,在满足干燥基本要求的条件下,应尽量选择热能利用率高的干燥器。

(4)干燥系统的流动阻力要小,以降低动力消耗。

(5)附属设备要简单,操作控制方便,劳动强度低。

思考题与习题

1.节能过程有效能损失的影响因素有哪些?

2.流体流动的节能措施有哪些?

3.离心泵的调节手段有哪些?

4.离心泵选择的方法有哪些? 要注意什么问题?

5.管路系统的节能要满足哪些要求?

6.简述离心泵运行节能调节的途径。

5.用内径为 106 mm 的钢管将温度为 20℃(物性与水相似)的某溶液从池中输送到高位槽中。要求输液量为 45 m³/h,摩擦因数可取为 0.03,管路计算总长为 240 m,两液面垂直距离为 8 m,(1)试选用一台较合适的离心泵;(2)该泵在使用过程中因通过阀门调节工作点导致的能量损失是多少?

7.什么是单效蒸发和多效蒸发?

8.单效蒸发的热损失主要有哪些?

9. 蒸发过程节能的途径有哪些？

10. 简述蒸发的主要种类。

11. 吸收过程的主要能耗在哪些方面？

12. 简述热泵蒸发、热泵干燥、热泵精馏的原理。

13. 简述反应过程节能的途径。

14. 什么是超临界反应？它有什么特点？

15. 什么是反应精馏？它有什么优点？

16. 膜反应器的特点是什么？在石油化工生产中有哪些应用？

17. 有人设计出一套复杂的产生热的过程，可在高温下产生连续可用的热量。该过程的能量来自于 423 K 的饱和蒸汽,当系统流过每 1 kg 的蒸汽时,将有 1 100 kJ 的热量生成。已知环境为 300 K 的冷水,问系统最高温度可为多少？

18. 为了保证干燥操作的顺利进行,必须同时满足哪两个条件？

19. 干燥设备用能的评价指标有哪些？

20. 减少干燥过程能耗的途径有哪些？

参考文献

[1] 冯宵. 化工节能原理与技术[M]. 3版. 北京:化学工业出版社,2009.

[2] Energy Information Administration. Energy prices will increase in 2006, regress slightly in 2007 [J]. Global Refining & Fuels Report, 2006(1): 1175-1189.

[3] 刘宝庆. 过程节能技术与装备[M]. 北京:化学工业出版社,2012.

[4] 李平辉. 化工节能减排技术[M]. 北京:化学工业出版社,2010.

[5] 李宗祥. 节能原理与技术[M]. 西安:西安交通大学出版社,2011.

[6] 雷志刚,代成娜. 化工节能原理与技术[M]. 北京:化学工业出版社,2012.

[7] 陈志峰,闫泽生. 热泵干燥系统的㶲分析[J]. 农机化研究,2006(7):77-79.

[8] 付家新. 化工余热回收装置能量利用的分析与评判[J]. 氮肥技术,2006,27(5):1-4.

[9] 肖忻,张锁江,史丹,等. 过程工业的绿色化与信息化[J]. 中国科学基金,2004 (6):15-21.

[10] 李静海,郭慕孙. 过程工程量化的科学途径——多尺度法[J]. 自然科学进展,1999,9 (12):1073-1078.

[11] 吕玲红,陆小华,刘维佳,等. 分子模拟在化学工程中的应用[J]. 化学反应工程与工艺, 2014,30(3):193-204.

[12] 郭新东. 化学产品设计中的结构-性能的关系:药物控释系统[D]. 广州:华南理工大学,2010.

[13] 唐元晖,何彦东,王晓琳. 耗散粒子动力学及其应用的新进展[J]. 高分子通报,2012 (1):8-14.

[14] 许海,张秋禹,张和鹏,等. 耗散粒子动力学在多组分复杂物系中的应用进展[J]. 化学通报,2011,74 (6):483-490.

[15] 仇名建. 碳酸盐法生产六亚甲基二异氰酸酯(HDI)工艺的全流程模拟[D]. 北京:北京化工大学,2011.

[16] 李志强. 流程工业实时数据库系统研究及应用[D]. 上海:东华大学,2009.

[17] 王有远,席永明,冯雪飞,等. 流程型企业 SCM/ERP/MES/PCS 集成系统研究[J]. 科技进步与对策,2004(11):60-62.

[18] 张锁江,张香平,聂毅,等. 绿色过程系统工程[J]. 化工学报,2016,67(1):41-53.

[19] 戴维 T 艾伦,戴维 R 肖恩纳德. 绿色工程:环境友好的化工过程设计[M]. 李桦,等,译. 北京:化学工业出版社,2006.

[20] 杨友麒,石磊. 绿色过程系统工程进展[J]. 化工进展,2004,23(1):17-23.

[21] 张文红,陈森发. 生态工业系统——一个开放的复杂巨系统[J]. 系统仿真学报,2004,16 (3):432-435.

[22] 贾斌,姚克俭,沈绍传,等. 用绿色指数法分析化工过程的环境影响[J]. 化工进展,2005, 24 (4):428-432.

[23] 王勇,项曙光,韩方煌. 化合物的环境影响评价[J]. 计算机与应用化学,2005,22 (9):711-713.

[24] 贾小平,谭心舜,董梅,等.化工过程环境性能的综合评估(二)—— 评估模型及案例分析[J].现代化工,2002,22(增刊):183-185.

[25] 闫志国,钱宇.化工产品生命周期设计的理论和方法[J].现代化工,2004,24(8):63-65.

[26] 鄢列祥.化工过程分析与综合[M].北京:化学工业出版社,2010.

[27] 王键红,冯树波,杜增智.化工系统工程理论与实践[M].北京:化学工业出版社,2009.

[28] 王弘轼.化工过程系统工程[M].北京:清华大学出版社,2006.

[29] 马紫峰.过程工程导论[M].北京:化学工业出版社,2009.

[30] 黄英,王艳丽.化工过程开发与设计[M].北京:化学工业出版社,2008.

[31] 李国庭,陈焕章,黄文焕,等.化工设计概论[M].北京:化学工业出版社,2008.

[32] 罗先金.化工设计[M].北京:中国纺织出版社,2007.

[33] 刘家祺.传质分离过程[M].北京:高等教育出版社,2005.

[34] 邓肯 T M,雷默 J A.化工过程分析与设计导论[M].陈晓春,译.北京:化学工业出版社,2004.

[35] 王静康.化工过程设计[M].北京:化学工业出版社,2006.

[36] 王元文,陈连.管壳式换热器的优化设计[J].贵州化工,2005,30(1):27-31.

[37] 王彦斌,苏琼.化工设计[M].兰州:甘肃科学技术出版社,2005.

[38] Cussler E L,Moggridge G D.化学产品设计[M].刘铮,等,译.北京:清华大学出版社,2003.

[39] Tan Yin Ling,Ng DKS,El-Halwagi Mahmoud M,et al.Floating pinch method for utility targeting in heat exchanger network (HEN)[J].Chemical engineering research & design,2014,92(1):119-126.

[40] 都健.化工过程分析与综合[M].大连:大连理工大学出版社,2009.

[41] 麻德贤,李成岳,张卫东.化工过程分析与合成[M].北京:化学工业出版社,2002.

[42] 王君,吴宗发,李多松,等.运用夹点设计法对一实际换热网络的改造[J].安徽理工大学学报:自然科学版,2014,34(4):38-41.

[43] 李国涛,隋红,王汉明,等.吸收稳定系统节能流程的开发[J].化工进展,2010,29(8):1423-1428.

[44] 谢继红,陈东,朱恩龙,等.热泵干燥装置的技术经济及环境分析[J].节能,2006(1):31-34.

[45] 赵宗彬,朱斌祥,李金荣,等.空气源热泵干燥技术的研究现状与发展展望[J].流体机械,2015,43(6):76-81.

[46] 黎新理,陈清林,华贲.甲醛生产装置用能分析和改进[J].广东化工,2007(9):115-118.

[47] 邢卫红,汪勇,陈日志,等.膜与膜反应器:现状、挑战与机遇[J].中国科学:化学,2014,44(9):1469-1480.

[48] 张秀伟,王虹,杨阳,等.基于含油废水处理的电催化膜反应器优化设计及性能研究[J].膜科学与技术,2012,32(5):19-26.

[49] 罗雄军.新型氨合成催化剂的选用和还原[J].化肥工业,2007,34(4):7-11.

[50] 张志香. 超临界反应合成苄叉丙酮工艺研究[D]. 杭州:浙江大学,2014.

[51] 凌素琴,陈勇,刘莉. 离心泵的节能技术发展及前景分析[J]. 机械设计与制造工程,2014,43(7):69 - 71.

[52] 黄禹忠,诸林,何红梅. 离心泵的调节方式与能耗分析[J]. 化工设备与管道. 2003(6):29 - 31.

[53] 宋怀俊,张彩云,韩绿霞,等. 离心泵高效率运行的方法与措施[J]. 节能技术,2005,23(3):247 - 250.

[54] 袁寿其,刘厚林. 泵类流体机械研究进展与展望[J]. 排灌机械工程学报,2007,25(6):46 - 51.

[55] 邝生鲁. 构建节能型化学工业[J]. 现代化工,2006,26(10):1 - 7.

[56] 庞卫科,林文野,戴群特,等. 机械蒸汽再压缩热泵技术研究进展[J]. 节能技术,2012(4):312 - 315.

[57] Chen H S, Huang K J. A novel reactive distillation column with double external recycles[J]. China sciencepaper, 2013,8:1277 - 1280.

[58] Wang Wenjin,Dong Xueliang,Nan Jiangpu,et al. A homochiral metal-organic framework membrane for enantioselective separation[J]. Chemical Communications,2012,48(56):7022 - 7024.

[59] Huang Kang, Liu Gongping, Lou Yueyun, et al. A graphene oxide membrane with highly selective molecular separation of aqueous organic solution [J]. Angewandte Chemie International Edition,2014,53(27):6929 - 6932.

[60] 贾绍义,柴诚敬. 化工原理[M]. 2 版. 北京:高等教育出版社,2013.

[61] 齐鸣斋. 化工能量分析[M]. 上海:华东理工大学出版社,2009.

[50] 朱家文,陈葵,纪利俊,等. 化工原理[M]. 上海:华东理工大学,2013.

[51] 焦纬洲,刘有智,刘振河,等. 超重力旋转填料床内气相流动分布研究[J]. 化工学报. 上海化工,2014,36(2):69-71.

[52] 俞俊楠,陈洪钫,朱慎林. 化工原理[M]. 北京:化学工业出版社,2003:20-21.

[53] 朱林烛,张志炳,周政,等. 精细化学品分离提纯技术[J]. 化工技术,2009:28(5):547-550.

[54] 张志炳,周政,朱林烛,等. 超重力旋转床与精馏[J]. 化学工程与装备,2007,29(2):3-6,75.

[55] 陈敏恒,丛德滋. 化工原理[M]. 北京:化学工业出版社,2006:2600-2601.

[56] 娄爱娟,吴志泉,吴叙美. 化工设计[M]. 北京:化学工业出版社. 化工学报,2012.(1):812-818.

[57] Chen H S, Huang K L. A novel reactive distillation column with double external recy-cle[J]. China sciencepaper, 2018:8:1279-1280.

[58] Wang Wenjin, Dong Xueliang, Yan Hangpu, et al. A homochiral metal organic frame-work membrane for enantioselective separation[J]. Chemical Communications, 2017, 48(56):7022-7024.

[59] Huang Kang, Liu Gongping, Zhou Yuexiu et al. A graphene oxide membrane with highly selective molecular separation of aqueous organic solution[J]. Angewandte Chemie International Edition, 2014, 53(27):6929-6932.

[60] 郭翼天,刘晓勤. 化工原理[M]. 北京:化学工业出版社,2013.

[61] 大连理工大学. 化工原理[M]. 北京:高等教育出版社,2009.